全国本科院校机械类创新型应用人才培养规划教材

机械制造装备设计

主 编 宋士刚 黄 华

北京大学出版社

PEKING UNIVERSITY PRESS

内 容 简 介

全书共 8 章,内容主要包括机械制造及装备设计方法、金属切削机床设计、机床夹具和刀具设计、工业机器人设计、生产物流系统设计及机械加工生产线总体设计等。本书内容丰富,具有系统性、先进性和实用性,并结合国内外最新的技术成果和发展趋势,加强读者对相关知识的理解与运用。

本书可作为高等院校机械工程类及相关专业高年级本科生的教材,也可作为从事机械制造装备设计与研究工作的工程技术人员和研究人员的参考书。

图书在版编目(CIP)数据

机械制造装备设计/宋士刚,黄华主编. —北京:北京大学出版社,2014.2
(全国本科院校机械类创新型应用人才培养规划教材)
ISBN 978-7-301-23869-1

Ⅰ. ①机… Ⅱ. ①宋…②黄… Ⅲ. ①机械制造—工艺装备—设计—高等学校—教材 Ⅳ. ①TH16

中国版本图书馆 CIP 数据核字(2014)第 020546 号

书　　　　名:机械制造装备设计
著作责任者:宋士刚　黄　华　主编
策 划 编 辑:童君鑫　宋亚玲
责 任 编 辑:宋亚玲
标 准 书 号:ISBN 978-7-301-23869-1/TH · 0385
出 版 发 行:北京大学出版社
地　　　　址:北京市海淀区成府路 205 号　100871
网　　　　址:http://www.pup.cn　　新浪官方微博:@北京大学出版社
电 子 信 箱:pup_6@163.com
电　　　　话:邮购部 62752015　发行部 62750672　编辑部 62750667　出版部 62754962
印　刷　者:北京虎彩文化传播有限公司
经　销　者:新华书店
　　　　　　787 毫米×1092 毫米　16 开本　18.25 印张　418 千字
　　　　　　2014 年 2 月第 1 版　　2023 年 6 月第 4 次印刷
定　　　　价:49.00 元

前　言

20 世纪 70 年代以后，由于微电子技术、控制技术、传感器技术与机电一体化技术的迅速发展，特别是计算机的广泛应用，不仅给机械制造领域带来了许多新技术、新工艺、新观念，而且使机械制造技术产生了质的飞跃，走上了一个新台阶，这要求高等教育事业跟上形势的发展。随着教学改革的深入，专业的合并和调整，为了适应机械工程专业教学内容和教材改革的需要，由原来的金属切削机床概论与设计、金属切削原理与刀具设计、机械制造工艺学、金属切削机床夹具设计四门课程调整为机械制造技术基础和机械制造装备设计两门课程。机械制造装备设计成为了机械设计制造及其自动化专业一门理论和实践性紧密结合的专业课程。

为了适应工程应用型人才培养的要求，编者在编写本书过程中紧密结合机械设计制造及其自动化专业教学指导委员会推荐的指导性教学大纲和教学计划，充分吸收国内外最新成果，集基础理论、工程实例于一体，力求使本书具有实用性、系统性和先进性。本书保留了普通机床设计理论的精华，采用先进的设计手段。同时，随着计算机的广泛应用，工业机器人及生产物流系统越来越多出现在机械制造领域中。近年来，一些先进的制造系统在制造企业中也开始得到应用。因此，讲授这些较新的内容来不断适应学科发展的需要和拓宽学生的专业广度，提高学生的竞争能力，势在必行。

本书内容共分 8 章，分别讲述机械制造及装备设计方法、金属切削机床设计、机床典型部件设计、夹具设计、金属切削刀具、工业机器人、生产物流系统设计及机械加工生产线总体设计。以当代先进的制造装备设计方法为主线，以机械制造装备的总体设计和结构设计为重点，结合国内外最新的技术成果和发展趋势，加强学生对相关知识的理解与运用。

本书由浙江工业大学宋士刚、兰州理工大学黄华主编，其中第 1 章、第 6 章、第 7 章和第 8 章由宋士刚编写，第 2 章、第 3 章、第 4 章和第 5 章由黄华编写，全书由宋士刚统稿。

本书可作为普通高等院校机械设计制造及其自动化、机械电子工程专业及相关专业高年级本科生的教材，也可作为从事机械制造装备设计的工程技术人员和研究人员的参考书。

在编写本书过程中，编者参阅了有关院校、企业、科研院所的一些教材、资料和文献，并得到了许多同行和专家的支持和帮助，在此表示衷心感谢。由于编者水平有限，书中疏漏之处在所难免，欢迎行内专家和广大读者批评指正。

编　者

2013 年 10 月

目 录

第 1 章
机械制造及装备设计方法

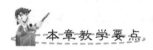 本章教学要点

知识要点	掌握程度	相关知识
机械制造装备的分类	了解加工制造技术发展趋势； 掌握机械制造装备的分类	制造业形势及发展趋势； 机械制造装备的四种类型
机械制造装备设计的类型及设计要求	熟悉机械制造装备设计的类型； 了解机械制造装备设计的要求	机械制造装备设计的三种类型； 机械制造装备设计的总体要求
机械制造装备的设计方法	了解机械制造装备设计的典型步骤； 熟悉不同的设计方法及特点	创新设计的典型步骤； 系列化设计和模块化设计方法

 **导入案例**

我国机械装备制造业发展概况

机械装备制造产品已成为 21 世纪我国迅速崛起的出口产品群,是我国比较优势和国际竞争力充分体现的重要领域,也是进出口政策性金融支持的重点。在目前人民币升值背景下对外贸易发展的关键时期,继续保持机械装备制造产品出口稳定增长,将具有重大而深远的意义。机械装备制造业是我国最重要的工业部门之一,在我国国民经济中占有举足轻重的地位。国家统计局统计数据显示,目前我国机械装备制造业收入、利润增速加快。2006 年机械装备制造业 6.51 万家制造企业实现销售增速较 2005 年水平提高了 5.71 个百分点;实现利润总额增速较 2005 年水平大幅提高了 25.76 个百分点;税前利润率较 2005 年水平提高了 0.37 个百分点;机械装备制造业总体盈利能力大幅提高。

目前国际社会一直认为我国机械装备制造业在国际市场具有今天这样强大的竞争力,除劳动力、成本传统优势外,关键在于技术创新的内在优势。即使在目前人民币持续升值的出口压力下,我国机械装备制造业 2005—2007 年连续第三年保持增势,超过 2006 年的历史纪录。自 1995 年以来,我国机械装备制造业研发工程师队伍不断扩大,其创新实力正是来源于庞大的研发队伍的投入。目前我国机械装备制造企业将产品定位于重点研发专有技术密集型的、集成的、批量化的产品。一般而言,特种用途机械装备的生产需要较大的工程投入,但利润要比大批量产品高,所以在过去几年中,我国机械装备制造企业通过提高研发带来的利润来弥补周期性衰退的损失。根据我国机械装备制造商协会的调查结果:目前一半左右的我国机械装备制造企业在按照用户的订单生产批量、特殊用途的产品,另外 25% 的机械装备制造企业则生产大批量和专用机械产品。未来我国机械装备制造企业将继续从产品定位中受益。首先,在全球出口市场范围内,生产特种用途机械装备渐成趋势。这些机械装备产品要求大量的系统专有技术,这正是我国机械装备制造业企业的优势。其次,市场对产品中的服务要求越来越高,而我国机械装备制造业服务收入已占 20%,且比例逐年上升。第三,单机重要性在下降,而服务密集型机械系统的需求在增加。第四,将标准机械装备产品与量身定做的服务相结合来提供专业化的解决方案也是发展方向。

总之,我国机械装备制造业向全球市场提供的产品种类日趋完善。其中机械搬运、电力传输设备等在机械装备制造业中处于领先地位。我国的机械装备制造业将不断从其在全球特种机械、服务、系统解决方案中的技术领先地位获益,并进一步促使我国机械装备制造业企业利用其优势参与国际出口竞争。

资料来源:王雯,孙秀芳. 我国机械装备制造业发展现状及其产品出口状况分析. 机电产品开发与创新,2008,21(5):38-40.

1.1 概　　述

1.1.1 制造业形势与发展

制造业是将可用资源与能源，通过制造过程转化为可供人们使用或利用的工业品或生产消费品的行业。它一方面创造价值、产生物质财富和新的知识；另一方面为国民经济各个部门包括国防和科学技术进步与发展提供先进的手段和装备。在工业化国家，约有 1/4 的人口从事各种形式的制造活动，在非制造业部门，约有半数人的工作性质与制造业密切相关。据估计，工业化国家 70%～80%的物质财富来自制造业，可以说制造业是国民经济和综合国力的支柱产业。在我国，目前制造业产值占工业总产值的比例已达 80%，其增加值占 GDP 的比例已超过 40%，财政收入的 50%以上来自于制造业，20%以上的城镇就业人口和 25%的农村剩余劳动力集中于制造行业。根据联合国工业发展组织估算，2007 年我国制造业增加值占世界的 11.4%，制造业总产值超过德国跃居世界第三位；2009 年我国制造业在全球制造业总值中所占比例已达 15.6%，成为仅次于美国的全球第二大工业制造国。

20 世纪是制造业空前发展的重要时期，以精密和微细加工技术为目标，各种制造工艺和装备层出不穷；另外，制造系统的集成也异常活跃，制造模式不断更新。20 世纪初，亨利·福特提出了大批量专用制造系统(Dedicated Manufacturing System，DMS)的概念，极大地提高了生产率，推动了世界制造业的进步，满足了当时巨大的市场需求。20 世纪下半叶以后，随着市场逐渐由卖方市场转变为买方市场，客户需求的多样性与新产品出现周期的缩短，DMS 因不具有柔性的缺陷限制了其进一步的发展。为此，人们提出了柔性制造系统(Flexible Manufacturing System，FMS)的概念。FMS 使用高性能的加工中心或数控机床，具有很大的柔性，可以在不改变制造系统组态的条件下，在零件族内快速地由一种零件的生产转换到另一种零件的生产。但其高成本的功能储备使得制造成本居高不下，功能的利用率较低。20 世纪 90 年代中期，全球化经济激发的市场激烈竞争和客户对产品需求的日益个性化趋势，引起产品品种增多及市场生命周期不断缩短。为了获得和保持竞争力，有学者提出了将 DMS 的高生产能力特性和 FMS 高柔性相结合的可重组制造系统(Reconfigurable Manufacturing System，RMS)。RMS 是一种能够在需要的时间，根据生产需求及系统内部的变化，在充分利用现有制造资源的基础上快速提供合适生产能力和功能的制造系统。

从 20 世纪 20 年代开始，制造系统已经出现了机群式制造系统、刚性制造系统和柔性制造系统三类制造系统，随着市场需求和技术支撑环境的变化，现在利用 RMS 以快速响应经济全球化带来的复杂变化的市场环境，其发展与生产环境及技术特点如图 1.1 所示。

从不同时期各类制造系统特点可以看到制造系统的发展是跟市场需求紧密相关的，日趋激烈的市场竞争使得市场的需求成为制造企业发展的动力与指针。在制造业发展的初期，制造企业驱动市场而市场牵动顾客与用户，消费者只能被动地接受制造商提供的产品。随着经济的发展，市场需求逐渐向着多样化、个性化发展，而且这种多样化、个性化的需求很难在长时期内保持稳定。因此，市场的需求带有明显的时变特征与强烈的不确定性。

为了适应现代制造业的竞争环境，即为了满足现代制造企业的竞争目标和竞争要素的要求，人们提出了许多新的先进制造模式和制造系统，如计算机集成制造系统、智能制造、精益生产、敏捷制造及 RMS 等。以上各种制造系统中，有的已经研究了很多年，并有了成熟的系统；有的近年来展开一定规模的研究并有一些已实现的系统；还有的尚处于研究之中，未形成成熟的系统。

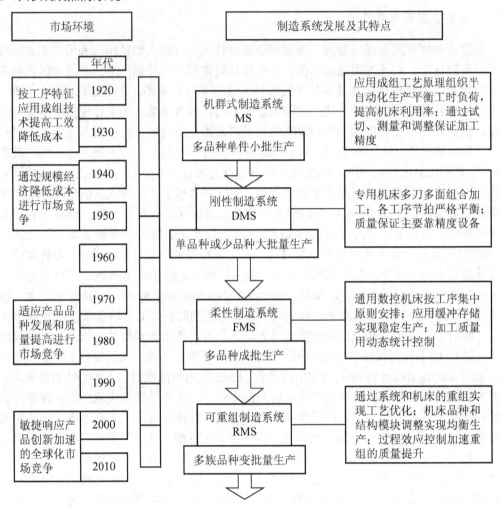

图 1.1　制造系统的市场环境与技术特点

1.1.2　加工制造技术发展趋势

加工制造技术是对被加工对象状态的改形和改性技术的总称。当代加工制造技术的重要特征是与计算机、微电子和信息技术的融合。其主要发展趋势包括新一代机械制造装备技术、精密和超精密加工技术、少切削无切削加工技术等。

1) 新一代机械制造装备技术

金属切削机床是机械制造装备的主体，也是迄今国内外研究最多的机械制造装备。早在 20 世纪 30 年代西欧就开展了机床精度和切削振动机理的研究工作，60～70 年代国际上的研究工作达到高峰，在机床的静态性能、动态性能、加工性能、振动和噪声、热稳定性、精度保持性、可靠性、性能试验、故障诊断与维修等方面都达到相当高的水平。近年来在新一代制造装备技术上又有了较大的发展和突破。

(1) 新型加工设备的研究开发已取得不少进展，如多轴联动加工中心、拉削车削高效曲轴加工机床、点磨机床、加工与装配作业集成机床等。近年出现的并联机床(虚拟轴机床)突破了传统机床结构方案，在国内外有了快速发展。

(2) 在数控化基础上朝智能化方向发展。充分利用精度补偿、应用技术软件、传感器和控制技术的最新科技成果，研制新一代高质量、高效率和低消耗的智能加工中心和智能化加工单元。

(3) 采用新材料和新结构，提高制造装备的刚度、抗损性、热稳定性，提高精度和精度保持性，减轻质量等。

(4) 新型部件的开发应用。例如，高精度、高速交流电主轴，国外已商品化产品的转速为 20 000r/min，最高已达 100 000r/min，国内已完成 8000r/min 样机研制。为此要解决高精度大载荷主轴轴承、主轴冷却、刀具配置与夹紧可靠性、电主轴调速可行性等关键技术。

(5) 发展先进的机床和数控系统性能检测、诊断方法与技术。

(6) 多品种小批量生产条件下的先进在线加工质量检测技术。

(7) 柔性工艺装备和柔性夹具，为快速、低成本工艺准备提供技术。

2) 精密和超精密加工技术

精密和超精密加工，一是不断提高极限加工精度，二是从小批量生产走向大批量产品生产。精密和超精密加工技术包括加工工艺、加工机床、测量技术和作业环境等。

(1) 超精密切削。金刚石刀具超精密车削，刃口半径已达纳米级，可实现纳米级厚度的稳定切削。

(2) 超精密磨削加工。对于硬脆材料加工，采用新型结合剂的金刚石砂轮，可提高磨削表面质量。近来又发展了弹性发射加工、机械化学抛光、浮动研磨及磁流体精密研磨等实用技术。

(3) 精密和超精密特种加工。主要指集成电路芯片微细加工，包括电子束和离子束刻蚀加工。

(4) 精密加工机床。向超精结构、多功能、机电一体化方向发展，并广泛采用各种测量、控制技术实时补偿误差。

3) 少切削无切削加工技术

为了贯彻可持续发展战略，节约原材料和能源消耗，必须大力发展少切削无切削加工技术，一方面要提高毛坯制造精度，发展精密铸造和锻造等技术，减少材料切削加工量；另一方面要发展冲压、挤压、滚压长封闭无切削成形技术。这些加工技术不仅具有材料利用率高、生产率高的特点，而且可以改善材料的性能。

1.2 机械制造装备的分类

机械制造过程是从原材料开始，经过热、冷加工，装配成产品，对产品进行调试和检测、包装和发运的全过程，所使用的装备类型繁多，大致可划分为加工装备、工艺装备、仓储传送装备和辅助装备四大类。

1.2.1 加工装备

加工装备是机械制造装备的主体和核心，是采用机械制造方法制造机器零件或毛坯的机器设备，又称为机床或工作母机。机床的类型很多，除了金属切削机床之外，还有特种加工机床、锻压机床、注塑机、快速成形机、焊接设备等。特种加工机床传统上归于金属切削机床类中。近年来，特种加工机床已发展为一个较大的门类，为叙述方便，这里将它作为一大类机床进行介绍。

1) 金属切削机床

金属切削机床是采用切削、特种加工等方法，主要用于加工金属，使之获得所要求的几何形状、尺寸精度和表面质量的机器，如图 1.2 所示。机床加工可获得较高的精度和表面质量，在实际生产中，它完成 40%以上的加工工作量。金属切削机床品种繁多，为了便于区别、使用和管理，需从不同角度对其进行分类。

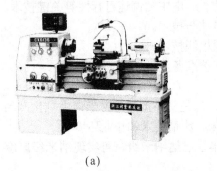

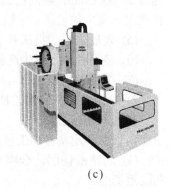

(a)   (b)   (c)

图 1.2　金属切削机床

(1) 按机床工作原理和结构性能特点分类，我国把机床划分为车床、钻床、镗床、磨床、齿轮加工机床、螺纹加工机床、铣床、刨插床、拉床、特种加工机床、切断机床和其他机床等 12 大类。

(2) 按机床使用范围分类，可把机床分为通用机床、专用机床和专门化机床。

① 通用机床(又称万能机床)可加工多种工件，完成多种工序，是使用范围较广的机床，如万能卧式车床、万能升降台铣床等。这类机床的通用程度较高，结构较复杂，主要用于单件小批量生产。

② 专用机床是用于加工特定工件的特定工序的机床，如主轴箱的专用镗床。这类机床是根据特定工艺要求专门设计、制造与使用的，因此生产率很高，结构简单，适于大批量生产。组合机床是以通用部件为基础，配以少量专用部件组合而成的一种特殊形式的专用机床。

③ 专门化机床(又称专业机床)是用于加工形状相似、尺寸不同工件的特定工序的机床。这类机床的特点介于通用机床与专用机床之间，既有加工尺寸的通用性，又有加工工序的专用性，如精密丝杠车床、凸轮轴车床等，生产率较高，适于成批生产。

数控机床是计算机技术、微电子技术、先进的机床设计与制造技术相结合的产物，适应产品的精密、复杂和小批量的特点。它是一种高效高柔性的自动化机床，代表了金属切削机床的发展方向。加工中心又称自动换刀数控机床，它是具有刀库和自动换刀装置，能够自动更换刀具，对一次装夹的工件进行多工位、多工序加工的数控机床。

(3) 按机床精度分类。同一种机床按其精度和性能，又可分为普通机床、精密机床和高精度机床。此外，按照机床质量(习惯称重量)大小又可分为仪表机床、中型机床、大型机床、重型机床和超重型机床等。

2) 特种加工机床

特种加工机床近年来发展很快，按其加工原理可分为电加工、超声波加工、激光加工、电子束加工、离子束加工、水射流加工等机床。

(1) 电加工机床。直接利用电能对工件进行加工的机床，统称为电加工机床。一般仅指电火花加工机床、电火花线切割机床和电解加工机床。

① 电火花加工机床是利用工具电极与工件之间的脉冲放电现象从工件上去除微粒材料达到加工要求的机床，主要用于加工硬的导电金属。

② 电火花线切割机床是利用一根移动的金属丝作为电极，在金属丝和工件间通过脉冲放电，并浇上液体介质，使之产生放电腐蚀而进行切割加工的机床。当放置工件的工作台在水平面内按预定轨迹移动时，工件便可切割出所需要的形状，如图 1.3 所示。

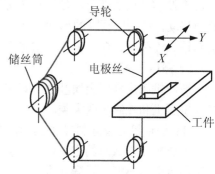

图 1.3　电火花线切割

③ 电解加工机床是利用金属在直流电流作用下，在电解液中产生阳极溶解的原理对工件进行加工的机床，电解加工又称化学加工。

(2) 超声波加工机床。利用超声波能量对材料进行机械加工的设备称为超声波加工机床。加工时工具做超声振动，并以一定的静压力压在工件上，工件与工具间引入磨料悬浮液。在振动工具的作用下，磨粒对工件材料进行冲击和挤压，加上空化爆炸作用将材料切除。超声波加工适用于特硬材料，如石英、陶瓷、水晶、玻璃等材料的孔加工、套料、切割、雕刻、研磨和超声电加工等复合加工。

(3) 激光加工机床。采用激光能量进行加工的设备统称为激光加工机床。利用激光的极高能量密度产生的上万摄氏度高温聚焦在工件上，使工件被照射的局部在瞬间急剧熔化和蒸发，并产生强烈的冲击波，使熔化的物质爆炸式地喷射出来以改变工件的形状，如图 1.4 所示。激光可以用于所有金属和非金属材料，特别适合于加工微小孔和材料切割。常用于金刚石拉丝模、钟表的宝石轴承、陶瓷、玻璃等非金属材料的加工和硬质合金、不锈钢等金属材料的小孔加工及切割加工。

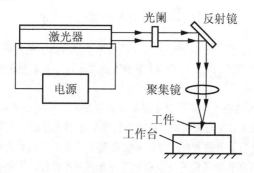

图 1.4　激光加工

(4) 电子束加工机床。电子束加工指在真空条件下，由阴极发射出的电子流被带高电位的阳极吸引，在飞向阳极的过程中，经过聚焦、偏转和加速，最后以高速和细束状轰击被加工工件的一定部位，在几分之一秒内，将其 99%以上的能量转化成热能，使工件上被轰击的局部材料在瞬间熔化、汽化和蒸发，以完成工件的加工。电子束加工机床就是利用电子束的上述特性进行加工的装备。

(5) 离子束加工机床。在电场作用下，将正离子从离子源出口孔"引出"，在真空条件下，将其聚焦、偏转和加速，并以大能量细束状轰击被加工部位，引起工件材料的变形与分离，或使靶材离子沉积到工件表面上，或使杂质离子射入工件内，对工件进行穿孔、切割、铣削、成像、抛光、蚀刻、清洗、溅射、注入和蒸镀等，统称为离子束加工。离子束加工机床就是利用离子束上述特性进行加工的装备。

(6) 水射流加工机床。水射流加工是利用具有很高速度的细水柱或掺有磨料的细水柱，冲击工件的被加工部位，使被加工部位上的材料被剥离的加工方法。随着工件与水柱间的相对移动，切割出要求的形状。常用于切割某些难切削材料，如陶瓷、硬质合金、高速钢、模具钢、淬火钢、白口铸铁、耐热合金、某些复合材料等。

3) 锻压机床

锻压机床是利用金属塑性变形进行加工的一种无屑加工设备，主要包括锻造机、冲压机、挤压机和轧制机四大类。

(1) 锻造机是使坯料在工具的冲击力或静压力作用下成形，并使其性能和金相组织符合一定要求。按成形的方法可分为自由锻造、胎模锻造、模型锻造和特种锻造，按锻造温度不同可分为热锻、温锻和冷锻。

(2) 冲压机是借助模具对板料施加外力，迫使材料按模具形状、尺寸进行剪裁或变形。按加工时温度的不同，可分为冷冲压和热冲压。冲压工艺具有省工、省料和生产率高的突出优点。

(3) 挤压机是借助于凸模对放在凹模内的金属材料挤压成形，根据挤压时温度的不同，可分为冷挤压、温挤压和热挤压。挤压成形有利于低塑性材料成形，与模锻相比，不仅生产率高、节省材料，而且可获得较高的精度。

(4) 轧制机是使金属材料在旋转轧辊的作用下变形，根据轧制温度可分为热轧和冷轧，根据轧制方式可分为纵轧、横轧和斜轧。

 阅读材料 1—1

沈阳机床集团研发的全智能机床

精密、专业的数控机床，可以像玩智能手机一样轻松操控，指尖轻点就能完成复杂零部件的加工，这个让外行人瞬间变身行内高手的划时代产品，就是在沈阳机床集团诞生的搭载了其自主研发、全球首创 i5 数控系统的全智能机床。

i5 数控系统是全球范围内诞生的第一款全智能化数控系统，搭载 i5 数控系统的机床产品操作更便捷、编程更轻松、维护更方便、管理更简单。在沈阳机床的车间里看到，工作人员正在用平板电脑通过 i 平台对 i5 数控系统机床进行远程控制(图 1.5)。即使是完全不懂专业技术的外行人，只要在计算机或手机上生成一个订单，一台或几台机床就可以自动加工客户需要的部件，并将生产进程、故障预测及清除等信息实时发送至客户手机。

图 1.5　i5 数控系统机床

　　据介绍，i 平台是沈阳机床构建的集"云制造"和"智能制造"概念于一体的信息集成平台，目前已经实现了"在线工厂"和"机床档案"两大应用功能。基于 i 平台，用户在全国各地可实时查询其工厂的产量信息、各生产线的订单生产执行情况、耗材资源库存等信息，为企业决策提供可靠、及时的数据信息，为客户带来更多方便。

　　资料来源：http://society.people.com.cn/n/2013/0529/c136657-21658385.html, 2013.

1.2.2　工艺装备

　　产品制造时所用的各种刀具、模具、夹具、量具等工具，总称为工艺装备。它是保证产品制造质量、贯彻工艺规程、提高生产效率的重要手段。

　　1) 刀具

　　由于机械零件的材质、形状、技术要求和加工工艺的多样性，客观上要求进行加工的刀具具有不同的结构和切削性能。因此，生产中所使用的刀具的种类很多，如图 1.6 所示。刀具常按加工方式和具体用途，分为车刀、孔加工刀具、铣刀、拉刀、螺纹刀具、齿轮刀具、自动线及数控机床刀具和磨具等几大类型。刀具还可以按其他方式进行分类，如按所用材料分为高速钢刀具、硬质合金刀具、陶瓷刀具、立方氮化硼刀具和金刚石刀具等；按结构分为整体刀具、镶片刀

图 1.6　刀具

具、机夹刀具和复合刀具等；按是否标准化分为标准刀具和非标准刀具等。标准刀具是按国家或部门制定的有关"标准"或"规范"制造的刀具，由专业化的工具厂集中大批量生产，占所用刀具的绝大部分。非标准刀具是根据工件与具体加工的特殊要求设计制造的，也可将标准刀具加以改制而实现。

　　2) 夹具

　　夹具是机床上用以装夹工件及引导刀具的装置，对于贯彻工艺规程、保证加工质量和提高生产率有着决定性的作用。夹具一般由定位机构、夹紧机构、导向机构和夹具体等部分构成，按照其应用机床的不同可分为车床夹具、铣床夹具、钻床夹具、刨床夹具、镗床夹具、磨床夹具等；按照其专用化程度又可分为通用夹具、专用夹具、组合夹具、通用可调夹具和成组夹具等，见表 1-1。

表 1-1 按夹具专用化程度分类

通用夹具	通用性强，被广泛应用于单件小批量生产
专用夹具	专为某一工序设计，结构紧凑、操作方便、生产效率高、加工精度容易保证，适用于定型产品的成批和大量生产
组合夹具	由一套预先制造好的标准元件和合件组装而成的专用夹具
通用可调夹具	不对应特定的加工对象，适用范围宽，通过适当的调整或更换夹具上的个别元件，即可用于加工形状、尺寸和加工工艺相似的多种工件
成组夹具	专为某一组零件的成组加工而设计，加工对象明确，针对性强。通过调整可适应多种工艺及加工形状、尺寸

3) 模具

模具是用来将材料填充在其型腔中，以获得所需形状和尺寸制件的工具。按加工材料性质分类，有金属制品用模具、非金属制品用模具等；按模具制造材料分类，有硬质合金模具等；按工艺性质分类，有拉深模、粉末冶金模、锻模等。这些分类方法中，有些不能全面地反映各种模具的结构和成形加工工艺的特点，以及它们的使用功能。为此，采用以使用模具进行成形加工的工艺性质和使用对象为主的综合分类方法，将模具分为十大类：冲压模具、塑料成形模具、压铸模具、锻造成形模具、铸造用金属模具、玻璃制品模具、粉末冶金模具、橡胶成形模具、陶瓷模具和经济模具。

4) 量具

量具是以直接或间接方法测出被测对象量值的工具、仪器及仪表的总称，可分为通用量具、专用量具和组合测量仪等。通用量具是标准化、系列化和商品化的量具，如千分尺、千分表、量块，以及光学、气动和电动量仪等。专用量具是专门针对特定零件的特定尺寸而设计的，如量规、样板等，某些专用量规通常会在一定范围内具有通用性。组合测量仪可同时对多个尺寸测量，有时还能进行计算、比较和显示，一般属于专用量具，或在一定范围内通用。数控机床的应用大大简化了生产加工中的测量工作，减少了专用量具的设计、制造与使用；测试技术与计算机技术的发展，使得许多传统量具向数字化和智能化方向发展，适应了现代生产技术的发展。

1.2.3 仓储传送装备

仓储传送装备是生产系统必不可少的装备，对企业生产的布局、运行与管理等有着直接影响。仓储传送装备主要包括物料运输装置、机床上下料装置、刀具输送设备及各级仓储设备。

1) 物料运输装置

物料运输主要指坯料、半成品及成品在车间内各工作站(或单元)间的输送，满足流水生产线成自动生产线的要求。主要有传送装置和自动运输小车两大类。

传送装置的类型很多，如由辊轴构成流动滑道，靠重力或人工实现物料输送；由刚性推杆推动工件做同步运动的步进式输送带；在两工位间输送工件的输送机械手；链式输送机，带动工件或随行夹具做非同步输送等。用于自动线中的传送装置要求工作可靠、定位精度高、输送速度快、能方便地与自动线的工作协调等。

与传送装置相比，自动运输小车具有较大的柔性，通过计算机控制，可方便地改变输送路线及节拍，主要用于柔性制造系统中。可分为有轨和无轨两大类。前者载重量大，控制方便，定位精度高，但一般用于近距离直线输送；后者一般靠埋入地下的制导电缆等进行电磁制导，也采用激光制导等方式，输送线路控制灵活。

2) 机床上下料装置

将坯料送至机床的加工位置的装置称为上料装置；加工完毕后将工件从机床上取走的装置称为下料装置，它们能缩短上下料时间，减轻工人劳动强度。机床上下料装置类型很多，有料仓式和料斗式上料装置、上下料机械手等。在柔性制造系统中，对于小型工件，常采用上下料机械手或机器人，大型复杂工件采用可交换工作台进行自动上下料。

3) 刀具输送设备

在柔性制造系统中，必须有完备的刀具准备与输送系统，完成包括刀具准备、测量、输送及重磨刀具回收等工作。刀具输送常采用传输链、机械手等，也可采用自动运输小车对备用刀具等进行输送。

4) 仓储装备

机械制造生产中离不开不同级别的仓库及其装备。仓库用来存储原材料、外购器材、半成品、成品、工具、夹具等，分别进行厂级或车间级管理。现代化的仓储装备不仅要求布局合理，而且要求有较高的机械化程度，减轻劳动强度，采用计算机管理，能与企业生产管理信息系统进行数据交换，能控制合理的库存量等。

自动化立体仓库是一种现代化的仓储设备，具有布置灵活，占地面积小，便于实现机械化和自动化，方便计算机控制与管理等优点，具有良好的发展前景。

1.2.4 辅助装备

辅助装备包括清洗机、排屑设备及测量、包装设备等。

清洗机是用来对工件表面的尘屑油污等进行清洗的机械设备，能保证产品的装配质量和使用寿命，应该给予足够重视，可采用浸洗、喷洗、气相清洗和超声波清洗等方法，在自动装配中应能分步自动完成。

排屑装置用于自动机床、自动加工单元或自动线上，包括切屑清除装置和输送装置。清除装置常采用离心力、压缩空气、切削液冲刷、电磁或真空清除等方法；输送装置有带式、螺旋式和刮板式等多种类型，保证将铁屑输送至机外或线外的集屑器中，并能与加工过程协调控制。

1.3 机械制造装备设计的类型

机械制造装备设计可分为创新设计、变型设计和模块化设计三大类型。

1. 创新设计

在当前市场竞争十分激烈的情况下，企业要求得生存，必须根据市场上出现的需求，快速地开发出创新产品去占领市场，那种依靠直觉思维和灵感的创新方式显然不能及时地推出具有竞争力的创新产品。必须采用逻辑思维方法，用主动的、按部就班的工件方式向创新目标逼近，开发出新一代的、具有高技术附加值的新产品，改善产品的功能、技术性能和质量，降低生产成本和能源消耗，采用先进生产工艺，缩短与国内外同类先进产品之间的差距，提高产品的竞争能力。

创新设计通常应从市场调研和预测开始，明确产品的创新设计任务，经过产品规划、方案设计、技术设计和工艺设计四个阶段；还应通过产品试制和产品试验来验证新产品的技术可行性；通过小批试生产来验证新产品的制造工艺和工艺装备的可行性。一般需要较长的设计开发周期，投入较大的研制开发工作量。

2. 变型设计

用单一产品往往满足不了市场多样化和瞬息万变的需求。如果每种产品都采用创新设计方法，则需要较长的开发周期和投入较大的开发工作量。为了快速满足市场需求的变化，常常采用适应型和变参数型设计方法。两种设计方法都是在原有产品基础上，保持其基本工作原理和总体结构不变，适应型设计是通过改变或更换部分部件或结构，变参数型设计是通过改变部分尺寸与性能参数，形成所谓的变型产品，以扩大使用范围，满足更广泛的用户需求。适应型设计和变参数型设计统称"变型设计"。

开展变型设计的依据是原有产品应属于技术成熟产品。变型产品的基本工作原理和主要功能结构与原有产品相同，在设计和制造工艺方面是已经过了关的。这就是变型设计之所以可以在较短时间内，高质量地设计出符合市场需要产品的原因。

作为变型设计依据的原有产品，通常是采用创新设计方法完成的。为可能在其基础上进行变型设计，在创新设计时应考虑变型设计的可能性，遵循系列设计的原理，将创新设计和变型设计两者进行统筹规划，即原有产品的设计不再是孤立地进行，而是作为系列化产品中的所谓的"基型产品"来精心设计，变型产品也不再是无序地进行设计，而是在系列型谱的范围内有依据地进行设计。

3. 模块化设计

模块化设计是按合同要求，选择适当的功能模块，直接拼装成所谓的"组合产品"。进行组合产品的设计，是在对一定范围内不同性能、不同规格的产品进行功能分析的基础上，划分并设计出一系列功能模块，通过这些模块的组合，构成不同类型或相同类型不同性能的产品，满足市场的多方面需求。组合产品是系列产品的进一步细化，组合产品中的模块也应按系列化设计的原理进行。

据不完全统计，机械制造装备产品中有一大半属于变型产品和组合产品，创新产品只占一小部分。尽管如此，创新设计的重要意义仍不容低估。这是因为：采用创新设计方法不断推出崭新的产品，是企业在市场竞争中取胜的必要条件；变型设计和模块化设计是在基型和模块系统的基础上进行的，而基型和模块系统也是采用创新设计方法完成的。

1.4 机械制造装备设计要求

机械制造装备设计工作是设计人员根据市场需求所进行的构思、计算、试验、选择方案、确定尺寸、绘制图样及编制设计文件等一系列创造性活动的总称。其目的是为新装备的生产、使用和维护提供完整的信息。设计工作是一切产品实现的前提，设计质量的优劣直接影响产品的质量、成本、生产周期及市场竞争能力。产品性能的差距首先是设计差距。据统计，产品成本的60%取决于设计。机械制造装备设计工作要适应科学技术的飞速发展及市场竞争的日趋激烈，要采用先进的设计技术，设计出质优价廉的产品。机械制造装备的类型很多，功能各异，但设计工作的总体要求是精密化、高效化、自动化、机电一体化、向成套设备与技术方向发展，不断增加品种、缩短供货周期，以及满足工业工程和绿色工程的要求等。

1) 精密化

随着科学技术的发展和市场竞争的加剧，对产品性能的要求越来越苛刻，对其制造精度的要求越来越高。为此机械制造装备必须向精密化方向发展，全面采取提高精度的技术措施。一方面全面提高零件的加工精度，压缩零件的制造公差；另一方面要采用高精度的装置，如滚珠丝杠、滚动导轨等，同时还要采取各种误差补偿技术，以便提高其几何精度、传动精度、运动精度、定位精度。为了保证在高速、高负荷下保持加工精度，必须提高机械制造装备的刚度、抗振性，以及低温升和热稳定性。为了提高精度保持性，还必须重视零件的选材和热处理，以便提高相对运动表面的硬度、减少磨损，同时还要优化运动部件间的间隙，合理润滑和密封、降低磨损、提高精度保持性和工作可靠性，适应自动化和智能化控制的要求。

2) 高效化

不断提高生产效率，一直是机械制造装备设计所追求的目标。生产率通常指在单位时间内机床、加工单元或生产线所能加工的工件数量，为此必须缩短加工一个工件的平均总时间，其中包括缩短切削加工时间、辅助时间，以及分摊到每个工件上的准备时间和结束时间。为了提高切削速度、缩短切削时间，必须采用先进刀具，提高机床及有关装备的强度、刚度、高速运转平稳性、抗振性、切削稳定性等性能，适应高效化的要求；同时在自动化加工的前提下，提高空行程及调整运动速度、将加工时间与辅助时间相重合，采用自动测量技术和数字显示技术等，缩短辅助时间。此外，采用适应控制和智能控制也是提高高效化水平的有效措施。

3) 柔性自动化

机械制造装备实现自动化，可以减少加工过程的人工干预，可以保证加工质量及其稳定性，同时提高加工生产率和减轻工人劳动强度。机械加工自动化有全自动化和半自动化之分，全自动化指能自动完成上料、卸料和加工循环的全过程，半自动化加工中的上下料需人工完成。

实现自动化控制和运行的方法，可分为刚性自动化和柔性自动化两类。刚性自动化指传统的凸轮和挡块控制，工件发生改变时必须重新设计凸轮及调整挡块，调整困难，因此只能适合于传统的大批量生产，已逐渐被现代化的柔性自动化技术所代替。柔性自动化是由计算机控制的生产自动化，主要有可编程逻辑控制和计算机数字控制。可编程逻辑控制主要用于形状简单的零件加工控制和生产过程控制，计算机数字控制用于复杂形状零件的加工控制和复杂的生产过程控制。计算机数字控制与可编程逻辑控制相结合，实现了单件小批量生产的柔性自动化控制，如数控机床、加工中心、计算机直接数控(DNC)、柔性制造单元(FMC)和柔性制造系统(FMS)以及计算机集成制造(CIM)，使柔性自动化技术不断向前发展，正在改变着机械制造行业生产自动化的面貌。

4) 机电一体化

为了实现机械制造装备的精密化、高效化和柔性自动化，其构成上必须是机电一体化，即实现机械技术，包括机械结构与传动、流体传动、电气传动同微电子技术和计算机技术等有机结合、整体优化，充分发挥各自的特点，组成一个最佳的技术系统，使得机械制造装备进一步减小体积、简化结构、节约原材料，提高传动效率，提高可靠性。

5) 结构模块化

为了适应机电产品更新换代周期加快的要求，机械制造装备也要加快更新换代周期，不断推出新产品，满足市场不断变化的需求，为此必须采用先进的设计技术，提高设计效率与质量。在众多先进设计技术中，模块化设计技术显得尤为重要。一方面，通过不同模块的组合，可以快速获得不同性能的众多产品，最大限度地增加产品类型、降低生产成本，缩短新产品设计与制造周期，满足市场需求；另一方面，可方便地对结构模块进行更新，加快机械制造装备的更新换代。实践表明，绝大多数成功的机械制造装备产品，大都采用模块化结构。

6) 装备与技术配套化

我国的机械制造装备的制造企业必须改变过去只注重提供单机的状况，应向提供配套装备与相关技术的方向发展，包括成配套的机床与相关的工艺装备和物料储运装备，还应进一步提供包括生产组织、工艺方法及工艺参数在内的全套加工技术，真正在机械制造行业中起到"总工艺师"的作用。

7) 符合工业工程要求

工业工程是通过生产技术与管理的有机结合，对由人员、物料、设备、能源和信息所组成的系统进行设计、改善和实施的一门综合科学。现代工业工程充分应用计算机、运筹学和系统工程等先进技术，能采用定量分析方法，科学准确地对大型生产系统进行设计与分析，对其工作效率和成本等进行全面优化。

产品设计要符合工业工程的要求，其内容包括在产品开发阶段，要充分考虑产品的结构工艺性、提高标准化和通用化水平；采用最佳工艺方案、选择合理的制造装备，尽可能地减少原材料及能源消耗；合理进行机械制造装备的总体布局，优化操作步骤和方法，提高工作效率，同时减轻体力劳动；对市场和消费者进行调查研究，保证产品正确的质量标准，减少因质量标准制定得过高而造成的不必要浪费等。

8) 符合绿色工程要求

所谓绿色工程是一个注重环境保护、节约资源、保证可持续发展的工程。根据绿色工程要求，企业必须纠正过去那种不惜牺牲环境和消耗资源来增加产出的错误做法，使经济发展更多地与地球资源与承受能力达到有机协调。按绿色工程要求设计的产品称为绿色产品，绿色产品设计在充分考虑产品功能、质量、开发周期和成本的同时，优化各有关设计要素，使产品从设计、制造、包装、运输、使用到报废处理的整个生命周期中，对环境影响最小，资源利用效率最高。

绿色产品设计中应考虑的问题很多，如产品材料的选择应是无毒、无污染、易回收、易降解、可重用；产品制造过程应充分考虑对环境的保护、资源回收、废弃物的再生和处理、原材料的再循环、零部件的再利用等。原材料再循环的成本一般较高，应考虑经济上、结构上和工艺上的可行性。为了使零部件能再利用，应通过改变材料、结构布局及零部件的连接方式等改善和实现产品拆卸的方便性和经济性。

1.5 机械制造装备设计方法

1.5.1 机械制造装备设计的典型步骤

机械制造装备设计的步骤根据设计类型而不同。创新设计的步骤最典型，可划分为产品规划、方案设计、技术设计和工艺设计四个阶段。

1) 产品规划阶段

产品规划阶段的任务是明确设计任务，通常应在市场调查与预测的基础上识别产品需求，进行可行性分析，制订设计任务书。

(1) 需求分析。需求分析一般包括对销售市场和原材料市场的分析，如新产品开发面向的社会消费群体，他们对产品功能、技术性能、质量、数量、价格等方面的要求；现有类似产品的功能、技术性能、价格、市场占有情况和发展趋势；竞争对手在技术、经济方面的优势和劣势及发展趋势；主要原材料、配件、半成品等的供应情况、价格及变化趋势等。

(2) 调查研究。调查研究包括市场调研、技术调研和社会环境调研三部分。

① 市场调研一般指从用户需求、产品情况、同行情况、供应情况等几个方面进行调研。

② 技术调研一般包括产品技术的现状及发展趋势、行业技术和专业技术的发展趋势等。

③ 社会环境调研一般包括企业目标市场所处的社会环境和有关的经济技术政策。

(3) 预测。预测分为定性预测和定量预测两部分。定性预测指在数据和信息缺乏时，依靠经验和综合分析能力对未来的发展状况做出推测和估计。定量预测是对影响预测结果的各种因素进行相关分析和筛选，根据主要影响因素和预测对象的数量关系建立数学模型，对市场发展情况作出定量预测。

(4) 可行性分析。通过调查研究与预测后，对产品开发中的重大问题应进行充分的技术经济论证，判断是否可行，即进行产品设计的可行性分析。可行性分析一般包括技术分析、经济分析和社会分析三个方面。

经过可行性分析后，应确定待设计产品的设计要求和设计参数，编制"设计要求表"，见表1-2。在"设计要求表"内要列出必达要求和希望达到的要求。表中所列的各项要求应排出重要程度的名次，作为对设计进行评价时确定加权系数的依据。各项要求应尽可能用数值来描述其技术指标。

表 1-2 设计要求表

设计要求		必须或希望达到的要求	重要程度名次
类别	项目及指标		
功能 运动参数	运动形式、方向、速度、加速度等		
力参数	作用力大小、方向、载荷性质等		
能量	功率、效率、压力、温度等		
物料	产品物料特性		
信号	控制要求、测量方式及要求等		
其他性能	自动化程度、可靠性、寿命等		

续表

设计要求		必须或希望 达到的要求	重要程度 名　次
类别	项目及指标		
经济	尺寸(长、宽、高)体积和质量的限制		
	生产率、每年生产件数和总件数		
	最高允许成本、运转费用		
制造	加工 公差、特殊加工条件等		
	检验 测量和检验的特殊要求等		
	装配 装配要求、地基及安装现场要求等		
使用	使用对象 市场和用户类型		
	人机学要求 操纵、控制、调整、修理、配换、照明、安全、舒适		
	环境要求 噪声、密封、特殊要求等		
	工业美学 外观、色彩、造型等		
期限	设计完成日期 研制开始和完成日期、试验、出厂和交货日期等		

2) 方案设计阶段

方案设计阶段实质上是根据设计任务书的要求，进行产品功能原理的设计。这阶段完成的质量将严重影响到产品的结构、性能、工艺和成本，关系到产品的技术水平及竞争能力。方案设计阶段大致包括对设计任务的抽象、建立功能结构、寻求原理解与求解方法、形成初步设计方案和对初步设计方案的评价与筛选等步骤。

(1) 对设计任务的抽象。对设计任务进行抽象是对设计任务的再认识，从众多应满足的要求中，通过对功能关系和与任务相关的主要约束条件的分析，对"设计要求表"一步一步进行抽象，找出具有本质性的主要的要求，即本质功能，以便找到能实现这些本质功能的解，再进一步找出其最优解。

(2) 建立功能结构。经过对设计任务的抽象，可明确设计产品的总功能。总功能是表达输入量转变为输出量的能力。这里的输入、输出量指物料、能量和信息。产品的总功能通常是比较复杂的，较难直接看清楚输入和输出之间的关系。犹如设计产品通常由部件、组件和零件组成，与此相对应，设计产品应满足的总功能也可分解成分功能之间的关系，称为功能结构，可用图 1.7 所示的图形表示。总功能可逐级往下分解，分解到子功能的要求比较明确，直至便于求解为止。

(3) 寻求原理解与求解方法。对设计任务进行了抽象，确定了最本质的功能，然后建立了功能结构，将复杂的总功能分解为比较简单的、相互联系的分功能。如何实现这些功能及其之间的联系，就是求解问题。

所谓原理解，就是能实现某种功能的工作原理，以及实现该工作原理的技术手段和结构原理，即所谓的功能载体。从技术上和结构上实现工作原理的功能载体是以它具有的某种属性来完成某一功能的。这些属性包括物理化学属性、运动特性、几何特性和机械特性等。功能载体的属性往往是多方面的，有的是为人们普遍掌握了的，即显见属性；更多的是在特定条件下才显露出来的，为人们所不了解的新属性，即潜在属性。

通常能实现某一种功能的原理解不止一个，而不同原理解的技术经济效果是不一样的，而且往往在原理解阶段尚难以分清优劣。因此选择和确定原理解要经过反复论证，有时还可能经多次反复，才能取得较合理的原理解。

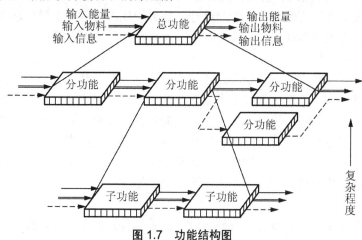

图 1.7　功能结构图

(4) 形成初步设计方案。将所有子功能的原理解结合起来，才能形成和实现总功能。原理解的结合是设计过程中很重要的一环。原理解的结合可以得到多个初步设计方案，采用合适的结合方法，才能获得理想的初步设计方案。常用的结合方法有系统结合法和数学方法结合法。

　　系统结合法指按功能结构的树状结构，根据逻辑关系把原理解结合起来的方法。具体方法是采用图 1.8 所示的图表。图表中子功能自上而下按功能结构的树状顺序排列，每个子功能可能有多个原理解，分别填写在子功能所在的行中。结合时，自上而下在每个子功能所在行中选出合适的原理解，用线将它们串起来，形成一种初步设计方案。产生的初步设计方案通常不止一个，但其中许多方案是不可取的，甚至是行不通的。为了避免结合形成的方案不可取，运行系统结合法时，应掌握如下原则：相结合的子功能原理解不应互相矛盾、互相排斥，应彼此相容；原理解的结合要能全面实现“设计要求表”中的内容；原理解结合后形成的初步设计方案应是先进的、成本低廉的。

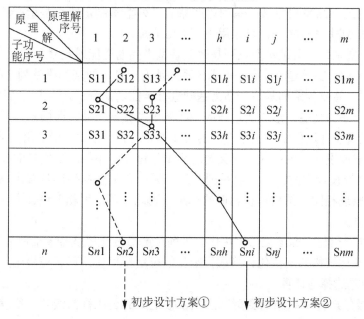

图 1.8　原理解系统结合法

(5) 对初步设计方案的评价与筛选。原理解的结合可以获得多种，有时多达几十种初步设计方案，应对这些方案进行评价与筛选，找到较优的方案，主要包括初步设计方案的初选、初步设计方案的具体化，以及对初步设计方案进行技术经济评价。

3) 技术设计阶段

技术设计阶段是将方案设计阶段拟定的初步设计方案具体化，确定结构原理方案；进行总体技术方案设计，确定主要技术参数、布局；进行结构设计，绘制装配草图，初选主要零件的材料和工艺方案，进行各种必要的性能计算；如果需要，还可以通过模型试验检验和改善设计；通过技术经济分析选择较优的设计方案。在技术设计阶段将综合运用系统工程学、价值工程学、力学、摩擦学、机械制造工程学、优化理论、可靠性理论、人机工程学、工业美学、相似理论等，来解决设计中出现的问题。

4) 工艺设计阶段

工艺设计阶段主要进行零件工作图设计，完善部件装配图和总装配图，进行商品化设计，编制各类技术文档等。

1.5.2 系列化设计

从基型产品出发，演变出其他型号和规格的产品，构成产品的变型系列，又称为系列化产品设计，是产品设计合理化的一条重要途径，是满足市场多种需求、提高产品质量和降低产品成本的重要途径。

1) 系列化产品设计工作要点

(1) 合理选择与设计基型产品。基型产品一般选择系列产品中应用最广泛的中档产品，其应是精心设计的新产品，要采用先进科学的设计方法去寻找最佳工作原理与结构方案，进行选材与确定结构尺寸参数，并且注意零部件结构的规范化、通用化和标准化，充分考虑进行变型设计的可能性。

(2) 合理制定产品系列型谱。系列化产品的系列型谱制定要在基型产品设计之后或在基型产品方案规划中统筹考虑，可采用下列方法完成：

① 确定基型系列。所谓基型系列是改变基型产品的性能或尺寸参数，一般是主参数，使其按一定的公比(又称级差)排列，组成一系列基型产品，即基型纵系列产品。

② 以基型产品或各系列基型产品为基础进行全面功能分析，寻找变结构方案，扩展基型或系列基型产品的功能，形成所谓适应型或派生型变型产品，即横系列产品。

③ 系列型谱制订过程中要进行广泛的市场调查与预测研究，确定用户的需求，既要防止型号过多，增加设计与生产成本；又要防止型号过少，不能满足用户的多种需求。

(3) 采用相似设计方法。因为纵系列产品，无论是基型系列还是派生系列，都是参数不同，但工作原理相同、结构形状相似的产品。因此，可采用相似设计方法，进一步提高设计效率与质量。

(4) 零部件通用化、标准化与模块化。系列化产品设计要坚持零部件通用化、标准化，同时要加强零部件结构的规范化，形成标准化的可更换模块，形成模块化产品。

2) 系列级差选择与计算

(1) 系列级差选择。纵系列变型产品主参数之间的公比称为级差，级差的选择和计算是系列化产品设计中的关键问题。

在一定范围内，使用者希望级差小些，增加系列产品的种类，便于选用。而生产单位则希望级差大些，减少系列产品的种类，增加批量以降低成本。选择级差时必须兼顾这两个方面的要求。

(2) 相似系统产品。相似系列产品有几何相似及半相似两大类。几何相似系列产品的主要尺寸和参数之间都相似；半相似系列产品有部分参数尺寸不成比例关系，因为这些参数或尺寸必须根据使用或工艺要求来确定。例如，卧式车床系列产品，其床身上最大回转直径即主参数之间成比例，而床身长度应根据加工长度确定，因此床身长度之比不等于主参数之比，主轴变速箱上手柄的高度要根据人机工程学要求、从方便操作出发确定；主轴变速箱铸件壁厚要从强度和铸造工艺性要求确定；等等。

1.5.3　模块化设计

1) 模块化设计特点

模块化设计是发达国家普遍采用的一种先进设计方法，不仅广泛应用于机械、电子、建筑、轻工等领域，而且扩展到计算机软件设计和艺术创作等领域。在不同领域中模块及模块化设计的具体含义与方法各有差异。

机电产品的模块化设计是确定一组具有同一功能和结合要素(指连接部位的形状、尺寸、公差等)，但性能和结构不同且能互换或组合的结构或功能单元，形成产品的模块系统，选用不同的模块进行组合，便可形成不同类型和规格的产品。

组合机床是一种典型的模块化专用机床，是以通用模块化部件，如动力头、动力滑台、立柱及底座等为基础，配以少量专用模块化部件，如主轴箱、夹具等组合而成。模块化设计特别适合于具有一定批量的变型产品，数控车床模块化结构如图 1.9 所示，利用这一模块系统可组合成众多不同用途或性能的变型产品。

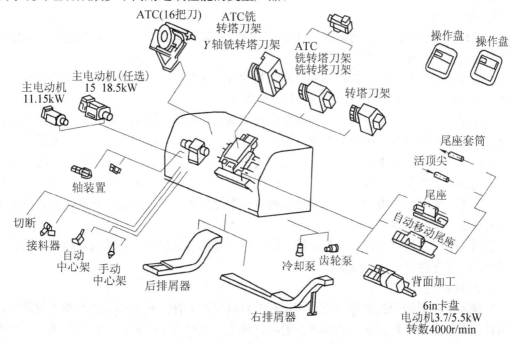

图 1.9　数控车床模块化结构示意图

模块化设计有下述特点：

(1) 提高设计效率，满足用户要求。产品模块具有规范化、系列化、通用化和标准化特点，一次设计可满足市场上的多种需求，可显著提高设计效率，最大限度地缩短供货周期和满足用户需求。

(2) 提高产品质量、降低生产成本。对于系列化和通用化的结构模块，可以精心设计、批量加工，甚至可以组织专业化生产，因而可大幅度提高产品质量、降低生产成本。

(3) 促进产品更新换代。对于已经模块化的产品，可快速响应市场需求，不断设计出新型的模块，发展变型产品。

(4) 方便维修。模块化产品的维修十分方便，一旦设备发生故障，可更换整个模块。

(5) 模块的结合部位结构较复杂，加工要求高；结构复杂的产品，有时难以保证外观的美观与匀称。

2) 模块化设计方式

模块化设计特别适用于有一定批量的变型产品的系列化设计，可根据系列型谱进行横系列模块化设计、纵系列模块化设计和跨系列模块化设计。

(1) 横系列模块化设计。在基型产品模块化结构的基础上，通过更换或添加功能模块，扩大产品的功能和适应性，这种设计方法应用最广。

(2) 纵系列模块化设计。纵系列模块化设计一般在基型产品横系列模块系统基础上，保持产品功能与原理方案基本相同，采用相似设计方法，改变其尺寸或性能参数，形成主参数成等比数列排列的一系列产品。

(3) 跨系列模块化设计。对于具有相近动力部件的产品，可进行跨系列模块化设计，常见的有跨系列基础件模块、动力模块或其他功能模块。例如，坐标镗床、坐标磨床和自动测量机等可采用相同基础件模块。

3) 功能模块

在模块化设计中，首先要理解和区分两种相互联系又有区别的模块：功能模块和结构模块，结构模块又称为生产模块。

功能模块是产品中实现各种功能单元的具体方案或载体，是从满足技术功能的角度来划分和定义的，是方案设计中应用的一种概念模块。

功能模块划分的出发点是产品的功能分析，这是模块化设计的基础，在方案设计阶段完成。功能模块的划分一般采用系统分析方法，将产品的总功能自上向下逐层分解为分功能、子功能，直至功能单元。产品功能分解的程度和功能模块的大小决定于产品的复杂程度和方案设计等的具体要求。从设计工作的实际出发，功能模块可以具有单一的功能，也可以是若干单元功能的组合。产品功能分解可用功能树表示，功能模块可用模块树或形态矩阵来表示。

根据功能模块的作用，可分为基础功能模块、辅助功能模块、特殊功能模块、适应功能模块，以及非模块化功能模块。

4) 结构模块

结构模块是根据产品的结构特点和企业的具体生产条件，从有利于生产和方便装配或组装目的而确定的模块。它是构成产品的具体模块，又称为生产模块，它们可能是一个或几个完整的功能模块及其组合，也可能仅包含某功能模块的一部分。

从产品结构和企业实际情况出发，在完成产品功能模块划分的基础上，合理确定结构模块，是产品模块化设计的又一关键问题。结构模块可以是产品部件、组件、零件或大型零件的一部分，还可根据分级模块思想进行灵活组合。

1.5.4　现代设计方法特点

在过去的工程设计中多采用直觉法、类比法，以古典力学和数学为基础的简单公式或经验数据进行手工计算和手工设计，设计效率低、质量差、周期长。随着科学技术的发展，特别是近些年来计算方法、控制理论、系统工程、创造工程、价值工程等学科的发展，尤其是计算机的广泛应用，出现了许多跨学科的现代设计方法，如计算机辅助设计、优化设计、模块化设计、创新设计、造型与色彩设计、有限元分析、价值工程分析、人机工程学、反求工程、动态设计、并行工程设计、虚拟设计、稳健设计、智能设计、全生命周期设计、绿色工程设计等，使工程设计进入了一个创新、高质量和高效率的新阶段。

现代设计方法与现代科技发展相适应，具有明显的特点。

1) 设计手段计算机化

采用计算机辅助设计技术，在计算机硬件系统和软件系统的支持下进行方案分析、结构造型、工程分析、自动绘图及产品信息管理等，使设计工作发生了根本性变化，把设计人员从烦琐的手工劳动中解放出来，可集中精力投身到创造性设计工作中，大大提高了设计效率和质量，而且为采用各种现代设计方法，进一步提高设计水平创造了条件。

2) 设计方法综合化

设计手段的计算机化，使现代设计可以建立在系统工程、创造性工程基础上，综合应用信息论、优化论、相似论、模糊论、可靠性理论等自然科学理论和价值工程、决策论、预测学等社会科学理论，不断总结设计规律，完善设计方法，使所采用的设计方法综合化、合理化，提供解决不同问题的科学途径。

3) 设计对象系统化

设计工作中用系统观点进行全方位设计，避免了传统设计工作中局部地、孤立地处理问题，在设计工作中始终把设计、制造、销售、维护、报废等多方面问题作为一个整体来考虑，不仅使产品满足功能与价格的要求，而且符合工业美学原则、人机工程原则、环境保护原则、工业工程原则等。

4) 设计目标最优化

设计目标最优化一直是设计者追求的目标，但在传统设计工作中由于问题复杂和设计手段落后，只能靠设计者的经验和感觉来确定。在计算机辅助设计环境下，通过计算机分析、图形仿真等，不仅可以实现单目标优化，而且能实现多目标的整体优化，使所设计的产品在技术性能、经济性、可行性等方面实现整体最优效果。

5) 设计问题模型化

随着设计建模与分析计算技术的发展，可以把各种问题进行高度抽象与概括，建立各种设计模型，特别是数学模型。应用计算机进行分析求解，保证了设计工作的科学化与自动化，不仅可以建立静态的线性模型，而且可以建立动态的非线性模型；不仅可以建立零件或组件模型，而且可以建立部件、整机或系统模型，大大提高了设计问题求解的可靠性和精确性。

6) 设计过程程式化与并行化

设计过程中，一方面，将设计过程划分成不同的阶段，在不同阶段建立不同的设计模型，采用不同的设计方法，利用计算机方便、快捷地处理设计问题，使设计过程程式化，进而实现自动化；另一方面，利用计算机网络通信和信息共享能力，可以打破传统的串行处理设计问题模式，采用并行工程方法，可以大大缩短设计工作周期。不仅使设计问题并行处理，还可将其他生产准备工作，如机械加工工艺规程设计、工装设计、数控编程等，与设计工作并行进行，形成多种任务并行与交叉处理的局面，加上采用面向制造的设计和面向装配的设计等新的设计理念与方法，可以大大缩短产品的设计与制造周期，切实提高产品的市场竞争能力。

习　　题

1-1 试述加工制造技术的发展趋势。

1-2 对机械制造装备如何进行分类？

1-3 工艺装备主要包括什么？

1-4 机械制造装备设计有哪些类型？它们的本质区别是什么？

1-5 简述机械制造装备设计的要求。

1-6 试述机械制造装备创新设计的典型步骤。

1-7 分析系列化设计和模块化设计的特点，各适用于什么场合？

1-8 现代设计方法的特点是什么？

第 **2** 章
金属切削机床设计

 本章教学要点

知识要点	掌握程度	相关知识
金属切削机床概述	掌握机床设计基本要求； 熟悉机床设计方法和步骤	机床产品的设计要求； 机床产品的设计方法； 机床产品的设计步骤
金属切削机床总体设计	掌握机械进给传动系的设计特点； 熟悉主传动系类型和传动方式； 了解机床类型代码	机床运动原理方案设计与分析； 机床传动原理方案设计
主传动系设计	了解主传动系的分类和传动方式； 掌握分级变速主传动系的设计； 熟悉无级变速传动系	分级变速主传动系的设计方法； 主变速传动系设计的一般原则； 无级变速装置的分类
进给传动系设计	掌握机械进给传动系的设计； 了解电气伺服进给系统	机械进给传动系的设计特点； 进给运动传动变速机构的类型； 电气伺服进给系统的组成

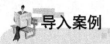 导入案例

金属切削机床的发展概况

金属切削机床是人类在改造自然的长期生产实践中，不断改进生产工具的基础上产生和发展起来的。最原始的机床是依靠双手的往复运动，在工件上钻孔。最初的加工对象是木料。为加工回转体，出现了依靠人力使工件往复回转的原始车床。在原始加工阶段，人既是提供机床的动力，又是操纵者。

当加工对象由木材逐步过渡到金属时，车圆、钻孔等都要求增大动力。于是就逐渐出现了水力、风力和畜力等驱动的机床。随着生产发展的需要，15～16世纪出现了铣床和磨床。我国明代宋应星所著《天工开物》中就已有对天文仪器进行铣削和磨削加工的记载。到18世纪，出现了刨床。

18世纪末，蒸汽机的出现，提供了新型巨大的能源，使生产技术发生了革命性的变化。在加工过程中逐渐产生了专业分工，出现了各种类型的机床。19世纪末，机床已扩大到许多类型。这些机床多采用天轴-带集中拖动，性能很低。20世纪以来，齿轮变速箱的出现，使机床的结构和性能发生了根本性的变化。随着电气、液压等科学技术的出现并在机床上得到普遍应用，机床技术有了迅速的发展。除通用机床外，又出现了许多变型品种和各式各样的专用机床。在机床发展的这个阶段，机床的动力已由自然力代替了人力。特别是工业革命以来，人只需操纵机床。生产力已不受人的体力的限制。

机床品种规格繁多，以下是一些常见的金属切削机床：

(a) 龙门铣床 X2008   (b) 单柱卧式铣床 X1506 (c) 立式升降台铣床 X5032 (d) 卧式升降台铣床 XL6032

(e) 立式加工中心   (f) 卧式加工中心机   (g) 数控立式钻床 ZK5140   (h) 龙门刨床

图 2.1 常见的金属切削机床

(i) 双柱平面铣床 X3406　(j) X3408 数控卧式车床　(k) 卧式坐标镗床 DIXI75　(l) 精密卧式滚齿机床

 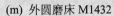   

(m) 外圆磨床 M1432　　(n) 柔性组合加工机床　(o) 俄罗斯插齿机　(p) YBN3150A 滚齿机

图 2.1　常见的金属切削机床(续)

资料来源：戴曙. 金属切削机床. 北京：机械工业出版社，2009.

2.1　概　　述

金属切削机床是用刀具或磨具对金属工件进行切削加工的机器。金属切削机床工业是机械工业的重要组成部分，是为机械工业提供加工装备和加工技术的"工作母机"工业。一个国家金属切削机床(简称机床)的拥有量及先进程度，是衡量工业水平的标志之一。

在 14 世纪以前，我国机械制造技术水平远远超过西方国家，但是由于长期封建统治，使中国的科学技术得不到进一步发展，然后慢慢地趋于落后地位。20 世纪 70 年代以后，由于微电子技术、控制技术、传感器技术与机电一体化技术的迅速发展，特别是计算机的广泛应用，不仅给机械制造领域带来了许多新技术、新工艺、新观念，而且使机械制造技术产生了质的飞跃，走上了一个新台阶。我国从无到有，建立了完备的机床工业体系，目前已经能生产绝大多数机床。

目前，中国的机械制造技术的发展战略特别是冷加工技术的发展将沿着三条主线进行：①机械制造工艺方法进一步完善与开拓。一方面，传统的切削、磨削技术仍在不断地发展，不断上升到新的高度；另一方面，各种特种加工技术也在不断开拓，研发出新的工艺，达到新的技术水平，并在生产中发挥越来越大的作用。②加工技术向高度精度方向发展，使"精密工程"和"纳米技术"逐步走向实用化和生产化。③加工技术向自动化方向发展，继续沿着 NC—CNC—FMS—CIMS 的台阶向上攀登。

机床技术水平和现代化程度决定着整个国民经济的水平和现代化程度，其中数控技术及装备又是发展新兴高新技术产业和尖端工业的使能技术和最基本装备，也是当今先进制造技术和装备的最核心技术。数控机床的水平、品种和生产能力反映了一个国家的装备制造技术实力和综合国力。各国都在竞相发展高速精密复合的数控机床，我国经过多年发展，目前已经形成了完整的机床工业体系，服务于国际民生的各个行业。部分典型数控机床及其应用领域如图 2.2 和图 2.3 所示。

  (a) 车铣复合加工中心   (b) 高速立式加工中心 (c) 大型双主轴立式龙门加工中心

图 2.2 数控机床

图 2.3 机床应用领域

  我国是制造大国，但不是强国。虽然机械制造业取得了很大的成绩，但与国家经济发展需要和世界先进水平相比还存在着一定的差距，必须迎头赶上。

 阅读材料 2-1

沈阳机床集团自主研发的飞阳数控系统安装

  沈阳机床集团自主研发的飞阳数控系统安装在广东、辽宁企业的 400 多台高、中档数控机床上，自 2011 年运行以来性能稳定可靠。由主机厂独立研发数控系统，使核心部件不再依赖国外厂商的控制和垄断，不仅拥有了自主知识产权的数控机床"大脑"，而且缩小了与世界先进水平的差距，对推进其产业化，意义重大。

  数控机床是制造业的工作母机，以高档数控机床为代表的先进装备制造业是衡量国家工业现代化的标志。而关键部件的数控系统则是数控机床的"大脑"和"心脏"，其占数控机床成本的 40%～50%。但长期以来，数控系统依赖进口，数控机床"脑体分离"制约了我国装备制造业的发展。

  经过近 4 年的潜心研发和 1 年的市场考验，沈阳机床集团成功开发出当代先进的飞阳数控系统，搭载该系统率先诞生了世界首台智能化数控机床，且操作简便适用，只要在键盘上轻轻一点，便可完成自由编程、图形诊断、实时监控等智能化程序，具有自动化、高速化、无人化加工和工厂管理数字化功能。

  业内专家认为，自主研发数控系统的成功，解决了外国"大脑"指挥中国数控机床长期形成的"体、脑"分离的弊端，意义深远。由技术开发主体企业独立承担包括研发、测试，直到大规模产业化在内的技术工程，不失为解决我国数控机床产业"空心化"难题的有效模式。

  资料来源：http://www.idnovo.com.cn/zhizao/2012/1105/article_14863.html.

2.1.1 机床产品的分类

机床是机械制造的基础机械,是制造机器的机器,被称为"工作母机"。机床品种规格繁多,按加工方法和所用刀具主要有以下分类:

1. 车床

车床是机械制造中使用最广的一类机床,如图 2.4 所示。车床主要用于加工各种回转表面(内外圆柱面、圆锥面及成形回转表面)和回转体的端面,有些还可加工螺纹面,主运动通常是由工件的旋转运动实现的,进给运动则由刀具的直线移动来完成。

普通车床可进行各种车削加工,如车削零件的内、外圆柱面、端面和圆锥面。带有马鞍的车床可用来车削大直径或畸形零件。根据用户要求,利用公制丝杠机床或英制丝杠机床,可完成车削公、英制、模数、径节和周节螺纹,完成钻孔、铰孔和拉油槽等工作。

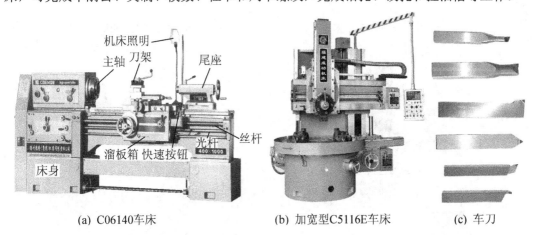

(a) C06140车床　　(b) 加宽型C5116E车床　　(c) 车刀

图 2.4　车床和车刀

2. 磨床

磨床是用磨具和磨料(如砂轮、砂带、油石、研磨剂等)对工件的表面进行磨削加工的一种机床,广泛用于零件的精加工,尤其是淬硬零件、高硬度特殊材料及非金属材料的加工,如图 2.5 所示。它可以加工各种表面,如平面、内外圆柱面、圆锥面和螺旋面等。通过磨削加工,使工件的形状及表面的精度、粗糙度达到预期的要求;同时,它还可以进行切断加工。

3. 钻床

钻床是孔加工机床,是用钻头在工件上加工孔的机床,如图 2.6 所示。钻床通常用于加工尺寸较小、精度要求不太高的孔,可完成钻孔、扩孔、铰孔及攻螺纹等工作。钻孔时,工件固定不动,刀具做旋转主运动,同时沿轴向做进给运动。

4. 铣床

铣床是用铣刀进行切削加工的机床,可加工平面、沟槽、多齿零件上的齿槽、螺旋形表面及各种曲面,用途广泛。铣床适合于使用各种棒型铣刀、圆形铣刀、角度铣刀来铣平面、斜面、沟槽等。机床具有足够的刚性和功率,能进行高速切削和承受重负荷的切削工作。由于铣削是多刃连续切削,生产率较高。铣床和铣刀如图 2.7 所示。

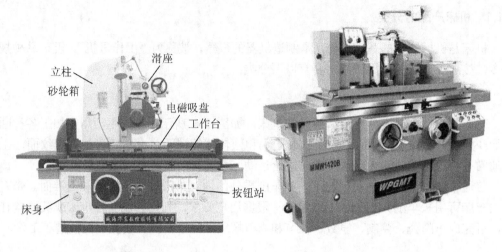

(a) 外圆磨床　　　　　　　　　　　　　　(b) M7130平面磨床

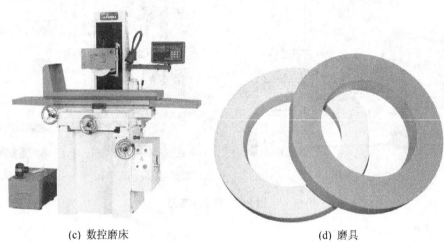

(c) 数控磨床　　　　　　　　　　　　　　(d) 磨具

图 2.5　磨床和磨具

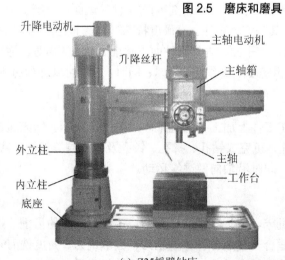

(a) Z35摇臂钻床　　　　　　　　　　　　(b) Z3050摇臂钻床

图 2.6　钻床

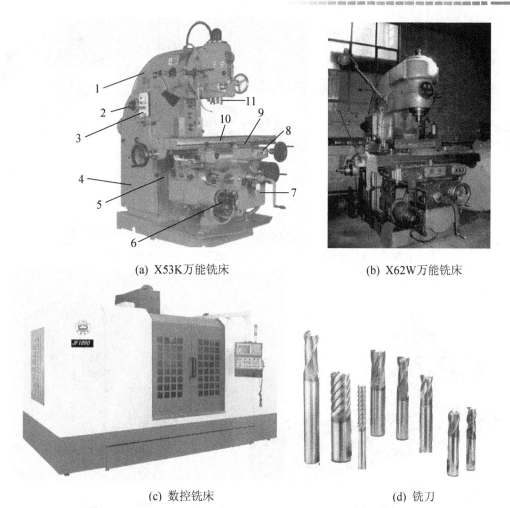

(a) X53K万能铣床　　　　　　(b) X62W万能铣床

(c) 数控铣床　　　　　　　　(d) 铣刀

图 2.7　铣床和铣刀

1—床身；2—主轴变速盘；3—侧面按钮站；4—电气控制柜；5—进给操作手柄；
6—进给变速盘；7—升降台；8—正面按钮站；9—左右操作手柄；10—工作台；11—主轴

5. 镗床

镗床是主要用镗刀在工件上加工孔的机床，工艺范围较广，通常用于加工尺寸较大、精度要求较高的孔，特别是分布在不同表面上、孔距和位置精度要求较高的孔。除镗孔外，还可进行铣削、钻孔、扩孔、铰孔等工作。一般镗刀的旋转为主运动，镗刀或工件的移动为进给运动。镗床和镗刀如图 2.8 所示。

6. 刨床

刨床主要用于刨削各种平面和沟槽，如图 2.9 所示。

7. 插床

插床主要用于加工工件的内表面，有时还可加工成形内外表面，主运动是滑枕带动插刀沿垂直方向所做的直线往复运动，如图 2.10 所示。

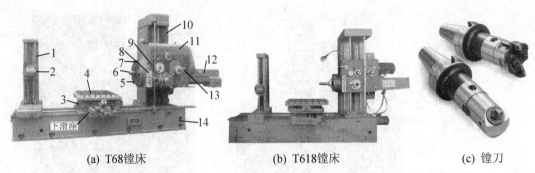

(a) T68镗床　　　　　　　(b) T618镗床　　　　　　　(c) 镗刀

图 2.8　镗床和镗刀

1—后立柱；2—后支承架；3—上滑座；4—工作台；5—刀具溜板；

6—镗轴；7—平旋盘；8—按钮箱；9—快速操作手柄；10—前立柱；

11—主轴箱；12—后尾箱；13—主轴箱变速手柄；14—床身；15—下滑座

图 2.9　刨床　　　　　　　　　　　　　图 2.10　插床

8. 齿轮加工机床

在金属切削中，齿轮加工机床是用于加工齿轮轮齿的机床，如图 2.11 所示。

图 2.11　齿轮加工机床

随着工业化的发展，机床品种越来越多，技术也越来越复杂，同时，机床技术水平的高低、质量的好坏，对机械产品的生产率和经济效益都有影响，因此，机床的合理操作和精密运用至关重要。

2.1.2 机床产品设计要求

机械产品的性能，80%取决于设计阶段，因此必须高度重视设计方法和手段的应用。对于机床产品的设计，需要满足以下几个要求：

1. 性能设计要求

1) 工艺范围

机床工艺范围指机床满足不同生产要求的能力。大致包括下列内容：

(1) 在机床上可完成的工序种类。

(2) 加工零件的类型、材料和尺寸范围。

(3) 毛坯的种类等。

(4) 生产纲领：根据生产纲领确定工艺范围。生产纲领一般分为以下两种形式：

① 大批量生产：为提高生产率，按工序分散原则，设计成专门化机床或专用机床，工艺范围窄，生产率高，结构简单，成本低。

② 单件小批生产：为使在一台机床上完成多种工序的加工，适用不同部门的需要，设计成通用机床，有较宽的变速范围、尺寸参数和较多的机床附件，以扩大机床使用范围。

2) 生产率和自动化程度

3) 加工精度和表面粗糙度

(1) 几何精度：机床在不运动或运动速度低时部件间相互位置精度和主要零部件的形位精度。几何精度由机床的制造精度和装配精度决定。

(2) 运动精度：机床在以工作速度空转时，主要零部件的几何精度和位置精度。

(3) 传动精度：机床传动链两端执行件间的运动协调性和均匀性。传动精度由传动系统设计的合理性和转动的制造精度和装配精度所决定。

(4) 定位精度：机床主要部件在运动终点所达到的实际位置的精度。

4) 可靠性

机床在规定的使用时间内，其功能的稳定程度和性质，即要求机床不轻易发生或尽可能减少发生故障。

5) 机床的机械效率和寿命

机床的机械效率指消耗于切削的有效功率与电动机输出功率之比。机床的寿命指机床保持它具有加工精度的使用期限，包括使用寿命、设计寿命、自然寿命。

6) 噪声

生理学上，人们把不需要的声音统称为噪声，即不同频率和不同强度的声音，无规律组合在一起。普通机床 85dB 以下，精密机床在 75dB 以下。

2. 经济效益

在保证实现机床性能要求的同时，还必须使机床具有很高的经济效益。不仅要考虑机床设计和生产的经济效益，更重要的是从用户出发，提高机床使用厂的经济效益。机床生产厂的经济效益，主要反映在机床的成本上，成本与设计直接有关，金属消耗量小，结构工艺好，成本就低。

3. 人机关系

机床的操作必须方便、省力、容易掌握、不易出现操作上的失误和故障。机床的外形必须合乎时代要求。美观大方的造型，适宜的色彩，均会使操作者有舒适宜人的感觉。

2.1.3 机床产品设计的方法

机床设计经历了由静态分析到动态分析，由定性分析到定量分析，由线性分析到非线性分析，由安全设计到优化设计，由手动设计到自动化发展的过程。

1. 理论分析计算和试验研究相结合的设计方法

理论分析计算和试验研究相结合的设计方法是机床设计的主要方法。这种方法首先是根据理论计算和局部试验确定结构尺寸，制造样机；对样机进行整机或局部薄弱环节的各种试验；最后补充修改定性。

2. 分析计算法

1) 集中参数法

用集中参数法计算机床动态特性时，把机床构件看成由若干有质量的质点和无质量的弹簧组成的振动系统。

2) 有限元法

有限元法是把结构假想为分割成有限个单元，而把一个连续体作为离散单元的集合体来看。目前，在机床设计阶段采用有限元进行仿真分析已经越来越广泛，如图 2.12 所示。

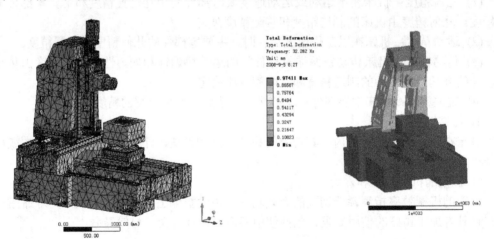

图 2.12　机床结构有限元分析

3) 优化设计

优化设计就是在一定条件下，合理选择有关参数，以获得一个技术经济指标最佳设计方案。

4) 可靠性设计

可靠性设计是以可靠性作为评定设计质量的一项指标而进行的设计，它是使设计产品在使用中不产生故障的设计方法和技术。

2.1.4 机床的设计步骤

机床的设计步骤在实践中虽有细节上的差别,但归纳起来大体上可分为以下四个阶段。

1. 调查研究

预测用户需要和使用要求进行可行性分析,确定机床的设计参数及制约条件,最后给出可行性报告及设计任务书。设计任务书中的内容包括机床的用途、主要性能参数、工作环境、有关特殊要求、生产批量、预期成本、设计完成期限以及使用单位的生产条件等。

2. 总体方案设计

在满足设计任务书中的具体要求的前提下,由设计人员构思出若干种方案并进行分析比较,从中优选出一种功能满足要求、工作性能可靠、结构设计可行、成本低廉的方案。总体方案设计所包含的内容包括工艺分析、主要技术参数、机床总体布局、传动系统、电气系统、液压系统、主要部件的结构草图、试验结果及技术经济分析报告等。

选择方案时要注意尽可能采用先进的工艺结构,尽量采用先进技术,设计方案必须以生产实践和科学试验为依据,凡是未经实践考验的方案,必须经过实验证明可靠后才能用于设计。

3. 工作图设计

在拟定总体方案的基础上,完成机床的总图设计、部件装配图、零件设计、液压与电气装配图,并进行运动计算和动力计算,设计结果以计算书的形式表达出来,其工作量大。

按照确定的工艺方案,进行机床总体布局,从而确定机床刀具和工件的相对运动,确定各部件的相互位置,画出机床总联系尺寸图,即机床原始总图。在图中应包括各部件的轮廓尺寸和各部件间的相互关系尺寸,以检查正确的空间位置及协调的运动。最后对有关图进行工艺审查、标准化审查等。

4. 试制鉴定

工作图完成后进行试制,然后对样机进行试验鉴定,设计人员应参加制造、装配、试车鉴定全过程,从中了解设计中存在的问题,及时总结经验教训,及时修改设计,以便对机床进行必要的改进和提高,并为以后设计积累经验和资料。

2.2 金属切削机床总体设计

2.2.1 机床系列型谱的制订

机床的型号是机床产品的代号,用以表明机床的类型、通用特性、结构特性及主要技术参数等。GB/T 15375—2008《金属切削机床 型号编制方法》规定,我国金属切削机床型号由汉语拼音字母和阿拉伯数字按一定规律组合而成,如下所示。

(△)——分类代号。

○——类代号。

(○)——通用特性及结构特性代号。

△——组代号。

△——系代号。

△——主参数或设计顺序号。

(×△)——主轴数或第二主参数。

(○)——重大改进顺序号。

(/◎)——其他特性代号。

其中：(1) 有"( )"的代号或数字，当无内容时则不表示，当有内容时则不带括号；

(2) 有"○"符号者，为大写的汉语拼音字母；

(3) 有"△"符号者，为阿拉伯数字。

1. 机床的类别代号

我国的机床分为 12 大类，如有分类，则在其类别代号前加数字表示，如 2M(图 2.13)，C(图 2.14)，机床的类代号和分类代号见表 2-1。

表 2-1　机床类代号和分类代号

类别	车床	钻床	镗床	磨床			齿轮加工机床	螺纹加工机床	铣床	刨插床	拉床	锯床	电加工机床	其他机床
代号	C	Z	T	M	2M	3M	Y	S	X	B	L	G	D	Q
读音	车	钻	镗	磨	二磨	三磨	牙	丝	铣	刨	拉	割	电	其他

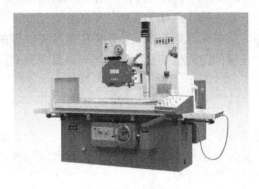

图 2.13　磨床

图 2.14　车床

2. 机床的通用特性代号

当某类型机床除有普通式外，还具有表 2-2 所列的通用特性时，则在类代号之后用大写的汉语拼音予以表示。

表 2-2　机床通用特性代号

通用特性	高精度	精密	自动	半自动	数控	加工中心(自动换刀)	仿形	轻型	加重型	简式或经济型	柔性加工单元	数显	高速
代号	G	M	Z	B	K	H	F	Q	C	J	R	X	S
读音	高	密	自	半	控	换	仿	轻	重	简	柔	显	速

3. 结构特性代号

结构特性代号是为了区别主参数相同而结构不同的机床，在型号中用汉语拼音字母区分。例如，CA6140 型普通车床型号中的"A"可以理解为：CA6140 型普通车床在结构上区别于 C6140 型普通车床。

4. 机床的组别、系列代号

同类机床因用途、性能、结构相近或有派生而分为若干组，见表 2-3。

表 2-3　金属切削机床类、组划分表

类别 / 组别		0	1	2	3	4	5	6	7	8	9
车床 C		仪表车床	单轴自动车床	多轴自动半自动车床	回轮转塔车床	曲轴及凸轮轴车床	立式车床	落地及卧式车床	仿形及多刀车床	轮轴辊锭及铲齿车床	其他车床
钻床 Z			坐标镗钻床	深孔钻床	摇臂钻床	台式钻床	立式钻床	卧式钻床	铣钻床	中心孔钻床	其他钻床
镗床 T				深孔镗床		坐标镗床	立式镗床	卧式铣镗床	精镗床	汽车拖拉机修理用镗床	其他镗床
磨床	M	仪表磨床	外圆磨床	内圆磨床	砂轮机床	坐标磨床	导轨磨床	刀具刃磨床	平面及端面磨床	曲轴、凸轮轴花键轴及轧辊磨床	工具磨床
	2M		超精机床	内圆珩磨机床	外圆及其他珩磨机床	抛光机床	砂带抛光及磨削机床	刀具刃磨及研磨基础	可转为刀片磨削机床	研磨机床	其他磨床
	3M		球轴承套圈沟磨床	滚子轴承套圈滚道磨床	轴承套圈超精机床		叶片磨削机床	滚子加工机床	钢球加工机床	气门、活塞及活塞环磨削机床	汽车拖拉机修磨机床
齿轮加工机床 Y		仪表齿轮加工机		锥齿轮加工机床	滚齿及铣齿机床	剃齿及珩齿机床	插齿机床	花键轴铣床	齿轮磨齿机床	其他齿轮加工机床	齿轮倒角及检查机床
螺纹加工机床 S					套螺纹机床	攻螺纹机床		螺纹铣床	螺纹磨床	螺纹车床	
铣床 X		仪表铣床	悬臂及滑枕铣床	龙门铣床	平面铣床	仿形铣床	立式升降台铣床	卧式升降台铣床	床身铣床	工具铣床	其他铣床
刨插床 B			悬臂刨床	龙门刨床			插床	牛头刨床		边缘及磨具刨床	其他刨床
拉床 L				侧拉床	卧式外拉床	连续拉床	立式内拉床	卧式内拉床	立式外拉床	键槽、轴瓦及螺纹拉床	其他拉床
锯床 G				砂轮片锯床		卧式带锯床	立式带锯床	圆锯床	弓锯床	锉锯床	
其他机床 Q		其他仪表机床	管子加工机床	木螺钉加工机床		刻线机床	切断机床	多功能机床			

5. 机床的主参数、设计顺序号和第二参数

机床主参数代表机床规格的大小。在机床型号中，用数字给出主参数的折算数值(1/10或 1/100)，它位于机床的组别、系别代号之后。

设计顺序号指当无法用一个主参数表示时，则在型号中用设计顺序号表示。第二主参数在主参数后面，一般是主轴数、最大跨距、最大工作长度、工作台工作面长度等，它也用折算值表示。

6. 机床的重大改进序号

当机床性能和结构布局有重大改进和提高时，在原机床型号尾部，按其设计改进的次序，分别加重大改进顺序号 A、B、C…

7. 其他特性代号

其他特性代号用汉语拼音字母或阿拉伯数字或两者的组合来表示，主要用以反映各类基础的特性，如对数控机床，可反映不同的数控系统；对于一般机床，可反映同一型号机床的变型等。

2.2.2 机床运动原理方案设计与分析

1. 运动分类

在切削加工中，为了得到具有一定几何形状、一定精度和表面质量的工件，就要使刀具和工件间按一定的规律完成一系列的运动。这些运动按其功用可以分为表面成形运动和辅助运动两大类。

1) 表面成形运动

直接参与切削过程，使之在工件上形成一定几何形状表面的刀具和工件间的相对运动称为表面成形运动。表面成形运动是机床上最基本的运动，它对被加工表面的精度和粗糙度有着直接的影响。

根据切削过程中所起的作用不同，表面成形运动可分为主运动和进给运动两类。主运动是使刀具和工件之间产生相对运动，促使刀具接近工件而实现切削的运动，图 2.15 中工件的旋转运动即为主运动。主运动只有一个，其速度最高，消耗功率最大。主运动的形式有旋转运动和往复运动(由工件或刀具进行)两种。例如，车削、铣削、磨削加工时，主运动是旋转运动；刨削、插削加工时，工件或刀具的主运动是往复直线运动。

进给运动是由机床或人力提供的保证切削连续进行的刀具与工件之间的运动，如图 2.15 所示车刀的移动。进给运动有连续和断续两种类型。当主运动为旋转运动时，进给运动是连续的，如车削、钻削；当主运动为直线运动时，进给运动是断续的，如刨削、插削等。进给运动可能是一个或多个。

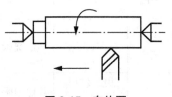

图 2.15　车外圆

2) 辅助运动

除表面成形运动外的所有运动都是辅助运动，其功用为实现机床加工过程中所必需的各种辅助动作。此外，机床的起动、停止、变速、换向，以及部件和工件的加紧、松开等操纵控制运动也都属于辅助运动。

2. 运动的分配

图 2.15 所示的圆柱形外表面的加工，也可以使工件不转，而由刀具旋转加工而成。这样不同的运动分配方案，使机床的总体设计也不同。因此，运动的合理分配是很重要的，应由各方面因素来决定，叙述如下：

1) 简化机床的传动和结构

在其他条件相同的情况下，运动部件的质量越小，所需的电动机功率和传动尺寸也越小。因此，从简化传动件的角度来看，应把运动分配给质量小的执行件。

为了提高传动效率和简化机构，主运动链应直接与运动源相连，中间的传动环节越少越好。如果机床上有多根主轴，则有两种情况：如果各主轴装在同一主轴箱中，各主轴转速相同或者转速的比例不变，可共用一个运动源，构造最简单；如果各主轴分别装在各自的主轴箱中，则每一主轴箱有单独的运动源，其构造可简单些。

2) 提高加工精度

运动部件不同，加工精度也不同。例如，对于一般钻孔工作，主运动和进给运动均由刀具完成，比较方便，但在钻深孔时，为了提高被加工孔中心线的直线度，须将回转主运动分配给工件。

3) 缩小机床占地面积

外圆磨床的纵向进给运动，或者由刀具完成，或者由工件完成，前者机床比较短，占地面积较小，但操作者观察切削加工时走动较多。对于中小型外圆磨床，由于工件长度不大，多采用工件进给(工作台纵向移动)；对于大型外圆磨床，采用刀具进给(砂轮座纵向移动)可显著地缩小机床占地面积。

2.2.3 机床传动原理方案设计

1. 机床传动的基本组成部分

机床的传动必须具备以下三个基本部分：

执行件：执行机床运动的部件。常用执行件有主轴、刀架、工作台，是传递运动的末端。

运动源：为执行件提供动力和运动的装置。通常为电动机，如交流异步电动机、直流电动机、直流和交流伺服电动机、步进电动机、交流变频调速电动机等。

传递件：传递动力和运动的零件，如齿轮、链轮、带轮、丝杠、螺母等，除机械传动外，还有液压传动和电气传动原件等。

2. 机床的传动链

机床的传动链分为外联系传动链和内联系传动链。外联系传动链指联系动源和机床执行件，使执行件得到运动，并能改变运动的速度和方向，但不要求运动源和执行件之间有严格的传动比关系。内联系传动链指联系复合运动之内的各个分解部分，传动链所联系的执行件相互之间的相对速度(及相对位移量)有严格的要求，用来保证运动轨迹。

为了简明地表示出机床工作过程中各个运动的传动联系，常常采用简单的传动原理图来代替复杂的传动系统图。图 2.16 所示为车床的传动原理图，表示了主轴与动力源、刀架与主轴及刀架与动力源之间的传动联系。

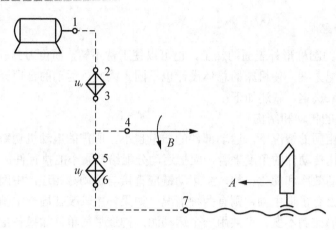

图 2.16　车床传动原理图

2.2.4　机床的总体结构方案设计

根据已确定的运动功能分配进行机床的结构布局设计。

1. 结构布局设计

机床结构布局形式有立式、卧式及斜置式等，如图 2.17 所示；其中基础支承件的形式又有底座式、立柱式、龙门式等；基础支承件的结构又有一体式和分离式；等等。因此同一种运动分配式又可以有多种结构布局形式，这样运动分配设计阶段评价后保留下来的运动分配方案的全部结构布局方案就有很多。因此需要再次进行评价，去除不合理方案。该阶段评价的依据主要是定性分析机床的刚度、占地面积、与物流系统的可接近性等因素，该阶段设计结果得到的是机床总体结构布局形态图。

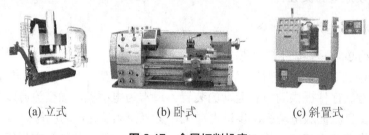

(a) 立式　　　　　　　(b) 卧式　　　　　　　(c) 斜置式

图 2.17　金属切削机床

2. 机床运动功能的描述

(1) 坐标系。机床坐标系一般采用直角坐标系，沿 X、Y、Z 轴的直线运动分别用 X、Y、Z 来表示，绕 X 轴的回转运动用 A 表示，绕 Y 轴的回转运动用 B 表示，绕 Z 轴的回转运动用 C 表示。

(2) 机床运动功能式。运动功能式表示机床的运动个数、形式、功能及排列顺序。左边写工件，用 W 表示；右边写刀具，用 T 表示，中间写运动，按运动顺序排列，用 "/" 分开。

(3) 运动功能分配设计。机床运动功能式描述了刀具与工件之间的相对运动，但基础支撑设在何处尚未确定，即相对于大地来说哪些运动是由刀具一侧来完成的，哪些运动是由工件一侧来完成还不清楚。运动功能分配设计是确定运动功能式中接地的位置，用符号 "." 表示。符号左侧的运动由工件完成。形成的功能式即称为运动分配式。

3. 机床总体结构的概略形状与尺寸设计

该阶段主要是进行功能(运动或支承)部件的概略形状和尺寸设计，设计的主要依据：机床总体结构布局设计阶段评价后所保留的机床总体结构布局形态图，驱动与传动设计结果，机床动力参数及加工空间尺寸参数，以及机床整机的刚度及精度分配。设计中在兼顾成本的同时，应尽可能选择商品化的功能部件，以提高性能、缩短制造周期。其设计过程大致如下：

(1) 首先确定末端执行件的概略形状与尺寸。

(2) 设计末端执行与其相邻的下一个功能部件的结合部的形式、概略尺寸。若为运动导轨结合部，则执行件一侧相当滑台，相邻部件一侧相当滑座，考虑导轨结合部的刚度及导向精度，选择并确定导轨的类型尺寸。

(3) 根据导轨结合部的设计结果和该运动的行程尺寸，同时考虑部件的刚度要求，确定下一个功能部件(即滑台侧)的概略形状与尺寸。

(4) 重复上述过程，直到基础支承件(底座、立柱、床身等)设计完毕。

(5) 若要进行机床结构模块设计，则可将功能部件细分成子部件，根据制造厂的产品规划，进行模块提取与设置。

(6) 初步进行造型与色彩设计

(7) 机床总体结构方案的综合评价。

上述设计完成后，得到的设计结果是机床总体结构方案图，然后对所得到的各个总体结构方案进行综合评价比较，评价的主要因素如下：

(1) 性能。预测设计方案的刚度措施。

(2) 制造成本。根据设计方案的结构复杂程度、制造装配难度、模块化及标准化程度、制造厂的制造条件等预估制造成本。

(3) 制造周期。根据与(2)大体相同的因素，预估制造周期。

(4) 生产率。

(5) 与物流系统的接近性。

(6) 外观造型。

(7) 机床总体结构方案的设计修改与确定。根据综合评价，选择一两种较好的方案，进行方案的设计修改，完善或优化，确定方案。

2.2.5 机床主要参数的设计

机床的主要技术参数用来表示机床本身的工作能力。例如，对于加工类的专机，它主要表示被加工工件的直径及长度，所需电动机的容量等。主要技术参数包括尺寸参数、运动参数和动力参数。

1. 尺寸参数

由于机床是根据特定零件而设计的，故尺寸参数用来表示机床加工范围的大小，是特定的。

2. 运动参数

运动参数指机床的主运动和辅助运动的执行件的运动速度、位移、轨迹等，如主轴、工作台、刀架等执行件的运动速度。

1) 主运动参数

对于主运动是回转运动的机床，它的主运动参数是主轴转速。对于切削加工的机床而言，主运动参数要根据切削速度来决定：

$$n=\frac{1000v}{\pi d} \tag{2-1}$$

式中　　n——转速，单位为 r/min；

v——切削速度，单位为 m/min；

d——加工工件的直径，单位为 mm。

对于主运动是直线运动的机床，主运动参数是刀具的每分钟往复次数(次/min)。

对于不同的机床，主运动参数有着不同的要求。例如，一些机床(包括组合机床)是为某一特定工序而设计的，每根主轴一般只有一个根据最有利的切削速度而定的转速，故没有变速要求；又有些机床，其加工范围大些，工艺方法也多些，如在机床上要求钻孔、攻螺纹等，则要求主轴有多种转速，确定主轴的转速范围及最低、最高的转速，或根据工艺要求确定主轴转速和级数等。

最低转速和最高转速的确定：应根据工艺要求，再与同类型机床相比较，同时考虑技术发展，然后经分析研究后确定最低转速 n_{min} 和最高转速 n_{max} 的值。n_{max} 和 n_{min} 的比值称为机床的转速范围 R_n，即

$$R_n=\frac{n_{max}}{n_{min}} \tag{2-2}$$

确定切削速度时，应考虑到多种工艺的需要。切削速度与刀具材料、工件材料、进给量和背吃刀量都有关。其中主要的是与刀具材料和工件材料有关。切削速度可通过切削试验、查切削用量手册或进行生产调查后得到。

在确定了 n_{min} 和 n_{max} 后，如果采用分级变速，则必须将转速分级。

若机床主轴变速共有 Z 级，其中 $n_1=n_{min}$，$n_z=n_{max}$，则各级转速分别为

$$n_1,n_2,n_3,\cdots,n_j,n_{j+1},\cdots,n_z$$

当主轴转速数列按等比级数排列时，相邻转速的比值称为公比 φ，其关系为

$$n_{j+1}=n_j\varphi \tag{2-3}$$

若数列中只有一个共比值时，各级转速应为

$$\left.\begin{array}{l}n_1=n_{min}\\n_2=n_1\varphi\\n_3=n_2\varphi=n_1\varphi^2\\\vdots\\n_z=n_{z-1}\varphi=n_1\varphi^{z-1}=n_{max}\end{array}\right\} \tag{2-4}$$

转速范围为

$$R_n=\frac{n_{max}}{n_{min}}=\frac{n_1\varphi^{z-1}}{n_1}=\varphi^{z-1} \tag{2-5}$$

两边取对数可得出下式

$$Z=1+\frac{\log R_n}{\log\varphi} \tag{2-6}$$

当主轴转速数列采用等比级数排列时，在设计时选择齿轮的传动比、齿数就较为简单方便。因此，在主运动系统中主轴转速采用等比级数排列，而其他数列排列(如对数级数、等差级数等)在实际应用中则很少采用。

当主轴转速按级数排列时，由于各级转速难以恰好与最佳转速相配，故必然会造成转速的损失，影响生产率等。当主轴转速根据工艺要求选定时，这时转速数列呈无规律变化的排列，即无公比存在，转速无损失为最佳值。等比级数同样适用于直线往复主运动的双行程数列中。

2) 辅助运动参数

辅助运动的运动参数(如直线运动的移动速度、回转运动的转速等)，其数列也同样存在着等比级数排列、等差级数排列、无规律变化的排列三种。加工螺纹时，进给量就按等差级数排列。一般情况下，不用按等比级数排列。

3. 动力参数

动力参数包括电机的功率、液压缸的牵引力、液压马达或步进电动机的额定转矩等。各传动件的参数(如轴或丝杠的直径，齿轮、蜗轮的模数等)都是根据动力参数设计计算的。如果动力参数定得过大，将使机器过于笨重，浪费材料和电力；如果定得过小，又将影响机器的使用性能，达不到设计要求，而且电动机经常工作在过载状态，容易烧毁电动机，损坏电气元件。

机器的种类繁多，实际工作情况又很复杂，因此目前难以用一种精确的计算方法来确定出机器的电动机功率，计算结果只能作为参考。确定的方法是调查研究和科学实验相结合。

2.3　主传动系设计

2.3.1　概述

机床主传动系因机床的类型、性能、规格尺寸等因素的不同，应满足的要求也不一样。设计机床主传动系时最基本的原则就是以最经济、合理的方式满足既定的要求。在设计时应结合具体机床进行具体分析。一般应满足以下要求：满足机床的使用性能；满足机床传递动力；满足机床工作性能；满足产品设计经济性能；调整维修方便，结构简单、合理，便于加工和装配。

2.3.2　主传动系分类和传动方式

1. 主传动系分类

主传动可按不同的特征来分类：

(1) 按驱动主传动的电动机类型可分为交流电动机驱动和直流电动机驱动。交流电动机驱动中又可分单速交流电动机驱动和调速交流电动机驱动。调速交流电动机驱动又有多速交流电动机驱动和无级调速交流电动机驱动。无级调速交流电动机驱动通常采用变频调速原理。

(2) 按传动装置类型可分为机械传动装置、液压传动装置、电气传动装置以及它们的组合。

(3) 按变速的连续性可以分为分级变速传动和无级变速传动。

分级变速传动在一定的变速范围内只能得到某些转速，变速级数一般不超过 30 级。无级变速传动可以在一定的变速范围内连续改变转速，以便得到最有利的切削速度。能在运

机械制造装备设计

转中变速，便于实现变速自动化；能在负载下变速，便于车削大端面时保持恒定的切削速度，以提高生产效率和加工质量。

2. 主传动系的传动方式

主传动系的传动方式主要有两种：集中传动方式和分离传动方式。

1) 集中传动方式

主传动系的全部传动和变速机构集中装在同一个主轴箱内，称为集中传动方式。通用机床中多数机床的主变速传动系都采用这种方式，如图 2.18 所示的铣床主变速传动系。铣床利用立式床身作为变速箱体，所有的传动和变速机构都装在床身中。其特点是结构紧凑，便于实现集中操纵，安装调整方便。缺点是这些高速运转的传动件在运转过程中所产生的振动，将直接影响主轴的运转平稳性；传动件所产生的热量，会使主轴产生热变形，使主轴回转线偏离正确位置而直接影响加工精度。这种传动方式适用于普通精度的大中型机床。

2) 分离传动方式

主传动系中的大部分的传动和变速机构装在远离主轴的单独变速箱中，然后通过带传动将运动传到主轴箱的传动方式，称为分离传动方式。如图 2.19 所示，主轴箱中只装有主轴组件和背轮机构。其特点是变速箱各传动件所产生的振动和热量不能直接传给或少量传给主轴，从而减少主轴的振动和热变形，有利于提高机床的工作精度。在分离传动式的主轴箱中采用的背轮机构，如图 2.19 中 27/63×17/58 齿轮传动的作用是：当主轴做高速运转时，运动由传动带经齿轮离合器直接传动，主轴传动链短，使主轴在高速运转时比较平稳，空载损失小；当主轴需做低速运转时，运动则由带轮经背轮机构的两对降速齿轮传动，显著降低转速，达到扩大变速范围的目的。

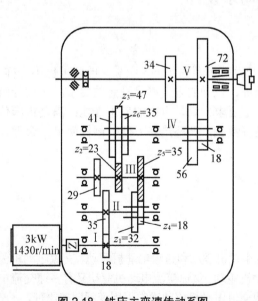

图 2.18　铣床主变速传动系图

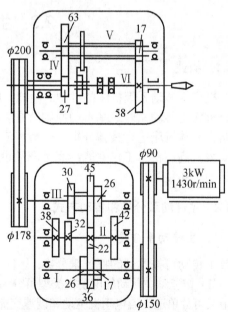

图 2.19　分离传动主变速传动系图

2.3.3　分级变速主传动系的设计

分级变速主传动系设计的内容和步骤如下：根据已确定的主变速传动系的运动参数，

拟定结构式、转速图，合理分配各变速组中各传动副的传动比，确定齿轮齿数和带轮直径等，绘制主变速传动系图。

1. 转速图

1) 转速图的概念

转速图是设计和分析分级变速主传动系的一个工具。转速图表示传动轴的数目，传动轴之间的传动关系，主轴的各级转速值和传动路线，各传动轴的转速分级和转速值，各传动副的传动比等。

2) 转速图的组成

转速点：表示主轴和各传动轴的转速值(对数值)的小圆点。

传动轴线：距离相等的铅垂线，从左到右按传动顺序排列。

转速线：间距相等的水平线。相邻转速线间距为 $\ln\varphi$。

传动线：传动轴间转速点的连线，表示两轴间一对传动副的传动比。一个主转速点引出的传动线数目，代表两轴间的传动副数。

3) 转速图的基本规律

变速系统的变速级数是各变速组传动副数的乘积。机床的总变速范围 R_n 是各变速范围的乘积。

变速的基本规律：变速系统以基本组为基础，再通过扩大组(可以有第一扩大组、第二扩大组……)把转速范围(级数)加以扩大。若要求变速系统是一个连续的等比数列，则基本组的级比等于 φ，级比指数 $X_0=1$；扩大组的级比 φx_j，级比指数 x_j 应等于该扩大组前面的基本组传动副数和各扩大组传动副数的乘积。

2. 结构式

设计分级变速主传动系时，为了便于分析和比较不同传动设计方案，常使用结构式形式，如一中型卧式车床结构式为 $12=3_1\times2_3\times2_6$。式中，12 表示主轴的转速级数为 12 级，3，2，2 分别表示按传动顺序排列各变速组的传动副数，即该变速传动系由 a、b、c 三个变速组组成，其中，a 变速组的传动副数为 3，b 变速组的传动副数为 2，c 变速组的传动副数为 2。结构式中的下标 1，3，6，分别表示各变速组的级比指数。

变速组的级比指主动轴上同一点传往从动轴相邻两传动线的比值，用 φ^{X_i} 表示。级比 φ^{X_i} 中的指数 X_i 值称为级比指数，它相当于上述相邻传动线与从动轴交点之间相距的格数。

设计时要使主轴转速为连续的等比数列，必须有一个变速组的级比指数为 1，此变速组称为基本组。基本组的级比指数用 X_0 表示，即 $X_0=1$，如本例的 (3_1) 即为基本组。后面变速组因起变速扩大作用，所以统称为扩大组。第一扩大组的级比指数 X_1 一般等于基本组的传动副数 P_0，即 $X_0=P_0$。如本例中基本组的传动副数 $P_0=3$，变速组 b 为第一扩大组，其级比指数为 $X_1=3$。经扩大后，Ⅲ轴得到 $3\times2=6$ 种转速。

第二扩大组的作用是将第一扩大组扩大的变速范围第二次扩大，其级比指数 X_2 等于基本的传动副数和第一扩大组传动副数的乘积，即 $X_2=P_0P_1$。本例中的变速组 c 为第二扩大组，级比指数 $X_2=P_0P_1=3\times2=6$，经扩大后使Ⅳ轴得到 $3\times2\times2=12$ 种转速。如有更多的变速组，则依次类推。

若将基本组和各扩大组采取不同的传动顺序，还有许多方案。例如，$12=3_2\times2_1\times2_6$，$12=2_3\times3_1\times2_6$，等等。

综上所述，我们可以看出结构式简单、直观，能清楚地显示出变速传动系中主轴转速级数 Z，各变速组的传动顺序，传动副数 P_i 和各变速组的级比指数 X_i，其一般表达式为

$$z=(P_a)_{X_a}\times(P_b)_{X_b}\times(P_c)_{X_c}\times\cdots\times(P_i)_{X_i}$$

3. 主变速传动系设计的一般原则

1) 传动副前多后少原则

主变速传动系从电动机到主轴，通常为降速传动，接近电动机的传动件转速较高，传递的转矩较小，尺寸小一些；反之，靠近主轴的传动件转速较低，传递的转矩较大，尺寸就较大。因此在拟定主变速传动系时，应尽可能将传动副较多的变速组安排在前面，传动副较少的变速组放在后面，即 $P_a>P_b>P_c>\cdots>P_j$，使主变传动系中更多的传动件在高速范围内工作，尺寸小一些，以便省变速箱的造价，减小变速箱的外形尺寸。按此原则，$12=3\times2\times2$，$12=2\times3\times2$，$12=2\times2\times3$ 三种不同传动方案中以前者为好。

2) 传动顺序与扩大顺序相一致的原则

当变速传动系中各变速组顺序确定之后，还有多种不同的扩大顺序方案。例如，$12=3\times2\times2$ 方案有下列六种扩大顺序方案：

$$12=3_1\times2_3\times2_6 \quad 12=3_2\times2_1\times2_6 \quad 12=3_4\times2_1\times2_2$$
$$12=3_1\times2_6\times2_3 \quad 12=3_2\times2_6\times2_1 \quad 12=3_4\times2_2\times2_1$$

从上述六种方案中，比较 $12=3_1\times2_3\times2_6$ 和 $12=3_2\times2_1\times2_6$ 两种扩大顺序方案。

第一种方案中，变速组的扩大顺序与传动顺序一致，即基本组在最前面，依次为第一扩大组，第二扩大组(即最后扩大组)，各变速范围逐渐扩大。第二种方案则不同，第一扩大组在最前面，然后依次为基本组、第二扩大组。将两种方案相比较，后一种方案因第一扩大组在前面，Ⅱ轴的转速范围比前种方案大。如两种方案Ⅱ轴的最高转速一样，后一种方案Ⅱ轴的最低转速较低，在传递相等功率的情况下，受的转矩较大，传动件的尺寸也就比前种方案大。将第一种方案与其他多种扩大顺序方案相比，可以得出同样的结论。

因此在设计主变速传动系时，尽可能做到变速组的传动顺序与扩大顺序相一致。当变速组的扩大顺序与传动顺序相一致时，前面变速的传动线分布紧密，而后面变速组传动线分布较疏松，所以"变速组的扩大顺序与传动顺序相一致"原则可简称为"前密后疏"原则。

如前所述，从电动机到主轴之间的总趋势是降速传动，在分配各变速组传动比时，为使中间传动轴具有较高的转速，以减小传动件的尺寸，前面的变速组降速要慢些，后面变速组降速要快些，也就是 $u_{a\min}\geqslant u_{b\min}\geqslant u_{c\min}\geqslant\cdots\cdots$ 但是，中间轴的转速不应过高，以免产生振动、发热和噪声。通常中间轴的最高转速不超过电动机的转速。上述原则在设计主变速传动系时一般应该遵循，但有时还需要根据具体情况加以灵活运用。

3) 转速图中传动比的分配

依据上述主变速传动系设计原则设计出的转速图，可有多种方案，根据实际需要进行传动比的分配后，就可以确定出所需要的一种转速图。

例如，设计一个 12 级转速的车床主传动系统，公比 $\varphi=1.41$，主轴最高转速为 $n_{\max}=1400$r/min，电动机转速为 1440r/min，电动机与主轴箱之间采用带传动，试设计其转速图。

其结构式为$12=3_1\times2_3\times2_6$，根据$R_n=\dfrac{n_{max}}{n_{min}}=\varphi^{Z-1}$，则最低转速$n_{min}=31.5r/min$。

其降速比可按下式分配：

$$\frac{1}{\dfrac{n_d}{31.5}}=\frac{1}{1.41^{11}}=\frac{1}{1.41^2}\times\frac{1}{1.41^2}\times\frac{1}{1.41^3}\times\frac{1}{1.41^4}$$

取传动带降速比为$1/1.41^2$，一级齿轮降速比为$1/1.41^2$，二级齿轮降速比为$1/1.41^3$，三级齿轮降速比为$1/1.41^4$。设计出的转速图如图2.20(b)所示。

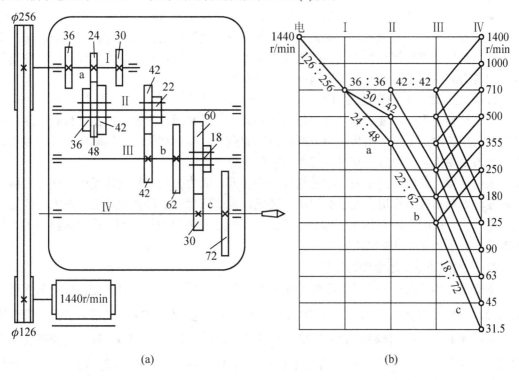

(a)   (b)

图2.20 转速图

前面论述了主变速传动系的常规设计方法。在实际应用中，还常常采用多速电动机传动、交换齿轮传动和共用齿轮传动等特殊设计。

4. 具有多速电动机的主变速传动系设计

采用多速异步电动机和其他方式联合使用，可以简化机床的机械结构，使用方便，并可以在运转中变速，适用于半自动、自动机床及普通机床。机床上常用双速或三速电动机，其同步转速为(750/1500)r/min、(1500/3000)r/min、(750/1500/3000)r/min，电动机的变速范围为2～4，级比为2，也有采用同步转速为(1000/1500)r/min、(750/1000/1500)r/min 的双速和三速电动机。双速电动机的变速范围为1.5，三速电动机的变速范围是2，级比为1.33～1.5。多速电动机总是在变速传动系的最前面，作为电变速组。当电动机变速范围为2时，变速传动系的公比φ应是2的整数次方根。例如，公比$\varphi=1.26$，是2的3次方根，基本组的传动副数应为3，把多速电动机当作第一扩大组，又如$\varphi=1.41$，是2的2次方根，基本组的

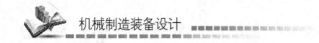

传动副数应为 2，多速电动机同样当作第一扩大组。不过采用多速电动机的缺点之一就是当电动机在高速时，没有完全发挥其能力。

5. 具有交换齿轮的变速传动系

对于成批生产用的机床，如自动或半自动车床、专用机床、齿轮加工机床等，加工中一般不需要变速或仅在较小范围内变速；但换一批工件加工，有可能需要变换成别的转速或在一定的转速范围内进行加工。为简化结构，常采用交换齿轮变速方式，或将交换齿轮与其他变速方式(如滑移齿轮、多速电动机等)组合应用。交换齿轮用于每批工件加工前的变速调整，其他变速方式则用于加工中变速。为了减少交换齿轮的数量，相啮合的两齿轮可互换位置安装，即互为主、从动齿轮。交换齿轮变速可以用少量齿轮得到多级转速，不需要操纵机构，变速箱结构大大简化。缺点是更换交换齿轮较费时费力；如果装在变速箱外，润滑密封较困难，如装在变速箱内，则更麻烦。

1) 采用公比齿轮的变速传动系

在变速传动系中，既是前一变速组的从动齿轮，又是后一变速组的主动齿轮，这种齿轮称为公用齿轮。采用公用齿轮可以减少齿轮的数目，简化结构，缩短轴向尺寸。按相邻变速组内公用齿轮的数目，常用的有单公用和双公用齿轮。

采用公用齿轮时，两个变速组的模数必须相同。因为公用齿轮轮齿受的弯曲应力属于对称循环，弯曲疲劳许用力比非公用齿轮要低，因此应尽可能选择变速组内较大的齿轮作为公用齿轮。在图 2.18 铣床主变速传动系图中采用了双公用齿轮传动，图中画斜线的齿轮 z_2=23 和 z_5=35 为公用齿轮。

2) 扩大传动系变速范围的方法

主变速传动系最后一个扩大组的变速范围为 $R_j = \varphi^{P_0 P_1 P_2 \cdots P_{j-1}(P_j-1)}$，设主变速传动总变速级数为 Z，当然 $Z = P_0 P_1 P_2 \cdots P_{j-1} P_j$，通常最后扩大组的变速级数 P_j=2，则最后扩大组的变速范围为 $R_j = \varphi^{z/2}$。由于极限传动比限制，$R_j \leq 8 = 1.26^9$，即当 $\varphi = 1.41$ 时，主变速传动系的总变速级数 ≤ 12；最大可能到的变速范围 $R_n = 1.41^{11} \approx 45$；当 $\varphi = 1.26$ 时，总变速级数 ≤ 18，最大可能达到的变速范围 $R_n = 1.26^{17} \approx 50$。

上述的变速范围常不能满足通用机床的要求，一些通用性较高的车床和镗床的变速范围一般为 140～200，甚至超过 200。可用下述方法来扩大变速范围：①增加变速组，在原有的变速传动系内再增加一个变速组，是扩大变速范围最简便的方法；②采用背轮机构，背轮机构又称曲回机构；③采用双公比传动，主轴的转速数列有两个公比，转速范围中经常使用的中段采用小公比，不经常使用的高、低段采用大公比；④分支传动，在串联形式变速传动系的基础上，增加并联分支以扩大变速范围。

6. 齿轮齿数的确定

(1) 确定齿轮齿数的方法。当各变速组的传动比确定之后可确定齿轮齿数带轮直径。确定齿轮齿数时选取合理的齿数和 S_z 很关键。齿轮的中心距取决于传递的转矩。一般来说，主变速传动系是降速传动系越后面的变速组，传递的转矩越大。因此中心距也越大。齿数和不应过大，一般推荐 $S_z \leq 100 \sim 120$。齿数和不应过小，但需从下列条件中选取较大值。其一，最小齿轮的齿数要尽可能小。要注意使最小齿轮不产生根切现象，以及主传动具有较好的运动平稳性。机床变速箱中对于标准直齿圆柱齿轮一般取最小齿数 $Z_{min} \geqslant 18 \sim 20$。主轴上小齿轮 $Z_{min}=20$，高速齿轮取 $Z_{min}=25$。其二，受齿轮结构限制的最小齿数的各齿轮，尤其是最小齿轮，应能可靠地安装在轴上或进行套装。齿轮的齿槽到孔壁或键槽的壁厚 $a \geqslant 2mm$ 为模数，以保证有足够的强度，避免出现变形、断裂。$Z_{min} \geqslant 6.5+D/m$，其中，$D$ 为齿轮花键孔的大径；m 为齿轮模数。其三，两轴间最小中心距应取得适当。若齿数和 S_z 过小，将导致两轴的轴承及其他结构之间的距离过近或相碰。

传动比要求：确定齿轮齿数时，应符合转速图上传动比的要求。机床的主传动属于外联系传动链，实际传动比(齿轮齿数之比)与理论传动比(转速图上要求的传动比)之间允许有误差，但需限制在一定范围内，一般不应超过 $10(\varphi-1)\%$。

(2) 查表法确定变速组齿轮齿数。齿轮副传动比是标准公比的整数次方，变速组内的齿轮模数相等。按照表 2-4 查出齿轮齿数。第一变速组 Ⅰ—Ⅱ 轴间有三个传动副，其传动比分别是 $u_{a1}=1$，$u_{a2}=1/1.41$，$u_{a3}=1/2$。后两个传动比小于 1，取其倒数即按 1/1.41 和 2 查表，在合适的齿数和 S_z 范围内查出存在上述三个传动比的 S_z 分别有

$u_{a1}=1$ $S_z=\cdots$ 60   62   64   66   68   70   72   74 $\cdots$

$u_{a2}=1/1.41$ $S_z=\cdots$ 60   68   70   72   75 $\cdots$

$u_{a3}=2$ $S_z=\cdots$ 60   66   72   75 $\cdots$

三对传动副的齿数和 S_z 应该是相同的，符合条件的有 $S_z=60$ 或 72。选取 $S_z=70$，从表 2-4 中可以查出三个传动副的主动齿轮齿数分别为 36、30、24，则能算出三个传动副的齿轮齿数分别为 $u_{a1}=36/36$，$u_{a2}=30/42$，$u_{a3}=24/48$。同理第二变速组 Ⅱ—Ⅲ 轴间有两个传动副，传动比 $u_{b1}=1.41^0=1$，$u_{b2}=1.41^{-3}=\dfrac{1}{2.8}$。计算和查表筛选最后得出两个传动副的齿轮齿数分别是 $u_{b1}=42/42$，$u_{b2}=22/62$。第三变速组 Ⅲ—Ⅳ 轴间 $u_{c1}=\varphi^{-4}=1.14^{-4}\approx0.25$，$u_{c2}=\varphi^2=1.41^2\approx2$。计算和查表筛选最后得出两个传动副的齿轮齿数分别是 $u_{c1}=18/72$，$u_{c2}=60/30$。

表 2-4   常用传动比适用齿数表

i \ S_z	40	50	56	60	62	64	66	68	70	72	74	75	76
1.00	20	25	28	30	31	32	33	34	35	36	37		38
1.06			27	29	30	31	32	33	34	35	36		37
1.12	19				29	30	31	32	33	34	35		36
1.25		22	25				29	30	31	32	33	33	
1.41				25				28	29	30		31	
1.50	16	20		24				27	28	29		30	
1.68	15		21		23	24		26	27		28		
1.78		18	20			23			25	26		27	
1.88	14			21		22	23			25		26	
2.00				20			22			24		25	

7. 计算转速

1) 机床的功率转矩特性

由切削理论得知，在背吃刀量和进给量不变的情况下，切削速度对切削力的影响较小。因此，主运动是直线运动的机床，如刨床的工作台，在背吃刀量不变的情况下，不论切削速度多大，所承受的切削力基本是相同的，驱动直线运动工作台的传动件在所有转速下承受的转矩当然也是基本相同的，这类机床的主传动属恒转矩传动。主运动是旋转运动的机床，如车床，在背吃刀量和进给量不变的情况下，主轴在所有转速下承受的转矩与工件的直径基本上成正比，但主轴的转速与工件直径基本上成反比。可见，主运动是旋转运动的机床基本上是恒功率传动。

主变速传动系中各传动件究竟按多大的转矩进行计算，导出计算转速的概念。不同类型机床主轴计算转速的选取是不同的，对于大型机床，由于应用范围很广，调速范围很宽，计算转速可取得高些。对于精密机床、滚齿机，由于应用范围较窄，调速范围小，计算转速可取得低一些。

2) 变速传动系中传动件计算转速的确定

变速传动系中的传动件包括轴和齿轮，它们的计算转速可根据主轴的计算转速和转速图确定。确定的顺序通常是先定出主轴的计算转速，再顺次由后往前，定出各传动轴的计算转速，然后再确定齿轮的计算转速。

2.3.4 无级变速主传动系

1. 无级变速装置的分类

无级变速指在一定范围内转速(或速度)能连续地变换的特点，从而获取最有利的切削速度。机床主传动中常采用的无级变速装置有三大类：变速电动机(图 2.21)、机械无级变速装置(图 2.22)和液压无级变速装置(图 2.23)。

图 2.21　变速电动机

图 2.22　机械无级变速装置

图 2.23　液压无级变速装置

1) 变速电动机

机床上常用的变速电动机有直流复励电动机和交流变频电动机，在额定转速以上为恒功率变速，通常调速范围仅 2～3，较小；额定转速以下为恒转矩变速，调速范围很大，可达 30，甚至更大。上述功率和转矩特性一般不能满足机床的使用要求。为了扩大恒功率调速范围，在变速电动机和主轴之间串联一个分级变速箱，这种方法广泛用于数控机床、大型机床中。

2) 机械无级变速装置

机械无级变速装置有 Koop 型、行星锥轮型、分离锥轮钢环型、宽带型等多种结构，它们都是利用摩擦力来传递转矩的，通过连续地改变摩擦传动副工作半径来实现无级变速。由于它的变速范围小，多数是恒转矩传动，通常较少单独使用，而是与分级变速机构串联使用，以扩大变速范围。机械无级变速器应用于要求功率和变速范围较小的中小型车床、铣床等机床的主传动中，更多地用于进给变速传动中。

3) 液压无级变速装置

液压无级变速装置通过改变单位时间内输入液压缸或液动机中的液压油量来实现无级变速。它的特点是变速范围较大、变速方便、传动平稳、运动换向时冲击小，易于实现直线运动和自动化。常用在主运动为直线运动的机床中，如刨床、拉床等。

2. 无级变速主传动系设计原则

(1) 尽量选择功率和转矩特性符合传动系要求的无级变速装置。执行件做直线主运动的主传动系，对变速装置的要求是恒转矩传动，如龙门刨床的工作台，就应该选择恒转矩传动为主的无级变速装置(直流电动机)；主传动系要求恒功率传动(车床或铣床)的主轴，就应选择恒功率无级变速装置，如 Koop B 型和 K 型机械无级变速装置、变速电动机串联机械分级变速箱等。

(2) 无级变速系统装置单独使用时，其调速范围较小，满足不了要求，尤其是恒功率调速范围，往往远小于机床实际需要的恒功率变速范围。为此，常把无级变速装置与机械分级变速箱串联在一起使用，以扩大恒功率变速范围和整个变速范围。

2.4 进给传动系设计

2.4.1 概述

1. 进给传动系统的特点

(1) 进给运动的速度比较低，进给力也比较小，所需功率也小。

(2) 进给运动数目较多，如卧式镗床。

(3) 进给运动为恒转矩传动，进给传动系统的负荷与主传动不一样。

2. 进给传动系统的计算转速

进给传动系统的计算转速可按下列三种情况来确定：

(1) 具有快速运动的进给系统。传动件的计算转速是取最大快速运动时的转速。

（2）大型机床。对于移动部件质量大，摩擦力比切削力大的大型机床和高精度精密机床的进给传动系统。传动件的计算转速是取最大进给速度时的转速。

（3）中型机床。对于切削力远大于移动部件摩擦力的中型机床，进给运动系统传动件的计算转速取最大切削抗力下工作时所有的最大进给速度，一般为机床最大进给速度的1/2，1/3。

3. 进给传动系统的组成

进给传动系统包括运动源、变速系统、换向机构、运动分配机构、安全机构、直线运动机构和手动操作机构等。

进给运动与主运动共用运动源时，进给运动一般以主轴为始端，进给量表示为 mm/r，如车床、钻床、镗床。进给运动有单独的运动源时，进给运动则以电动机为始端，进给量表示为 mm/min，如铣床。

进给运动中的变速系统用以改变进给量的大小，当有几条进给传动链带动几个执行件时，为使变速系统为各传动链所共用，变速系统应设置在运动分配机构之前，以简化机构。

通用机床的工艺范围广。要求进给量范围大，有级变速的级数要多。一般采用等比数列，也有采用等差数列的。变速系统传递功率小，采用机械无级变速的可能性大。进给运动可以采用机械、液压与电气等方式。目前在机床上应用较多的机械传动方式，采用滑移齿轮，变速方便，可传递较大的转矩和采用较大的进给量范围，但结构复杂。交换齿轮传动结构简单，适用于成批大量生产。棘轮机构用于刨床、磨床等需要间歇进给运动和切入运动；此外还采用拉键机构、曲回机构。在专用机床和自动化机床中还采用凸轮机构来实现进给和快速运动，或采用液压传动实现无级变速。

2.4.2　机械进给传动系统的设计特点

1. 进给系统设计中必须要注意的基本要求

（1）保证实现规定的进给量。
（2）能传递要求的扭矩。
（3）有足够的静刚度和动刚度。
（4）保证要求的进给传动精度。
（5）低速、微量进给系统要保证运动的平稳性和灵敏度。
（6）结构紧凑，便于操纵，容易维护，加工及装配工艺性好。

2. 进给运动传动变速机构的类型

进给运动的传动方式有机械、液压与电气等方式。

1) 机械传动机构

机械传动机构包括直线运动机构和变速机构。变速机构可分为滑移齿轮、交换齿轮和棘轮机构等。

滑移齿轮和交换齿轮的变速机构与主传动的相似，可传递较大的扭矩和实现较大的进给范围，变速方便，传动效率也较高，广泛地运用于机床之中。

棘轮机构用于间歇性的进给运动之中。因为棘轮上的齿是在圆周上等分的，进给量的大小由每次转过的齿数决定，所以这种变速机构的变速数列是按等差级数排列的。棘轮机构的棘爪可以在较短的时间内使棘轮得到周期性的回转，因而这种机构适用于往复运动中的越程或空程时进行间歇的进给运动的传动系统。

此外，由于进给传动传递功率不大，速度较低，因此还可采用拉键机构、背轮机构、机械无级变速器等。在自动或半自动机床以及专用机床上，还比较广泛地应用凸轮机构来实现执行件的工作进给和快速运动。

2) 液压传动装置

由于液压传动工作平稳，在工作过程中能无级变速，因此便于实现自动化，能很方便地实现频繁往复运动。在相同功率情况下，液压传动装置的体积小、重量轻、结构紧凑、惯性小、动作灵敏，因此在进给运动中得到了广泛的应用。

3) 步进传动装置

在数控机床上，数控装置的进给信号一般经伺服系统和传动件驱动机床的工作台或刀架等执行件实现进给运动和快速运动等。伺服系统的驱动可采用功率步进电机、电液步进电机等。

3. 进给运动传动系统的设计原则

进给运动传动系统由动力源、变速机构、换向机构、运动分配机构、过载保险机构、运动转换机构、执行件等部分组成。

进给传动可与主传动共用一台电动机或采用单独电动机作为动力源。当进给量以主轴每转若干毫米表示时，进给传动一般应与主传动共用一台电动机。对于内联系传动，组成复合运动的各个运动的传动亦应共用一台电动机。当进给量与主轴转速无关时，一般采用单独电动机驱动，有利于简化机床结构，便于实现机床自动化。如果机床的进给采用液压传动，则由单独动力源驱动。

对于等差数进给传动，设计时以满足工艺需求为目的。

随机数列进给传动系统，如齿轮加工机床的分齿运动链等，采用交换齿轮机构。

等比数列进给传动的设计原则为根据运动的特点与基本要求，结合主传动系统设计的方法，按转速图的拟定进行。

2.4.3 电气伺服进给系统

1. 电气伺服进给系统的分类

电气伺服系统是数控装置和机床之间的联系环节，是以机械位置或角度作为控制对象的自动控制系统，其作用是接受来自数控装置发出的进给信号，经变换和放大驱动工作台按规定的速度和距离移动。电气伺服进给系统按有无检测和反馈装置分为开环、闭环和半闭环系统。

2. 电气伺服进给系统驱动部件

电气伺服进给系统由伺服驱动部件和机械传动部件组成。伺服驱动部件有步进电动机、直流伺服电动机、交流伺服电动机等，机械传动部件有齿轮、滚珠丝杠螺母等。其功能是控制机床各坐标轴的进给运动。

1) 对进给驱动部件的基本要求

调速范围要宽，以满足使用不同类型刀具对不同零件加工所需要的切削条件。低速运行平稳，无爬行；快速响应性好，即跟踪指令信号响应要快，无滞后。电动机具有较小的转动惯量；抗负载振动能力强，切削中受负载冲击时，系统的速度仍基本不变。在低速下有足够的负载能力；可承受频繁起动、制动和反转；振动和噪声小，可靠性高，寿命长；调整、维修方便。

2) 进给驱动部件的类型

进给驱动部件种类很多，用于机床上的驱动电动机如图 2.24 所示。

(a) 步进电动机   (b) 小惯量直流电动机

(b) 交流调速电动机   (c) 直线电动机

图 2.24 用于机床上的驱动电动机

3. 电气伺服进给传动系统中的机械传动部件

1) 机械传动部件应满足的要求

机械传动部件要采用低摩擦传动。例如，导轨可以采用静压导轨、滚动导轨；丝杠传动可采用滚珠丝杠螺母传动。伺服系统和机械传动系统匹配要合适。选择最佳降速比来降低惯量，最好采用直接传动方式。采用预紧办法来提高整个系统的刚度。采用消除传动间隙的方法，减小反向死区误差，提高运动平稳性和定位精度。总之，为保证伺服系统的工作稳定性和定位精度，要求机械传动部件无间隙、低摩擦、低惯量、高刚度、高谐振和适宜阻尼比。

2) 机械传动部件设计

机械传动部件主要为齿轮或同步齿形带和丝杠螺母传动副。电气伺服进给系统中，运动部件的移动靠脉冲信号来控制，要求运动部件动作灵敏、低惯量、定位精度好、适宜的阻尼比及传动机构不能有反向间隙。

最佳降速比确定：传动副的最佳降速比应按最大加速能力和最小惯量的要求确定，以降低机械传动部件的惯量。

对于开环系统传动副的设计主要由机床所要求的脉冲当量与所选用的步进电动机的步距决定。降速比为

$$u=\frac{\alpha L}{360°Q}$$

式中　α——步进电动机的步距角；

　　　L——滚珠丝杠的导程；

　　　Q——脉冲当量。

对于闭环系统，主要由驱动电动机的最高转速或转矩与机床要求的最大进给速度或负载转矩决定，降速比为

$$u=\frac{n_{d\max}L}{u_{\max}}$$

式中　$n_{d\max}$——驱动电动机的最大转速；

　　　L——滚珠丝杠导程；

　　　$u_{\max}$——工作台最大移动距离。

(1) 齿轮传动间隙的消除：传动副为齿轮传动时，要消除其传动间隙。齿轮传动间隙的消除有刚性调整法和柔性调整法两类。

刚性调整法是调整后的齿侧间隙不能自动进行补偿，如偏心轴套调整法等。特点是结构简单、传动刚度较高，但要求严格控制齿轮的齿厚及齿距公差，否则将影响运动的灵活。

柔性调整法指调整后的齿侧间隙可以自动进行补偿，结构比较复杂，传动刚度低些，会影响传动的平稳性。主要有双片直齿轮调整法等。

(2) 滚珠丝杠及其支承：滚珠丝杠是将旋转运动转换成执行件的直线运动的运动转换机构。滚珠丝杠的摩擦系数小，传动率高。常采用角接触球轴承或双向推力圆柱滚子轴承与滚针轴承的组合方式。

滚珠丝杠的支承方式有三种：一端固定，另一端自由方式，常用于短丝杠和竖直丝杠；一端固定，一端简支承方式，常用于较长的卧式安装丝杠；两端固定，用于长丝杠或高速转速，要求高拉压刚度的场合。

(3) 丝杠副系统的刚度计算：丝杠副系统刚度与丝杠刚度，丝杠副螺纹滚道与钢珠在轴向上的接触刚度，螺母座、轴承座刚度，以及支承轴承刚度等多种因素有关。但实际设计中，采取提高轴承、轴承座、螺母座刚度等措施，因此，滚珠丝杠副刚度主要取决于丝杠刚度和钢球与滚道接触刚度。参考 ISO 标准，滚珠丝杠副系统刚度计算公式可简明表示为

$$\frac{1}{R_t}=\frac{1}{R_s}+\frac{1}{R_u}$$

式中　R_t——滚珠丝杠副系统刚度，单位为 N/μm；

　　　R_s——滚珠丝杠轴刚度，单位为 N/μm。

$$R_s=\frac{\pi(d_0-1.2D_w)^2 E}{4L}\times10^{-3}$$

其中 d_0、D_w 为查滚珠丝杠副样本。L 为支承距离，单位为 mm。丝杠安装方式为一端固定，另一端自由的螺母至固定端处的最大距离；当滚珠丝杠副安装方式为两端固定时，L

为两端固定支承间距离。E 为弹性模量，$E = 2.1 \times 10^5 \text{N/mm}^2$。

R_u——滚珠丝杠副螺纹滚道与钢珠在轴向接触刚度，单位为 N/μm。

(4) 滚珠丝杠螺母副间隙消除和预紧。

滚珠丝杠螺母副通常采用双螺母结构。通过调整两个螺母之间的轴向位置，使两螺母的滚珠在承受工作载荷前，分别与丝杠的两个不同的侧面接触，产生一定的预紧力，以达到提高轴向刚度的目的。

调整预紧有多种方式，如垫片调整式，通过改变垫片的厚薄来改变两个螺母之间的轴向距离，实现轴向间隙消除和预紧，还有齿差调整式等。

(5) 滚珠丝杠的预拉伸。滚珠丝杠常采用预拉伸方式，提高其拉压刚度和补偿丝杠的热变形。

确定丝杠与拉伸力时应综合考虑的因素

① 使丝杠在最大轴向载荷作用下，在受力方向上仍能保持受拉状态，为此，预拉伸力应大于最大工作载荷的 0.35 倍。

② 丝杠的预拉伸量应能补偿丝杠的热变形。

丝杠在工作时要发热，引起丝杠的轴向热变形，使导程加大，影响定位精度。丝杠的热变形 ΔL_1 为

$$\Delta L_1 = \alpha L \Delta t$$

式中　α——丝杠的热膨胀系数，钢的 $\alpha = 11 \times 10^{-6} \ 1/℃$；

L——丝杠长度，单位为 mm；

Δt——丝杠与床身的温差，一般为 $\Delta t = 2 \sim 3℃$(恒温车间)。

丝杠预拉伸时引起的丝杠伸长 ΔL (m)可按材料力学的计算公式计算：

$$\Delta L = \frac{F_0 L}{AE} = \frac{4 F_0 L}{\pi d^2 E}$$

式中　d——丝杠螺纹小径，单位为 m；

L——丝杠的长度，单位为 m；

A——丝杠的截面积，单位为 m^2；

E——弹性模量，单位为 N/m^2；

F_0——丝杠的预拉伸力，单位为 N。

则丝杠的预拉伸力 F_0 (N)为

$$F_0 = \frac{1}{4L} \pi d^2 E \Delta L$$

习　题

2-1　机床设计应满足哪些基本要求？其理由是什么？

2-2　机床设计的主要内容及步骤是什么？

2-3　机床系列型谱的含义是什么？

2-4　工件表面形成原理是什么？

2-5 在总体方案设计中工艺分析十分重要的原因是什么？

2-6 机床主传动系都有哪些类型？有哪些部分组成？

2-7 常规变速传动系统的各传动组的级比指数有什么规律？

2-8 进给传动系统设计要能满足的基本要求是什么？

2-9 进给伺服系统的驱动部件有哪几种类型？

2-10 简述滚珠丝杠螺母机构的特点，其支承方式有哪几种？

第 3 章
机床典型部件设计

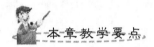 本章教学要点

知识要点	掌握程度	相关知识
主轴部件设计	掌握主轴部件的设计要求; 熟悉主轴轴承的类型	主轴部件的结构设计; 主轴轴承的选择和配置
支承件设计	掌握支承件的设计要求; 熟悉支承件的形状选择原则; 了解支承件的材料	支承件的功用、基本要求; 支承件的结构设计; 合理的布置隔板和开窗加盖
导轨设计	掌握导轨的设计要求; 熟悉导轨的结构; 了解导轨的验算	导轨的功用和分类; 滑动导轨和滚动导轨的材料、结构 设计和验算

导入案例

我国数控机床的发展现状

机床产业是国民经济发展的基础，装备制造业发展的重中之重。《国家中长期科学和技术发展规划纲要(2006—2020 年)》将"高档数控机床与基础制造装备"确定为 16 个科技重大专项之一。通过国家相关计划的支持，我国在数控机床关键技术研究方面有了较大突破，创造了一批具有自主知识产权的研究成果和核心技术。主要体现在以下几个方面：

(1) 中高档数控机床的开发取得了较大进展，在五轴联动、复合加工、数字化设计及高速加工等一批关键技术上取得了突破，自主开发了包括大型、五轴联动数控加工机床、精密及超紧密数控机床及一大批专门化高性能机床，并形成了一批中档数控机床产业化基地。

(2) 关键功能部件的技术水平、制造质量逐年稳步提高，功能逐步完善，部分性能指标接近国际先进水平，形成了一批具有自主知识产权的功能部件。开发出了高速主轴单元、高速滚珠丝杠、重载直线导轨、高速导轨防护装置、直线电机、数控转台、刀库和机械手、A/C 轴数控铣头、高速工具系统、数字化量仪等高性能功能部件样机，其中有的品种已实现小批量生产。

(3) 中高档数控系统开发研究与应用取得一定成果。通过自主研发或与国外开展技术合作，在中档数控系统的开发和生产上取得明显进展。初步解决了多坐标联动、远程数据传输等技术难题；为适应数控系统的配套要求，相继开发出交流伺服驱动系统和主轴交流伺服控制系统，并形成了系列化产品。

资料来源：http://wenku.baidu.com/view/dfb64d6d1eb91a37f1115cf0.html.

3.1 主轴部件设计

主轴组件是机床的执行件，它由主轴、轴承、传动件和密封件等组成。它的功用是支承并带动工件刀具，完成表面成形运动，同时还起传递运动和转矩，承受切削力和驱动力的作用。主轴部件的性能直接影响零件的加工质量和生产率等，因此它是机床的关键部件之一。图 3.1 是普通主轴和近些年出现的转速上万的高速电主轴外观图。

图 3.1 普通主轴和高速电主轴外观

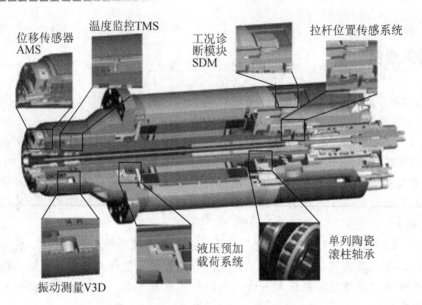

位移传感器 AMS

温度监控TMS

工况诊断模块 SDM

拉杆位置传感系统

振动测量V3D

液压预加载荷系统

单列陶瓷滚柱轴承

图 3.1　普通主轴和高速电主轴外观(续)

3.1.1　主轴部件的设计要求

机床主轴部件必须保证主轴在一定的载荷与转速下，能带动工件或刀具精确而可靠地绕其旋转中心线旋转，并能在其额定寿命期内稳定地保持这种性能。因此，主轴部件的工作性能直接影响到加工质量和生产率。

主轴和一般传动轴都是传动运动、旋转并承受传动力，都要保证传动件和支承的正常工作条件，但主轴直接承受切削力，还要带动工件或刀具，实现表面成形运动。为此，对主轴部件提出如下几个方面的基本要求。

1. 旋转精度

主轴组件的旋转精度指主轴装配后，在无载荷、低速运动的条件下，主轴前端安装工件或刀具部位的径向和轴向跳动值。

当主轴以工作转速旋转时，由于润滑油膜的产生和不平衡力的扰动，其旋转精度有所变化。这个差异对精密和高精度机床是不能忽略的。

主轴组件的旋转精度主要取决于主轴、轴承等的制造精度和装配质量。工作转速下的旋转精度还与主轴转速、轴承的设计和性能及主轴部件的平衡等因素有关。

主轴旋转精度是主轴部件工作质量的最基本的指标，是机床几何精度的组成部分，故也是机床的一项主要精度指标，直接影响被加工零件的几何精度和表面粗糙度。例如，车床卡盘的定心轴颈与锥孔中心线的径向跳动会影响加工的圆度，而轴向窜动在螺纹加工时则会影响螺距的精度等。

2. 静刚度

静刚度或称刚度，反映了机床或部、组、零件抵抗静态外载荷的能力。主轴部件的弯曲刚度 K，通常以主轴前端产生一个单位的弹性变形时，在变形方向上所需施加的力的比值，如图 3.2 所示，可表示为

$$K=\frac{F}{y}(\mathrm{N/\mu m})$$

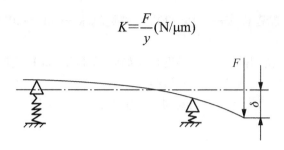

图 3.2 主轴部件静刚度

主轴组件的刚度不足,直接影响机床的加工精度、传动质量及工作的平稳性。

对于大多数机床来说,主轴的径向刚度是主要的。如果满足了径向刚度,则轴向刚度和扭转刚度基本上都能得到满足。

影响主轴部件刚度的因素很多,如主轴的结构尺寸,滚动轴承的类型、配置及预紧,滑动轴承的形式和油膜刚度,传动件的布置方式,主轴组件的制造和装配质量等。

在额定载荷作用下,主轴部件抵抗变形的能力称为动态刚度。动态刚度低于静态刚度,二者是成正比的。对于高速、变载荷下的精密加工机床,动态刚度显得十分重要,它会直接影响到加工精度和刀具的寿命。

3. 抗振性

主轴部件的抗振性指其抵抗受迫振动和自激振动而保持平稳运转的能力。

主轴部件抵抗振动能力差,工作时容易发动振动,会影响工件的表面质量,限制机床的生产率;此外,还会降低刀具和主轴轴承的寿命,发出噪声,影响工作环境等。振动表现为强迫振动和自激振动两种形式。如果产生切削自激振动,将严重影响加工质量,甚至使切削无法进行下去。抵抗强迫振动则要提高动刚度。动刚度指激振力幅值与振动幅值之比。随着机床向高精度、高生产率方向发展,主轴对抗振性要求越来越高。

影响抗振性的主要因素是主轴组件的静刚度、质量分布及阻尼。主轴组件的低阶固有频率是其抗振性的主要评价指标。低阶固有频率应远高于激振频率,使其不容易发生共振。目前,抗振性的指标尚无统一标准,只有一些实验数据供设计时参考。

4. 温升和热变形

温升使润滑油的黏度下降。如用脂润滑,温度过高会使脂融化流失。这些都将影响轴承的工作。温升产生热变形,使主轴伸长,轴承间隙变化。主轴箱的热膨胀使主轴偏离正确位置。如果前后轴承温度不同,还将使主轴倾斜。

主轴部件工作时,由于摩擦和搅油等耗损而产生热量,会出现温升。温升使主轴部件的形状和位置畸形,称为热变形。

热变形使主轴的旋转轴线与机床其他部件间的相对位置发生变化,直接影响加工质量,对高精度机床的影响尤为严重;热变形造成主轴弯曲,会使传动齿轮和轴承的工作状况恶化;热变形还会改变已调好的轴承间隙,使主轴和轴承、轴承和支承座孔之间的配合发生变化,影响轴承的正常工作,加剧磨损,严重时甚至发生轴承抱轴现象。因此,各类机床对主轴轴承温升都有一定限制,主轴轴承在高速空运转至热稳定状态下允许的温升:高精度机床——8～10℃，精密机床——15～20℃，普通机床——30～40℃。数控机床可归入精密机床类。

受热膨胀是材料的固有性质。高精度机床如坐标镗床、高精度镗铣加工中心等，要进一步提高加工精度，往往最后受到热变形的制约。

影响主轴部件温升和热变形的主要因素是轴承的类型、配置方式和预紧力的大小以及润滑方式和散热条件等。

5. 耐磨性

主轴部件必须有足够的耐磨性，以便长期地保持精度。易磨损的部位是轴承和安装夹具、刀具或工件的部位，如锥孔、定心轴颈等。此外，还有移动式主轴的工作表面，如镗床主轴的外圆、坐标镗床和某些主轴套筒移动式加工中心等的主轴套筒外圆等。

主轴若装有滚动轴承，则支承处的耐磨性决定于滚动轴承，如果用滑动轴承，则轴颈的耐磨性对精度保持性的影响很大。为了提高耐磨性，一般机床的上述部位应淬硬。

3.1.2 主轴的传动方式

1. 主传动分类

对于机床主轴，传动件的作用是以一定的功率和最佳切削速度完成切削加工。

按传动功能不同可将主传动作如下分类：

1) 有变速功能的传动

为了简化结构、在传动设计时，将主轴当作传动变速组，常用变速副是滑移齿轮组。为了保证主轴传动精度及动平衡，可将固定齿轮装于主轴上或主轴上装换挡离合器，这类传动副多装于两支承之间。对于不频繁的变速，可用交换齿轮、塔轮结构等，此时变速传动副多装于主轴尾端。

2) 固定变速传动方式

固定变速传动方式是为了将主轴运动速度(或转矩)调整到适当范围。考虑到受力和安装、调整的方便，固定传动组可装在两支承之外，尽量靠近某一支承，以减少对主轴的弯矩作用，或采用卸荷机构。常用的传动方式有齿轮传动、带传动、链传动等。

3) 主轴功能部件

将原动机与主轴传动件合为一体，组成一个独立的功能部件，如用于磨削加工的各类磨床用主轴部件或用于组合机床的标准型主轴组(又称主轴单元)。它们的共同特点是主轴本身无变速功能，主轴转速的调节可采用机械变速器或电气、液压控制等方式，但可调范围很小。

2. 主轴传动件的布置

对于传动件直接装在主轴上的主轴部件，工作时主要承受传动力 $\boldsymbol{F}_c$、切削力 $\boldsymbol{F}$ 和支承反力 $\boldsymbol{F}_e$。传动力 $\boldsymbol{F}_c$ 的位置和方向对主轴端部的位移的影响很大，如图 3.3 所示。由传动力 $\boldsymbol{F}_c$ 所引起的主轴端部位移 y 为

$$y=\frac{F_c ab}{6EIL}(L^2-b^2)$$

式中　y——主轴端部位移，单位为 mm；

　　　F_c——传动力，单位为 N；

　　　E——主轴材料的弹性模量，单位为 MPa；

　　　I——主轴截面的当量惯性矩，单位为 mm^4。

显然，b 越接近于 L，则 y 越小；若 $b=L$，则 $y=0$。由此可见，传动力 F_c 的位置应靠近主轴支承，一般靠近前支承，这样既可以减少主轴端部的位移，主轴的扭转变形也可以减小。因此，合理安排传动件的轴向和径向位置，对于主轴受力及其工作特性都有很大的影响。

传动件合理布置的原则：传动力 F 引起的主轴弯曲变形小，最好能部分抵消切削力对轴承的负荷，是前轴承受力和变形最小，有利于保证加工精度且结构紧凑、装配、维修方便。

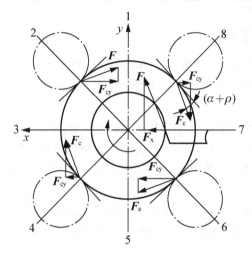

图 3.3　传动力对主轴端部位移影响

3.1.3　主轴部件结构设计

 阅读材料 3—1

主轴部件的典型结构

根据所采用的轴承类型不同，主轴部件可分为滚动轴承主轴部件和滑动轴承主轴部件两大类，现以滚动轴承主轴部件为对象讨论其主轴部件结构。由于机床的工作情况不同，主轴部件的结构必然会各异，现对常用的机床的主轴部件举个例子说明。

CA6140 型车床的主轴部件

CA6140 型车床的主轴部件。主轴安装在两支承上，前支承为双列短圆柱滚子轴承(NN3021K/P5)和双向推力角接触球轴承(234421/P5)组合，可以分别承受径向载荷和轴向载荷。前者内环与主轴之间有 1：12 锥度相配合，以调整轴承的径向间隙的大小，调整后用锁紧螺母锁紧。

后支承由推力球轴承和角接触球轴承组成，分别承受轴向、径向载荷。同理，轴承的间隙和预紧可以用主轴尾端的螺母调整。

图 3.4　CA6140 型卧式车床

这种结构较简单，刚度较高，前支承的两个轴承的极限转速相同，所能适应的转速较高。这类结构的缺点是前支承内轴承较多，发热量也较多。

资料来源：陈立德. 机械制造装备设计. 北京：国防工业出版社，2010.

多数机床的主轴采用前、后两个支承。这种方式结构简单，制造装配方便，容易保证精度。为了提高主轴部件的刚度，前、后支承应消除间隙或预紧。为了提高刚度和抗振性，有的机床主轴采用三个支承。三个支承主轴有两种方式：前、后支承为主，中间支承为辅的方式和前、中支承为主，后支承为辅的方式。目前常采用后一种方式的三支承。主支承应消除间隙或预紧，辅支承则应保留游隙，以至选用较大游隙的轴承。由于三个轴颈和三个箱体孔不可能绝对同轴，因此决不能将三个轴承都预紧，否则会发生干涉，从而使空载功率大幅度上升，导致轴承温升过高。

1. 推力支承位置配置形式

在主轴部件中，承受轴向力的推力支承配置方式直接影响主轴的轴向位置精度，图 3.5 所示为几种常用推力支承安装位置，可将其分为以下三种配置形式。

1) 前端配置

两个方向的推力轴承都布置在前支承处，如图 3.5(a)所示。这类配置方案在前支承处轴承数量多，发热多，温升高；但主轴受热后伸长，不影响轴向精度，对提高主轴部件刚度有利。这种形式多用于轴向精度和刚度要求较高的高精度机床或数控机床。

2) 后端配置

两个方向的推力轴承都布置在后支承处，如图 3.5(b)所示，这类配置方案前支承处轴承数量少，因而发热少，温升低；但主轴受热后向前伸长，影响轴向精度。这种形式多用于轴向精度要求不高的普通精度机床。

3) 两端配置

两个方向的推力轴承分别布置在前、后两个支承处，如图 3.5(c)所示，这类配置方案当主轴受热伸长后，影响主轴轴承的轴向间隙；如果推力支承布置在径向支承内侧，主轴可能因热伸长而引起纵向弯曲。这种方式常用于较短主轴。为了避免松动，可用弹簧消除间隙和补偿热膨胀。

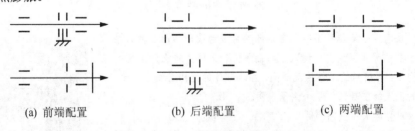

(a) 前端配置　　　　　(b) 后端配置　　　　　(c) 两端配置

图 3.5　推力轴承位置

2. 主轴传动件的合理布置

1) 传动方式的选择

大多数机床主轴采用齿轮或带传动，有的用电动机直接传动。少数低速、小功率的精密机床主轴也有用蜗轮蜗杆传动或链传动。齿轮传动的优点是结构简单、紧凑，能适应大的变速范围和传递较大的转矩,是一般机床最常用的传动方式。它的缺点是线速度不能太高,通常低于 12m/s,传动不够平稳。

带传动的优点是结构简单、制造容易、成本低,适用于中心距较大的两个轴间传动,且带有弹性可以吸振、传动平稳、噪声小,适用于高速传动。带传动在过载时会打滑,能起到过载保护的作用。缺点是带容易拉长和磨损,需要定期调整和更换。

电动机直接传动的优点是纯转矩传动,可减小主轴的弯曲变形,无传动件,能适应更高的转速。若主轴转速不高,可采用普通异步电动机直接带动主轴。若转速较高,可将主轴和电动机制为一体,成为电主轴单元,电动机转子轴是主轴,电动机座是机床主轴单元的壳体。电主轴单元大大简化了结构,有效地提高了主轴部件的刚度,降低了噪声和振动,有较宽的调速范围,有较大的驱动功率和转矩,便于组织专业化生产,所以被广泛地使用于精密机床、高速加工中心和数控车床中。

2) 传动件轴向位置的合理布置

合理布置传动件的轴向位置,可以改善主轴和轴承的受力情况及传动件、轴承的工作条件,提高主轴部件刚度、抗振性和承载能力。传动件位于两支承之间是最常见的布置,如图 3.6 所示。为了减小主轴的弯曲变形和扭转变形,传动齿轮应尽量靠近前支承处;当主轴上有两个齿轮时,由于大齿轮用于低传动,作用力较大,应将大齿轮布置在靠前支承处。如图 3.6 所示,传动力与切削力同向,主轴前端的位移量减小,但前支承反力增大,适用于精密机床。若传动力与切削力反向,主轴轴端的位移量增大,但前支承反力减小,适用于普通精度机床。

图 3.7 所示为传动件位于后悬伸端,多用于外圆磨床、内圆磨床砂轮主轴。带轮装在主轴的外伸尾端上,便于防护和更换。

图 3.8 所示为传动件位于主轴前悬伸端,使传动力和切削力方向相反,可使主轴前端位移量相互抵消一部分,减小了主轴前端位移量,同时前支承受力也减小。主轴的受扭段变短,提高了主轴刚度,改善了轴承工作条件。但这种布置会引起主轴前端悬伸量的增加,影响主轴部件的刚度及抗振性,所以只适用于大型、重型机床。

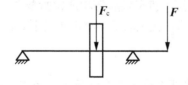

图 3.6　主轴两支承间承受的传动力

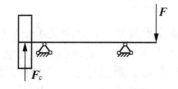

图 3.7　主轴尾端承受传动力

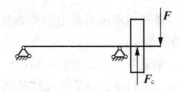

图 3.8 主轴前端承受切削力

3. 主轴部件结构参数的确定

主轴的结构参数主要包括主轴的平均直径 D(或前轴颈 D_1)、内孔直径 d(对于空心主轴而言)、前端的悬伸量 a 及主轴的支承跨距 L 等。一般步骤是首先确定前轴颈 D_1,然后确定内径 d 和主轴前端的悬伸量 a,最后再根据 D、a 和主轴前支承的刚度确定支承跨距 L。

1) 主轴直径的确定

主轴平均直径 D 的增大能大大提高主轴的刚度,而且还能增大孔径,但也会使主轴上的传动件(特别是起升速作用的小齿轮)和轴承的径向尺寸加大。主轴直径 D 应在合理的范围内尽量选大些,达到既满足刚度要求,又使结构紧凑。

主轴前轴颈直径 D_1 可根据机床主电动机功率或机床主参数来确定。

2) 主轴内孔直径的确定

很多机床的主轴是空心的,为了不过多地削弱主轴刚度,一般保证 $d/D<0.7$。内孔直径与其用途有关,如车床主轴内孔用来通过棒料或安装送夹料机构;铣床主轴内孔可通过拉杆来拉紧刀柄等。卧式车床的主轴孔径 d 通常应不小于主轴平均直径的 55%;铣床主轴孔径可比刀具拉杆直径大 5～10mm。

3) 主轴前端悬伸量的确定

主轴悬伸量是指主轴前支承径向反力作用点到主轴前端受力作用点之间的距离。无论从理论分析还是从实际测试的结构来看,主轴悬伸量 a 值的选取原则是在满足结构要求的前提下,尽量取小值。

主轴悬伸量 a 取决于主轴端部的结构形状和尺寸、工件或刀具的安装方式、前轴承的类型及组合方式、润滑与密封装置的结构等。为了减小 a 值可采取下列措施:

(1) 尽量采用短锥法兰式的主轴端部结构。

(2) 推力轴承布置在前支承时应安装在径向轴承的内侧。

(3) 尽量利用主轴端部的法兰盘和轴肩等构成密封装置。

(4) 成对安装圆锥滚子轴承,应采取滚锥小端相对形式。成对安装角接触球轴承,应采取类似的背对背型安装。

4) 主轴支承跨距的确定

主轴支承跨距 L 是指主轴两个支承的支承反力作用点之间的距离,在主轴的轴颈、内孔、前端悬伸长量及轴承配置形式确定后,合理选择支承跨距,可使主轴部件获得最大的综合刚度。

支承跨距过小,主轴的弯曲变形就较小,但因支承变形引起的主轴前端位移量将增大;反之,支承跨距过大,支承变形引起的主轴前端位移量尽管减小了,但主轴的弯曲变形会增大,也会引起主轴前端较大的位移。所以存在一个最佳的跨距 L_0,使得因主轴弯曲变形和支承变形引起的主轴前端的总位移量为最小,一般取 $L_0=(2\sim3.5)a$。但在实际结构设计时,由于结构上的原因,主轴的实际跨距往往大于最佳跨距 L_0。

3.1.4 主轴轴承

1. 主轴轴承的选择

轴承是主轴部件的重要组成部分，它的类型、配置、精度、安装和润滑等都直接影响主轴组件的工作性能。机床主轴用的轴承，有滚动和滑动两大类。从旋转精度来看，两大类轴承都能满足要求。对于其他指标，滚动轴承与滑动轴承相比，优点如下：

(1) 滚动轴承能在转速和载荷变化幅度很大的条件下稳定地工作。

(2) 滚动轴承能在无间隙，甚至在预紧(有一定的过盈量)的条件下工作。

(3) 滚动轴承的摩擦系数小，有利于减小发热。

(4) 滚动轴承润滑很容易，可以用脂，一次装填一直用到修理时才换脂。如果用油润滑，单位时间所需的油量也远比滑动轴承小。

(5) 滚动轴承是由轴承厂生产的，可以外购。

滚动轴承的缺点如下：

(1) 滚动体的数量有限，所以滚动轴承在旋转中的径向刚度是变化的，这是引起振动的原因之一。

(2) 滚动轴承的阻尼较低。

(3) 滚动轴承的径向尺寸比滑动轴承大。

对主轴轴承的基本要求：旋转精度高、刚度高、承载能力强、极限转速高、适应变速范围大、摩擦小、噪声低、抗振性好、使用寿命长、制造简单、使用维护方便等。因此，在选用主轴轴承时，应根据对该主轴部件的主要性能要求、制造条件、经济效果综合进行考虑。一般情况下应尽量采用滚动轴承，只有当主轴速度、加工精度及工件加工表面有较高的要求时，才采用滑动轴承。

2. 主轴滚动轴承的类型选择

主轴较粗，主轴轴承的直径较大。相对地说，轴承的负载较轻。因此，一般情况下，承载能力和疲劳寿命不是选择主轴轴承的主要指标。

主轴轴承应根据精度、刚度和转速选择。为了提高精度和刚度，主轴轴承的间隙应该是可调的。线接触的滚子轴承，比点接触的球轴承刚度高，但一定温升下允许的转速较低。

下面重点介绍几种主轴常用的滚动轴承。

1) 双列圆柱滚子轴承

图 3.9 所示为双列圆柱滚子轴承。双列圆柱滚子轴承只能承受径向载荷。一般常和推力轴承配套使用，能承受较大的径向载荷和轴向载荷，适用于载荷和刚度较高、中等转速的主轴部件前支承上。

2) 双向推力角接触球轴承

图 3.10 所示为双向推力角接触球轴承。型号为 234400，接触角 60°，它由外圈、左右内圈、左右两列滚珠及保持架、隔套所组成。修磨隔套的厚度就能消除间隙和预紧。滚动体直径小，极限转速高；外圆和箱体孔为间隙配合，安装方便，且不承受径向载荷；常与双列圆柱滚子轴承配套使用，能承受双向轴向载荷，用于主轴部件的前支承。

图 3.9　双列圆柱滚子轴承

图 3.10　双向推力角接触球轴承

3）角接触球轴承

图 3.11 所示为角接触球轴承，这种轴承既可承受径向载荷，又可承受轴向载荷。接触角常见的有 $\alpha = 15°$ 和 $\alpha = 25°$ 两种。前者编号为 7000C 系列，后者为 7000AC 系列。15° 接触角多用于轴向载荷较小，转速较高的地方，如磨床主轴；25° 的多用于轴向载荷较大的地方，如车床和加工中心主轴。把内、外圈相对轴向位移，可以调整间隙，实现预紧。这种轴承多用于高速主轴。

4）圆锥滚子轴承

图 3.12 所示为圆锥滚子轴承。这种轴承能承受径向和轴向载荷，承载能力和刚度都比较高。但是，滚子大端与内圈挡边之间是滑动摩擦，发热较多，故允许的转速较低。为了解决这个问题，法国加梅公司开发了空心滚子圆锥滚子轴承、滚子是空心的，保持架是铝制，整体加工，把滚子之间的间隙填满。大量的润滑油只能从滚子的中孔流过，冷却滚子，以降低轴承的发热。但是，这种轴承必须用油润滑。

图 3.11　角接触球轴承

图 3.12　圆锥滚子轴承

3. 主轴的滑动轴承

滑动轴承因具有旋转精度高、抗振性能好、运动平稳等特点，此外，结构简单、成本低廉，可长期运转而无须加注润滑剂，主要应用于高速和低速的精密、高精密机床和数控机床的主轴。

按照流体介质不同，主轴滑动轴承可分为液体滑动轴承和气体滑动轴承；液压滑动轴承根据油膜压力形成的方法不同，有动压轴承和静压轴承之分；动压轴承可分为单油楔动压轴承和多油楔动压轴承等。

1) 液体动压滑动轴承

图 3.13 所示为液体动压滑动轴承。主轴以一定的转速旋转时，动压轴承带着润滑油从间隙大处向间隙小处流动，形成压力油楔而将主轴浮起，产生压力油膜以承受载荷。动压轴承按油楔数分为单油楔和多油楔。多油楔轴承因有几个独立油楔，形成的油膜压力在几个方向上支承轴颈，轴心位置稳定性好，抗振动和冲击性能好。因此，机床主轴常用多油楔动压滑动轴承。下面介绍一下多油楔滑动轴承。

图 3.13　液体动压滑动轴承

(1) 固定多油楔滑动轴承。在轴承内工作表面上加工出偏心圆弧面或阿基米德螺旋线来实现油楔。图 3.14 所示为用于外圆磨床砂轮架主轴的固定多油楔滑动轴承。主轴前端是固定多油楔动压轴瓦 1，后端是双列短圆柱滚子轴承。主轴的轴向定位靠前、后两个止推环 2 和 5。这种多油楔属于外柱内锥式，其径向间隙由止推环 2 右侧的螺母 3 调整，使主轴相对于前轴承做轴向移动。螺母 4 用来调整滑动推力轴承的轴向间隙。

固定多油楔轴瓦的形状如图 3.14(b)所示，在轴瓦内壁上开 5 个等分的油囊，形成 5 个油楔。其油压分布如图 3.14(c)所示。由于主轴转向固定，故油囊形状为阿基米德螺旋线，铲削而成。油楔的入口 h_1 与出口 h_2 的距离称为油楔宽度，入口间隙与出口间隙之比称为间隙比。理论上，最佳间隙比 $h_1/h_2 = 2.2$。

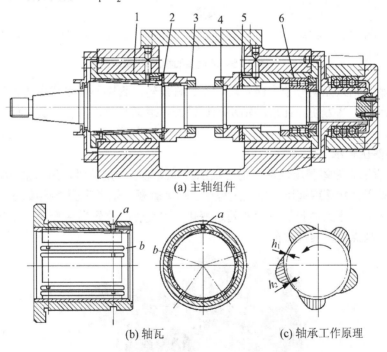

(a) 主轴组件

(b) 轴瓦　　　　　　　　(c) 轴承工作原理

图 3.14　固定多油楔滑动轴承

1—轴瓦；2、5—止推环；3—转动螺母；4—调整螺母；6—轴承

固定多油楔动压轴承是由机械加工出来的油囊形成油楔的。因此，轴承的尺寸精度、接触状况和油楔参数等较稳定，拆装后变化也很小，维修较方便。但它在装配时前后轴承的同轴度不能调整，加之轴承间隙很小，因此对轴承及箱体孔、衬套的同轴度要求很高，

制造和装配工艺复杂。这种轴承仅适用于高精度机床。

(2) 活动多油楔滑动轴承。活动多油楔轴承由三块或五块轴瓦块组成，利用浮动轴瓦自动调位来实现油楔。图 3.15 所示为短三瓦动压轴承。三块轴瓦各有一球头螺钉支承，可以稍微摆动以适应转速或载荷的变化。瓦块的压力中心 O 离出口的距离 b 约为瓦块宽 B 的 0.4 倍。O 点也就是瓦块的支撑点。主轴旋转时，由于瓦块上油楔压强的分布，瓦块可自行摆动至最佳间隙比 $h_1/h_2=2.2$ 后处于平衡状态。当主轴负荷变化时，主轴将产生位移，这时 h_2 发生变化。如果 h_1 变小，则出口处油压升高，使轴瓦做逆时针方向摆动，h_1 变小。当 $h_1/h_2=2.2$ 时，又处于新的平衡状态。因此，这种轴承能自动地保持最佳间隙比，使瓦块宽 B 等于油楔宽。这时，轴瓦的承载能力最大。

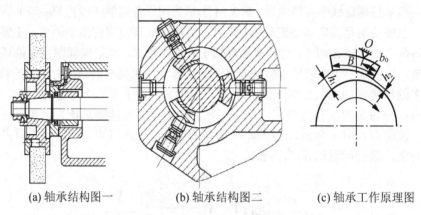

(a) 轴承结构图一　　　(b) 轴承结构图二　　　(c) 轴承工作原理图

图 3.15　活动多油楔滑动轴承

这种轴承主轴只能朝一个方向转动，不允许反转，否则不能形成压力油楔。因为它的结构简单，制造维修方便，比滚动轴承抗振性好，运动平稳，故在各类磨床主轴部件中得到广泛应用。

2) 液体静压轴承

图 3.16 所示为液体静压轴承。动压轴承在转速低于一定值时，压力油膜就形成不了，因此当主轴处于低转速或起动、停止过程中，轴承就要与轴承表面直接接触，产生干摩擦。主轴转速变化后，压力油膜的厚度要随之变化，致使轴心位置发生变化，而液体静压轴承就是克服上述缺点而发展起来的。

图 3.16　液体静压轴承

静压轴承旋转精度高，抗振性好，其原因是轴颈与轴承之间有一层具有良好的吸振性能的高压油膜，其缺点是需要配备一套专用的供油系统，而且制造工艺较复杂。

3) 气体轴承

图 3.17 所示为气体轴承。气体轴承包括气体动压轴承、气体静压轴承和气体压膜轴承三大类。气体润滑剂主要是空气，也有用氢、氦、氮、一氧化碳和水蒸气等作为润滑剂的。由于采用气体作为润滑剂，因此，轴与轴瓦被气体隔开，使轴在轴承中无接触地旋转或呈悬浮状态。气体黏度小，化学稳定性好，对温度变化不敏感。因此气体轴承具有摩擦功耗小、精度高、速度高、温升小、寿命长、耐高低温及原子辐射，对主机和环境不污染等优点。此外，轴承表面的加工误差能被气体的可压缩性所均化，因而可达到极高的旋转精度。如今，气体轴承在精密仪器、精密机床、高速离心机、高低温环境及反应堆等设备中应用日益广泛。在某些情况下，气体轴承甚至是唯一可用的支承形式。气体轴承的缺点是承载能力小、刚性差、稳定性差、对工作条件和材料要求严格，气体轴承还要求有稳定过滤气源等。

4) 磁力轴承

图 3.18 所示为磁力轴承。磁力轴承利用磁场力使轴悬浮，故又称为磁悬浮轴承。它无须任何润滑剂，可在真空中工作。因此，可达到极高的速度。多用于超高速离心机中。

图 3.17 气体轴承

图 3.18 磁力轴承

3.2 支承件设计

支承件是机床的基础构件，包括床身、立柱、横梁、摇臂、底座、刀架、工作台、箱体和升降台等。这些件一般都比较大，称为大件。它们相互固定，连接成机床的基础和框架。机床上其他零部件可以固定在支承件上，或者工作时在支承件的导轨上运动。在切削时，刀具与工件之间相互作用的力沿着大部分支承件逐个传递并使之变形，机床的动态力使支承件和整机振动。支承件的主要功能是承受各种载荷及热变形，并保证机床各零件之间的相互位置和相对运动精度，从而保证加工质量。

3.2.1 支承件的设计要求

支承件应满足的基本要求如下：

(1) 足够的刚度和较高的刚度-质量比。后者在很大程度上反映了设计的合理性。

(2) 较好的动态特征。这包括较大的位移阻抗(动刚度)和阻尼；与其他部件相配合，使整机的各阶固有频率不致与激振频率相重合而产生共振；不会发生薄壁振动而产生噪声等。

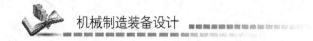

(3) 热稳定性好。应设计得使整个设备的热变形较小，对机床加工精度影响较小。

(4) 结构性好。排屑畅通、吊运安全、并具有良好的工艺性，以便于制造和装配。

3.2.2 支承件的材料

支承件常用的材料有铸铁、钢板和型钢、铝合金、预应力钢筋混凝土、非金属等。其中主要材料为铸铁和钢。

1. 铸铁

一般支承件用灰铸铁制成，在铸铁中加入少量合金元素可提高其耐磨性。如果导轨与支承件铸为一体，则铸铁的牌号根据导轨的要求选择。如果导轨是镶装上去的，或者支承件上没有导轨，则支承件的材料一般可用 HT100、HT150、HT200、HT250、HT300 等，还可用球墨铸铁 QT450-10、QT800-02 等。

铸铁铸造性能好，容易获得复杂结构的支承件。同时铸铁的内摩擦力大，阻尼系数大，使振动衰减性能好，成本低。但铸铁需做型模，制造周期长，仅适于成批生产。在铸铁或者焊接中的残余应力，将使支承件产生蠕变。因此，必须进行时效处理。时效最好在粗加工后进行。铸铁在 450℃ 以上在内应力的作用下开始变形，超过 550℃ 则硬度将降低。因此热时效处理应在 530～550℃ 的范围内进行。这就既能消除内应力，又不降低硬度。

2. 钢板和型钢

用钢板和型钢等焊接的支承件，其制造周期短，可做成封闭件，不像铸件那样要留出沙孔，而且可根据受力情况布置肋板和肋条来提高抗扭和抗弯刚度。由于钢的弹性模量约为铸铁的两倍，当刚度要求相同时，钢焊接件的壁厚仅为铸件的一半，使质量减小，固有频率提高。如果发现结构有缺陷，如发现刚度不够，焊接件可以补救。但焊接结构在成批生产时，成本比铸件高。因此，多用在大型、重型机床及自制设备等小批生产中。

钢板焊接结构的缺陷是钢板材料内摩擦阻尼约为铸铁的 1/3，抗振性较铸铁差，为提高机床抗振性能，可采用提高阻尼的方法来改善钢板焊接结构的动态性能。

钢制焊接件的时效处理温度较高，为 600～650℃。普通精度机床的支承件进行一次时效就可以了，精密机床最好进行两次，即粗加工前、后各一次。

3. 铝合金

铝合金的密度只有铁的 1/3，有些铝合金还可以通过热处理进行强化，提高铝合金的力学性能。对于有些对总体质量要求较小的设备，为了减小其质量，它的支承件可考虑使用铝合金。常用的牌号有 ZAlSi7Mg、ZAlSi2Cu2Mgl 等。

4. 预应力钢筋混凝土

预应力钢筋混凝土支承件(主要为床身、立柱、底座等)近年来有相当发展。其特点是刚度高、阻尼比大、抗振性能好、成本低。据国外机床公司的介绍，车身内有三个方向都要配置钢筋，总预拉力为 120～150kN。缺点是脆性大、耐蚀性差，为了防止油对混凝土的侵蚀，表面应喷涂塑料或喷漆处理。

5. 非金属

非金属材料主要有混凝土、天然花岗岩等。

混凝土刚度高，具有良好的阻尼性能，阻尼比是灰铸铁的 8～10 倍，抗振性好，弹性模量是钢的 1/15～1/10，热容量大，热传导率低，导热系数是铸铁的 1/40～1/25，热稳定性高，其构件热变形小；密度是铸铁的 1/3，可获得良好的几何形状精度，表面粗糙度值也较低，成本低。其缺点是力学性能差，但可以预埋金属或添加加强纤维。适用于受载面积大、抗振要求较高的支承件。

天然花岗岩导热系数和膨胀系数小，精度保持性好，抗振性好，阻尼系数比钢大 15 倍，耐磨性比铸铁高 5～6 倍，热稳定性好，抗氧化性强，不导电，抗磁，与金属不粘合，加工方便，通过研磨和抛光容易得到较高的精度和很低的表面粗糙度。

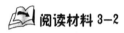 阅读材料 3-2

支承件的热处理

支承件在铸造和焊接过程中所产生的残余应力，将使支承件产生蠕变，因此必须进行时效处理，以消除内应力。时效最好在粗加工后进行。铸铁在 450℃ 以上时，在内应力的作用下开始变形，超过 550℃ 时硬度将会降低。因此，热处理应在 530～550℃ 的范围内进行。这既能消除内应力，又不致降低硬度。钢质焊接件的时效处理温度较高，为 600～650℃。普通精度的支承件进行一次时效就可以了，精密支承件最好进行两次，即粗加工前、后各一次。有的高精度支承件在进行热时效处理后，还进行天然时效处理——把铸、焊件堆放一年左右，让它们充分地变形。

资料来源：赵雪松，任小中，于华. 机械制造装备设计. 武汉：华中科技大学出版社，2009.

3.2.3 支承件的结构设计

一台机床支承件的质量可占其总质量的 80%～85%，同时支承件的性能对整机性能的影响很大。因此，应该正确地进行支承件的结构设计。首先，根据其使用要求进行受力分析，再根据所受的力和其他要求，并参考现有机床的同类型件，初步确定其形状和尺寸。然后，可以利用计算机进行有限元计算，求得其静态刚度和动态特征，并据此对设计进行修改和完善，选出最佳结构方案。使支承件能满足它的基本要求，并在这个前提下尽量节约材料。

1. 支承件的静力分析

分析支承件的受力必须首先分析机床的受力。机床根据其所受的载荷的特点，可分为三大类。

1) 中、小型机床

中、小型机床的载荷以切削力为主。工件的质量、移动部件质量等相对较小，在受力和变形分析时可忽略不计。

2) 精密和高精度机床

精密和高精度机床以精加工为主，切削力较小。载荷以移动部件的重力和热应力为主。

3) 大型机床

大型机床工件较重，切削力较大，移动件重量也较大。因此，载荷必须同时考虑工件重力、切削力和移动件的重力。

支承件根据其形状，可分为三大类：

(1) 一个方向的尺寸比另外两个方向大得多的零件。这类零件可看作梁类件，如机床的床身、立柱、横梁、摇臂、滑枕等。

(2) 两个方向的尺寸比第三个方向的大得多的零件。这类零件可看作板类件，如机床的底座、工作台、刀架等。

(3) 三个方向的尺寸都差不多的零件。这类零件可看作箱形件，如机床的箱体、升降台等。

下面进行摇臂钻床受力分析(仅分析切削载荷:切削转矩 T、进给力 F_f)，如图 3.19 所示。

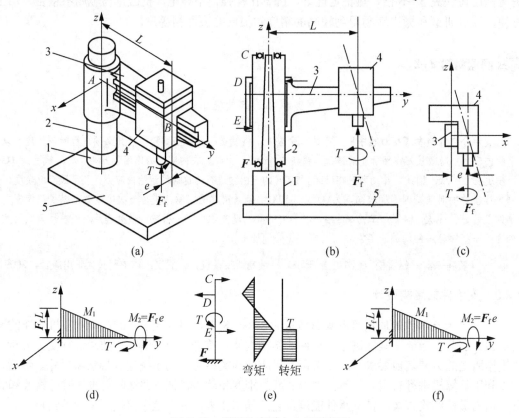

图 3.19　摇摆钻床受力分析示意图

1，2—立柱；3—摇臂；4—主轴管；5—底座

钻孔时，切削载荷为切削转矩 T 和进给力 F_f。切削载荷经主要支承件主轴管 4、摇臂 3、立柱 2 和 1，传递至底座 5。使这些支承件产生弹性变形：弯曲或扭转。变形的结果，主轴轴线在 yz 平面和 xz 平面内产生偏移，使轴线不垂直与底座的顶面，如图 3.19(b)所示。钻床精度标准规划了主轴在一定的轴向力(模拟 F_f)作用下，主轴轴线在 yz 和 xz 面内允许的偏移角。轴向力的大小，因机床的种类、大小而异，见各类钻床的精度标准。

在分析时，立柱和摇臂可看作是梁类件；底座可看作是板类件；主轴管可看作是箱形件。这里主要分析摇臂和立柱，都可看作一端固定的悬臂梁。

　　摇臂的受力分析如图 3.19(c)所示。进给力 F_f 使摇臂在 yz 面内受到一个弯矩 M_1，其最大值为 $F_f L$，从而产生弯曲变形。切削转矩 T 作用于摇臂，使它在 xy 平面内产生弯曲变形。T 比 $F_f L$ 要小得多。因此，摇臂所受的载荷，主要是竖直(yz)面内的弯矩 M_1 和绕 y 轴的转矩 M_2。这两个力矩使摇臂产生弯曲和扭转变形。使主轴偏离其正确位置。

　　立柱分为内、外两层，如图 3.19(b)所示。摇臂沿外柱 2 升降，并连同外柱绕内柱 1 转动。摇臂与外柱在上、下两圈 D、E 外接触。工作时，内、外柱之间在 F 处夹紧。

　　外柱的受力分析如图 3.19(d)所示。摇臂作用于外柱的，可看作是由 D、E 点处两个集中力组成的力偶，其力偶矩在 yz 和 xz 面内分析为 $M_1 = F_f L$ 和 $M_2 = F_f e$。故外柱在 yz 和 xz 面的弯矩图的形状，都应如图 3.19(d)所示。切削转矩 T 使外柱扭转，扭转作用于 E 与 F 之间。通常这个扭转变形不大，可以忽略。

　　内柱的受力情况与外柱相似，也是 yz 和 xz 面内的弯曲和从夹紧点 F 至根部之间的扭转。如图 3.19(e)所示。扭转变形不大，可以忽略。因此，立柱内、外层都以弯曲变形为主。立柱的弯曲变形也将使主轴偏离其正确位置。立柱的形状往往是圆形的，故 M_1、M_2 两个力矩中，只需考虑大的一个，一般为 $M_1 = F_f L$。

2. 支承件的形状选择原则

　　支承件的变形，主要是弯曲和扭转，是与截面惯性矩有关的。截面积近似地皆为 10000mm^2 的八种不同截面形状的抗弯和抗扭惯性矩的比较见表 3-1。

表 3-1　不同截面形状的抗弯和抗扭惯性矩

序　号		1	2	3	4
截面形状					
抗弯惯性矩	cm⁴	800	2416	4027	—
	%	100	302	503	—
抗扭惯性矩	cm⁴	1600	4832	8054	108
	%	100	302	503	7
序　号		5	6	7	8
截面形状					
抗弯惯性矩	cm⁴	833	2460	4170	6930
	%	104	308	521	866
抗扭惯性矩	cm⁴	1406	4151	7037	5590
	%	88	259	440	350

比较后得出结果如下：

(1) 空心截面的惯性矩比实心的大。因此，在工艺可能的条件下应尽量减薄壁厚。一般不用增加壁厚的办法来提高自身刚度。

(2) 方形截面的抗弯刚度比圆形的大，而抗扭刚度较低。若支承件所承受的主要是弯矩，则应取方形或矩形为好。环形的抗扭刚度比方形、方框形与长框形的大。

(3) 不封闭的截面比封闭的截面刚度低得多，特别是抗扭刚度下降更多。因此，在可能的条件下，应尽量把支承件的截面做成封闭的形式。

3. 隔板

在两臂之间起连接作用的内壁称为隔板。隔板的功用是把作用于支承件局部区域的载荷传递给其他壁板，从而使整个支承件受载荷，提高支承件的自身刚度。

(1) 图 3.20(a)所示为床身前后壁用 T 形隔板连接，主要提高水平面抗弯刚度，对提高垂直面抗弯刚度和抗扭刚度不显著，多用在刚度要求不高的床身上，但这种床身结构简单，铸造工艺性好。

(2) 图 3.20(b)为 Ⅱ 形隔板，Ⅱ 形架具有一定的宽度 b 和高度 h，在垂直面和水平面上的抗弯刚度都比较高，铸造性能也很好，在大中型车床上应用较多。

(3) 图 3.20(c)为 W 形隔板，能较大地提高水平面上的抗弯抗扭刚度，对中心距超过 1500mm 的长床身，效果最为显著。

(4) 图 3.20(d)所示床身刚度最高，排屑容易。

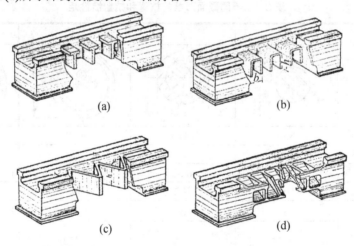

(a)　　　　　　　　(b)

(c)　　　　　　　　(d)

图 3.20　中小型车床床身的几种横隔板布置

4. 合理开窗和加盖

铸铁支承件壁上开孔会降低刚度，但因结构和工艺要求常需开孔。当开孔面积小于所在壁面积的 0.2 时，对刚度影响较小。当开孔面积超过所在壁面积的 0.2 时，抗扭刚度会降低许多。所以，孔宽和孔径以不大于壁宽的四分之一为宜，且应开在支承件壁的几何中心附近。开孔对抗弯刚度影响较小，若加盖且拧紧螺栓，抗弯刚度可接近未开孔时的水平，嵌入盖比面覆盖效果更好。

5. 支承件的静刚度

(1) 自身刚度。抵抗支承件自身变形的能力称为自身刚度。支承件所受的载荷，主要是拉压、弯曲和扭转，其中弯曲和扭转是主要的，因此支承件的自身刚度主要应考虑弯曲刚度和扭转刚度。自身刚度主要决定于支承件的材料、形状、尺寸和筋板的布局等。

(2) 支承件在连接处抵抗变形的能力，称为支承件的连接刚度。连接刚度与连接处的材料、几何形状与尺寸、接触面硬度及表面粗糙度、几何精度和加工方法等有关。

(3) 接触刚度。支承件各接触面抵抗接触变形的能力。实际接触面积只是名义接触面积的一部分，又由于微观不平，真正接触的只是一些高点，如图 3.21 所示。接触刚度与构件的自身刚度有两方面的不同：

① 接触刚度 K_j 是平均压强 p 与变形 δ 之比。

$$K_j = p/\delta \ (\mathrm{MPa/\mu m})$$

② 接触刚度 K_j 不是一个固定值，即 p 与 δ 的关系是非线性的。考虑到非线性，接触刚度应定义为

$$K_j = \mathrm{d}p/\mathrm{d}\delta \ 或 \ K_j = \Delta p/\Delta \delta$$

但在实际中，我们希望 K_j 是一个固定值，以便使用上方便。接触面的表面粗糙度、微观不平度、材料硬度、预压压强等因素对接触刚度的影响都很大。

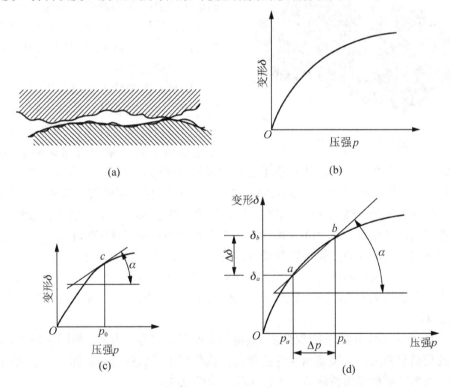

图 3.21　接触刚度

(4) 支承件抵抗局部变形的能力，称为支承件局部刚度。这种变形主要发生在载荷较集中的局部结构处，它与局部变形处的结构和尺寸等有关。合理设置加强筋是提高局部刚度的有效途径。

用螺钉连接时，连接部分形状如图 3.22 所示。其中图(a)所示为凸缘式，局部刚度较差，图(b)和图(c)所示的形状都可提高局部刚度。

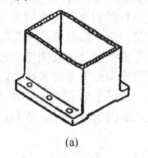 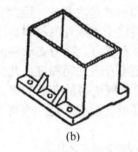 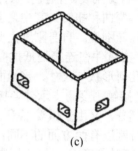

(a)　　　　　　　　　　(b)　　　　　　　　　　(c)

图 3.22　提高连接处的局部刚度

6. 支承件的结构设计

确定支承件的结构形状和尺寸，首先要满足工作性能的要求。由于各类机床的性能、用途、规格的不同，支承件的形状和大小也不同。

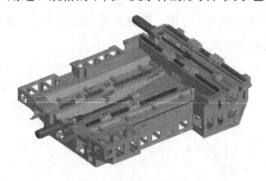

图 3.23　卧式床身

1) 卧式床身

卧式床身(图 3.23)有 3 种结构形式：中小型车床床身，是由两端的床腿支承；大型卧式车床、镗床、龙门刨床、龙门铣床，是直接落地安装在基础上；有些仿形和数控车床，则采用框架式床身。

床身截面形状主要取决于刚度要求、导轨位置、内部需安装的零部件和排屑等。基本截面形状如图 3.24 所示，其中图(a)、(b)、(c)主要用于有大量切屑和切削液排出的机床，如车床和六角车床。图(a)为前后壁之间加隔板的结构形式，用于中小型车床，刚度较低。图(b)为双重壁结构，刚度比图(a)高些。图(c)所示的床身截面形状是通过后壁的孔排屑，这样床身的主要部分可做成封闭的箱形，刚度较高。图 3.24(d)、(e)、(f)三种截面形式，可用于无排屑要求的床身。图(d)主要用于中小型工作台不升降式铣床的床身。为了便于切削液和润滑液的流动，顶面要有一定的斜度。图(e)床身内部可安装尺寸较大的机构，也可兼作油箱，但切屑不允许落入床身内部。这种截面的床身，因前后壁之间无隔板连接，刚度较低，常作为轻载机床的床身，如磨床。图(f)是重型机床的床身，导轨可多达 5 个。

2) 立柱

图 3.25 所示立柱可看作立式床身，其截面有圆形、方形和矩形，如图 3.26 所示。立柱所承受的载荷有两类：一类是承受弯曲载荷，载荷作用于立柱的对称面，如立式钻床的立柱；另一类承受弯曲和扭转载荷，如铣床和镗床的立柱。

立柱的截面由刚度决定。图(a)所示为圆形截面，抗弯刚度较差，主要用于运动部件绕其轴心旋转及载荷不大的场合，如摇臂钻床等。图(b)所示为对称矩形截面，用于以弯曲载荷为主，载荷作用于立柱对称面且较大的场合，如大中型立式钻床、组合机床等。轮廓尺寸比例一般为 $h/b=2\sim3$。图(c)所示为对称方形截面，用于受有两个方向的弯曲和扭转载荷的立柱。截面尺寸比例 $h/b \approx 1$，两个方向的抗弯刚度基本相同，抗扭刚度也较高。这种床身多用于镗床、铣床等立柱。立式车床的轮廓比例为 $h/b=3 \sim 4$，龙门刨床和龙门铣床的轮廓比例为 $h/b=2 \sim 3$。

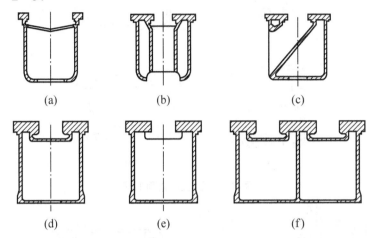

图 3.24　卧式床身的基本截面形状

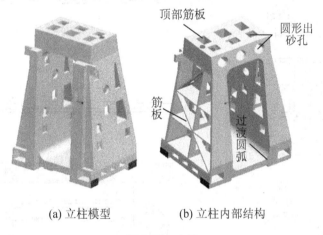

(a) 立柱模型　　　(b) 立柱内部结构

图 3.25　立柱

3) 横梁和底座

横梁用于龙门式框架机床上，作受力分析时，可看作两支点的简支梁。横梁工作时承受复杂的空间载荷。横梁的自重为均布载荷，主轴箱或刀架的自重为集中载荷，而切削力为大小、方向可变的外载荷，这些载荷使横梁产生弯曲和扭转变形。因此横梁的刚度，尤其是垂直于工件方向的刚度，对机床性能影响很大。横梁的横截面一般做成封闭式，如图 3.27 所示。龙门刨床的中央截面高与宽基本相等，即 $h/b \approx 1$。对于双柱立式车床，由于花盘直径较大，刀架较重，故用"h"较大的封闭截面来提高垂直面内的抗弯刚度，$h/b \approx 1.5 \sim 2.2$，如图(c)所示。横梁的纵向截面形状可根据横梁在立柱上的夹紧方式确定，若横梁在立柱的主导轨上夹紧，其中间部分可用变截面形状，如图(e)所示；若在立柱的辅助轨道上夹紧，可用等截面形状，如图(d)所示。图(f)为底座的截面形状。底座是某些机床不可缺少的支承件，如摇臂钻床等，为了固定立柱，必须用底座与立柱连接。底座要有足够的刚度，地脚螺钉孔处也应有足够的局部刚度。

77

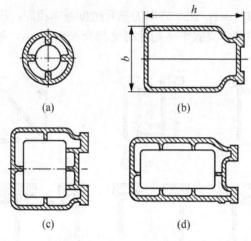

图 3.26 立柱的截面形状

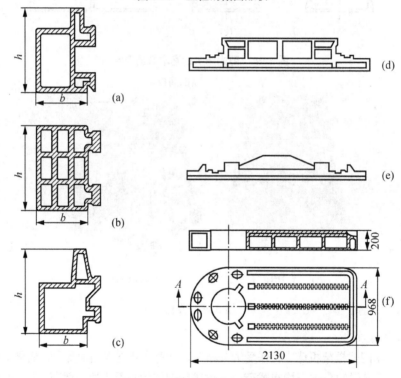

图 3.27 横梁和底座的截面形状

3.3 导 轨 设 计

3.3.1 导轨的功用和分类

导轨的功用是支承和引导运动部件沿一定的轨道运动。在导轨副中，运动的一方称为运动导轨，不动的一方称为支承导轨。运动导轨相对于支承导轨的运动，通常是直线运动或回转运动。

导轨可按下列性质进行分类：

1. 按运动性质分

(1) 主运动导轨，即动导轨是做主运动的。

(2) 进给运动导轨，即动导轨是做进给运动的，机床中大多数导轨属于进给导轨。

(3) 移置导轨，这种导轨只用于调整部件之间的相对位置，在加工时没有相对运动。

2. 按摩擦性质分

(1) 滑动导轨。两导轨面间的摩擦性质是滑动摩擦，按其摩擦状态又可分为以下四类：

① 液体静压导轨。两导轨面间具有一层静压油膜，相当于静压滑动轴承，摩擦性质属于纯液体摩擦，主运动和进给运动导轨都能应用，但用于进给运动导轨较多。

② 液体动压导轨。当导轨面间的相对滑动速度达到一定值后，液体动压效应使导轨油囊处出现压力油楔，把两导轨面分开，从而形成液体摩擦，相当于动压滑动轴承，这种导轨只能用于高速场合，故仅用作主运动导轨。

③ 混合摩擦导轨。在导轨面间虽有一定的动压效应或静压效应，但由于速度还不够高，油楔所形成的压力油还不足以隔开导轨面，导轨面仍处于直接接触状态，大多数导轨属于这一类。

④ 边界摩擦导轨。在滑动速度很低时，导轨面间不足以产生动压效应。

(2) 滚动导轨。在两导轨副接触面间装有球、滚子和滚针等滚动元件，具有滚动摩擦性能，广泛应用于进给运动和旋转运动的导轨。

3. 按受力情况分

(1) 开式导轨。若导轨所承受的颠覆力矩不大，在部件自重和外载作用下，导轨面 a 和 b 在导轨全长上始终保持贴合，称为开式导轨，如图 3.28(a)所示。

(2) 闭式导轨。部件上所受的颠覆力矩 M 较大时，就必须增加压板以形成辅助导轨面 e，才能使主导轨面 c 和 d 都能良好地接触，称为闭式导轨，如图 3.28(b)所示。

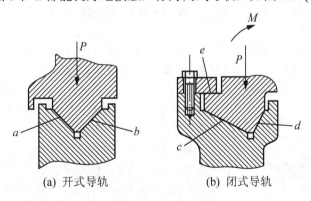

(a) 开式导轨　　　　(b) 闭式导轨

图 3.28　开式、闭式导轨

3.3.2　导轨的设计要求

导轨是机床的关键部件之一，其性能的好坏，将直接影响机床的加工精度、承载能力和使用寿命。因此它必须满足下列基本要求。

1. 导向精度

导向精度指动导轨运动轨迹的准确度。它是保证导轨工作质量的前提。影响导向精度的因素：导轨的结构类型，导轨的几何精度和接触精度，导轨和基础件的刚度，导轨的油膜厚度和油膜刚度，导轨和基础件的热变形等。

2. 精度保持性

精度保持性指长期保持原始精度的能力，影响精度保持性的因素主要是磨损，此外还有导轨材料、受力情况等。

3. 低速运动平稳性

低速运动平稳性指保证导轨在做低速运动或微量位移时不出现爬行现象。影响低速运动平稳性的因素：导轨的结构和润滑，动、静摩擦系数的差值，以及传动导轨运动的传动系统的刚度等。

4. 刚度

足够的刚度可以保证在额定载荷作用下，导轨的变形在允许范围内。影响刚度的因素：导轨的结构形式、尺寸及基础部件的连接方式、受力情况等。

5. 结构简单、工艺性好

设计时要注意使导轨的制造和维护方便，刮研量少。对于镶装导轨，应更换容易。

3.3.3 滑动导轨

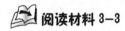 阅读材料 3—3

机床导轨的直线导轨介绍

直线导轨(图 3.29)的工作原理可以理解为是一种滚动导引，是由钢珠在滑块跟导轨之间无限滚动循环，从而使负载平台沿着导轨轻易地做高精度线性运动，并将摩擦系数降至平常传统滑动导引的五十分之一，能轻易地达到很高的定位精度。滑块跟导轨间的末制单元设计，使线形导轨同时承受上下左右等各方向的负荷，专利的回流系统及精简化的结构设计让 HIWIN 的线性导轨有更平顺且低噪声的运动。

新的导轨系统使机床可获得快速进给速度，在主轴转速相同的情况下，快速进给是直线导轨的特点。直线导轨和平面导轨一样，有两个基本元件；一个作为导向的为固定元件，另一个是移动元件。由于直线导轨是标准部件，对机床制造厂来说，唯一要做的只是加工一个安装导轨的平面和校调导轨的平衡度。当然，为了保证机床的精度，床身或立柱少量的刮研是必不可少的，在多数情况下，安装是比较简单的。

作为导向的导轨为淬硬钢，经精磨后安装在平面上。与平

图 3.29 直线导轨

面导轨比较，直线导轨横截面的几何形状，比平面导轨复杂，复杂的原因是导轨上需要加工沟槽，以利于滑动元件的移动，沟槽的形状和数量取决于机床要完成的功能。例如，一个既承受直线作用力，又承受颠覆力矩的导轨系统与仅承受直线作用力的导轨相比，设计上有很大的不同。

中国经济持续快速的增长，为直线导轨产品提供了巨大的市场空间，中国市场强烈的诱惑力，使得世界都把目光聚焦于中国市场，在改革开放短短几十年，中国直线导轨制造业所形成的庞大生产能力让世界刮目相看。随着中国电力工业、数据通信业、城市轨道交通业、汽车业及造船等行业规模的不断扩大，对直线导轨的需求也将迅速增长，未来直线导轨行业还有巨大的发展潜力。

资料来源：http://baike.baidu.com/view/328467.htm.

1. 直线运动导轨

直线运动导轨截面的形状主要有三角形、矩形、燕尾形和圆形，并可相互组合。每种导轨副之中还有凹、凸之分。

(1) 三角形导轨。图 3.30 所示为三角形导轨。它的导向性和精度保持性都高，当其水平布置时，在垂直载荷作用下，动导轨会自动下沉，自动补偿磨损量，不会产生间隙。三角形导轨导向性随顶角 α 的大小而变化，当导轨面的高度一定时，α 越小导向性越好，但导轨的承载面积减小，承载能力降低。若要求导轨承载能力高时，可以相应增大其顶角；若要求导向精度高时，就相应减小其顶角。但是，由于超定位、加工、检验和维修都很困难，而且当量摩擦系数也高，所以多用于精度要求较高的机床，如丝杠车床等。通常取三角形导轨顶角 α 为 90°。

(2) 矩形导轨。图 3.31 所示为矩形导轨。它具有刚度高、承载能力大、制造简单、加工、检验和维修都很方便等优点。但矩形导轨不可避免地存在间隙，因而导向性差。矩形导轨适用于载荷较大而导向要求略低的机床。

(3) 燕尾形导轨。图 3.32 所示为燕尾形导轨。它的高度较小，可以承受颠覆力矩，间隙调整方便，用一根镶条就可以调节各接触面的间隙。但是，它刚度较差，加工、检验和维修都不是很方便。这种导轨适用于受力小、导向精度要求不高、速度较低层次多、要求间隙调整方便的地方。

(4) 圆形导轨。图 3.33 所示为圆形导轨。它的制造方便，工艺性好不易积存较大的切屑，但磨损后很难调整和补偿间隙，主要用于受轴向载荷的场合。

图 3.30　三角形导轨

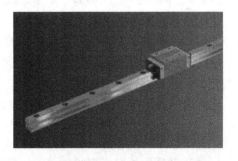

图 3.31　矩形导轨

图 3.32　燕尾形导轨

图 3.33　圆形导轨

上述导轨尺寸已经标准化，可参考有关机床标准。常用的组合形式如图 3.34 所示。

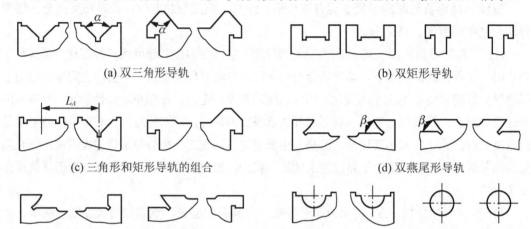

(a) 双三角形导轨　　　　　　　　　　　　(b) 双矩形导轨

(c) 三角形和矩形导轨的组合　　　　　　　(d) 双燕尾形导轨

(e) 燕尾形和矩形导轨的组合　　　　　　　(f) 双圆柱导轨

图 3.34　直线运动滑动导轨常用组合形式

(5) 图 3.34(a)所示为双三角形导轨。它的导向性和精度保持性好，但由于过定位，加工、检验和维修都比较困难，所以多用于精度要求较高的设备，如单柱坐标镗床。

(6) 图 3.34(b)所示为双矩形导轨。它的承载能力较大，但导向性稍差，多用于普通精度的设备。

(7) 图 3.34(c)所示为三角形和矩形导轨的组合。它兼有导向性好、制造方便和刚度高的优点，应用也很广泛。例如，车床、磨床、滚齿机的导轨副等。

(8) 图 3.34(d)所示为双燕尾形导轨。它是闭式导轨中接触面最少的一种结构，用一根镶条就可调节各接触面的间隙，如刨床的滑枕。

(9) 图 3.34(e)所示为矩形和燕尾形导轨的组合。它调整方便和能承受较大力矩，多用于横梁、立柱和摇臂导轨副等。

(10) 图 3.34(f)所示为双圆柱导轨。常用于只受轴向力的场合，如攻螺纹机和机械手等。

2. 回转运动导轨

回转运动导轨的截面形状有平面、锥面和 V 形面三种，如图 3.35 所示。

图 3.35(a)所示为平面环形导轨。它具有承载能力大、结构简单、制造方便的优点，但

平面环形导轨只能承受轴向载荷。这种导轨摩擦小，精度高，适用于由主轴定心的各种回转运动导轨的设备，如齿轮加工机床。

图 3.35(b)所示为锥面环形导轨，母线倾角常取 30°，可以承受一定的径向载荷。图 3.35(c)、(d)、(e)所示皆为 V 形环面导轨，可以承受较大的径向载荷和一定的颠覆力矩。但它们的共同缺点是工艺性差，在与主轴联合使用时，既要保证导轨面的接触又要保证导轨面与主轴的同心是相当困难的，因此有被平面环形导轨取代的趋势。

回转运动导轨的直径根据下述原则选取：低速转动的圆工作台，为使其运动平稳，取环形导轨的直径接近于工作台的直径。高速转动的圆工作台，取导轨的平均直径 D' 与工作台外径之比为 0.6～0.7。

环形导轨面的宽度 B 应根据许用压力来选择，通常取 $B/D' = 0.11～0.17$，最常用的取 $B/D' = 0.13～0.14$。

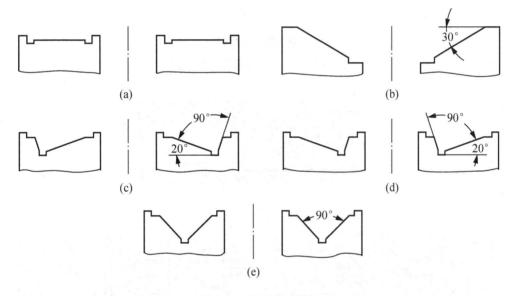

图 3.35　回转运动导轨

3. 镶装导轨

采用镶装导轨的目的，主要是提高导轨的耐磨性。有时由于结构的原因，也必须采用镶装导轨。在支承导轨上通常镶装淬硬钢块、钢板和钢带，在动导轨上镶装塑料或非金属板等。

4. 导轨间隙的调整

导轨结合面配合的松紧对机床的工作性能有相当大的影响。配合过紧不仅操作费力还会加快磨损，配合过松则将影响运动精度，甚至会产生振动。因此必须保证导轨之间具有合理的间隙，磨损后又能方便地调整。常用镶条和压板来调整导轨的间隙。

1) 镶条

镶条用来调整矩形导轨和燕尾形导轨的侧向间隙，以保证导轨面的正常接触。镶条应放在导轨受力较小的一侧。常用的有平镶条和楔形镶条两种。

平镶条如图 3.36 所示,它具有调整方便、制造容易等特点。但图中所示的平镶条较薄,只在与螺钉接触的几个点受力,容易变形,刚度低。

图 3.37 所示是楔形镶条,它的斜度为 1∶100∼1∶40。它的两个面分别与动导轨和支承导轨均匀接触,刚度高,但制造较困难。镶条越长斜度应越小,以免两端厚度相差太大。

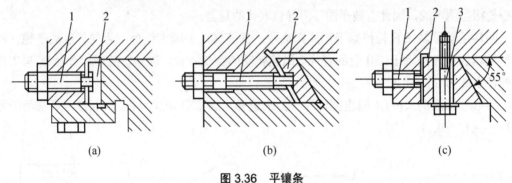

图 3.36　平镶条

1—调整螺钉;2—平镶条;3—螺钉

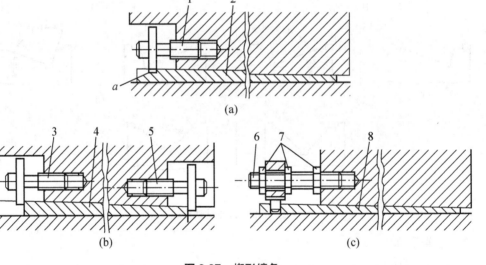

图 3.37　楔形镶条

1、3、5、6—螺钉;2、4、8—镶条;7—螺母

2) 压板

压板用于调整辅助导轨面的间隙并承受颠覆力矩,如图 3.38 所示。

图 3.38(a)所示压板,构造简单,但调整麻烦,常用于不经常调整间隙和间隙对加工影响不太大的场合。

图 3.38(b)所示压板,比刮、磨压板方便,但调整量受垫片厚度的限制,而且降低了接合面的接触刚度。

图 3.38(c)所示压板,调节很方便,只要拧动调节螺钉 6 就可以了,但刚度比前两种差,多用于经常调节间隙和受力不大的场合。

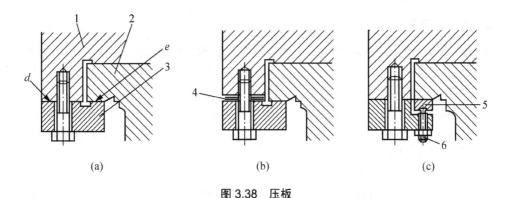

图 3.38 压板

1—导轨；2—支承导轨；3—压板；4—垫片；5—平镶条；6—螺钉

5．导轨的材料

1) 对导轨材料的要求

导轨的材料有铸铁、钢、非铁金属和塑料等。对其主要要求是耐磨性好、工艺性好和成本低。对于塑料镶装导轨的材料，还应保证：在温度升高(主运动导轨 120～150℃，进给导轨 60℃)和空气湿度增大时的尺寸稳定性；在静载压力达到 5MPa 时，不发生蠕变；塑料的线膨胀系数应与铸铁接近。

2) 常用的导轨材料

(1) 铸铁。铸铁成本低，有良好的减振性和耐磨性。

(2) 钢。采用淬火钢和氮化钢的镶装钢导轨，可大幅度提高导轨的耐磨性，但镶钢导轨工艺复杂，加工较困难，成本也较高。

(3) 非铁金属。用于镶装导轨的非铁金属板的材料主要有锡青铜和锌合金。把其镶装在动导轨上，可防止撕伤，保证运动的平稳性和提高运动精度。

(4) 塑料。镶装塑料导轨具有摩擦系数小、耐磨性好、抗撕伤能力强、低速时不易出现爬行、加工性能和化学稳定性好、工艺简单、成本低等特点，因而在各类设备的动导轨上都有应用。常用的塑料导轨有聚四氟乙烯(PTFE)导轨软带、环氧型耐磨导轨涂层、复合材料导轨板等。

3) 导轨副材料的选用

在导轨副中，为了提高耐磨性和防止擦伤，动导轨和支承导轨应尽量采用不同材料。如果采用相同的材料，也应采用不同的热处理使双方具有不同的硬度。一般说来动导轨的硬度比支承导轨的硬度低 15～45HBS 为宜。

在直线运动导轨中，长导轨用较耐磨的或硬度较高的材料制造，有以下原因：

(1) 长导轨各处使用机会难以均等，磨损不均匀，对加工的精度影响较大。因此，长导轨的耐磨性应高一些。

(2) 长导轨面不容易刮研，选用耐磨材料制造可减小维修的劳动量。

(3) 不能完全防护的导轨都是长导轨。它露在外面，容易被刮伤。

在回转运动导轨副中，应将较软的材料用于动导轨。这是因为圆工作台导轨比底座加工方便，磨损后修理也比较方便。

导轨材料的搭配有如下几种：铸铁—铸铁、铸铁—淬火铸铁、铸铁—淬火钢、非铁金属—铸铁、塑料—铸铁、淬火钢—淬火钢等，前者为动导轨，后者为支承导轨。除铸铁导轨外，其他导轨都是镶装的。

6. 导轨的验算

导轨的设计应先参考同类型设备，初步确定导轨的结构形式和尺寸，然后再进行验算。导轨的主要失效形式为磨损，而导轨的磨损又与导轨副表面的压强有密切关系，随着压强的增加，导轨的磨损量也增加。

验算滑动导轨，现阶段只能验算导轨的压强和压强分布。压强大小直接影响导轨表面的耐磨性，压强的分布影响磨损的均匀性。通过压强分布还可以判断是否应采用压板，即导轨应是开式还是闭式的。

1) 验算滑动导轨的步骤

(1) 受力分析。导轨上所受的外力一般包括切削力、工件和夹具的重量、动导轨所在部件的重量以及牵引力。这些外力使各导轨面产生支反力和支反力矩。牵引力、支反力和支反力矩都是未知力，一般可用静力平衡方程式求出。当出现超静定时，可根据接触变形的条件建立附加方程式求各力。首先建立外力矩方程式，然后依次求牵引力、支反力和支反力矩。

(2) 计算导轨的压强。求出各力后，每个导轨上都归结为一个支反力和支反力矩。根据支反力可求出的平均压强，加入支反力矩的影响，可求出导轨的最大压强。

(3) 按许用强度判断导轨设计是否可行。

(4) 根据压强分布情况，判断是否需用压板。

2) 导轨压强的分布

当导轨本身的变形远小于导轨面间的接触变形时，可只考虑接触变形对压强分布的影响。这时沿导轨长度上的接触变形和压强，都可视为按线性分布，在宽度上可视为均布。每个导轨面上所受的载荷都可以简化为一个集中力 F 和一个颠覆力矩 M 的作用，如图 3.39 所示。

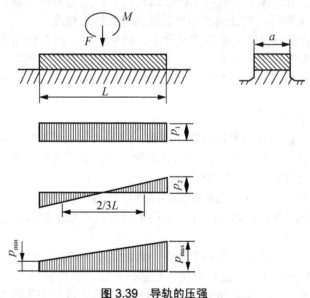

图 3.39　导轨的压强

由 F 和 M 在动导轨上引起的压强为

$$P_F = \frac{F}{aL} \tag{3-1}$$

由此

$$M=\frac{1}{2}P_M\times\frac{aL}{2}\times\frac{2}{3}L=\frac{P_MaL^2}{6} \tag{3-2}$$

所以

$$P_M=\frac{6M}{aL^2} \tag{3-3}$$

式中　F——导轨所受的集中力，单位为 N；

　　　M——导轨所受的颠覆力矩，单位为 N·mm；

　　　P_M——由颠覆力矩 M 引起的最大压强，单位为 MPa；

　　　P_F——由集中力 F 引起的压强，单位为 MPa；

　　　a——导轨宽度，单位为 mm；

　　　L——动导轨的长度，单位为 mm。

导轨所受最大、最小和平均压强分别为

$$P_{\max}=P_F+P_M=\frac{F}{aL}\left(1+\frac{6M}{FL}\right) \tag{3-4}$$

$$P_{\min}=P_F-P_M=\frac{F}{aL}\left(1-\frac{6M}{FL}\right) \tag{3-5}$$

$$P_{平均}=\frac{1}{2}(P_{\max}+P_{\min})=\frac{F}{aL} \tag{3-6}$$

从以上式子可以看出：

当 $\frac{6M}{FL}=0$，即 $M=0$ 时，$P=P_{\max}=P_{\min}=P_{平均}$，压强按矩形分布，这时导轨的受力情况最好，但这种情况几乎不存在。

当 $\frac{6M}{FL}\neq0$，即 $M\neq0$ 时，由于颠覆力矩的作用，使导轨的压强不按矩形分布，它的合力作用点偏离导轨的中心。

当 $\frac{6M}{FL}<1$，即 $\frac{M}{FL}<\frac{1}{6}$ 时，$P_{\min}>0$，$P_{\max}<2P_{平均}$，压强按梯形分布，设计时应尽可能保证这种情况。

当 $\frac{6M}{FL}=1$，即 $\frac{M}{FL}=\frac{1}{6}$ 时，$P_{\min}=0$，$P_{\max}=2P_{平均}$，压强按三角形分布，压强相差虽然较大，但仍可使导轨面在全长上接触，是一种临界状态。

当 $\frac{6M}{FL}\leqslant\frac{1}{6}$ 时，均可采用无压板的开式导轨。

当 $\frac{6M}{FL}>1$，即 $\frac{M}{FL}>\frac{1}{6}$ 时，主导轨面上将有一段长度出现不接触。这时必须装置压板，形成辅助导轨面。

　　3) 导轨的许用压强

导轨的压强是影响导轨耐磨性的主要因素之一。设计导轨时，如压强取得过大，则会加剧导轨的磨损；若取得过小，又会增大导轨的尺寸。因此，应根据具体情况适当地选择压强的许用值，见表 3-2。

在设计时，只需保证导轨面上的平均压强 P 值不超过许用值 $[p]$，而最大压强也必然不

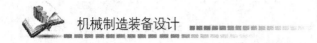

会超过许用的最大压强。

$$P = \frac{F}{A} \leq [p] \tag{3-7}$$

式中　F——作用在导轨面上的压力，单位为 N；

　　　A——导轨副的接触面积，单位为 m^2；

　　　$[p]$——许用压强，见表 3-2。

表 3-2　铸铁导轨的许用压强

导轨种类			平均压强/MPa	最大压强/MPa
直线运动导轨	主运动导轨和滑动速度大的进给运动导轨	中型设备	0.4～0.5	0.8～1.0
		重型设备	0.2～0.3	0.4～0.6
	滑动速度低的进给运动导轨	中型设备	1.2～1.5	2.5～3.0
		重型设备	0.5	1.0～1.5
		磨床	0.025～0.04	0.05～0.08
主运动和滑动速度较大的回转运动导轨，D 为导轨直径		$D<3000mm$	0.4	
		$D>3000mm$	0.2～0.3	
		环状	0.15	

3.3.4　滚动导轨

在两导轨之间放置滚珠、滚柱或滚针等滚动体，使导轨面之间的摩擦具有滚动摩擦性质，这种导轨称为滚动导轨。

1. 滚动导轨的特点

(1) 运动灵敏度高，牵引力小，移动轻便。

(2) 定位精度高。

(3) 磨损小，精度保持性好。

(4) 润滑系统简单，维修方便。

(5) 抗振性较差，一般滚动体和导轨须用淬火钢制成，对防护要求也较高。

(6) 导向精度低。

(7) 结构复杂，制造困难，成本较高。

2. 滚动导轨结构形式

按滚动体的类型，滚动导轨可分为滚珠、滚柱、滚针等形式。

1) 滚珠导轨

滚珠导轨结构紧凑、制造容易、成本较低，但由于接触面积小，刚度低，因而承载能力较小。滚珠导轨适用于运动部件质量不大(小于 200kg)，切削力和颠覆力矩都较小的机床。

2) 滚柱导轨

滚柱导轨的承载能力和刚度都比滚珠导轨大，它适用于载荷较大的机床，是应用最广泛的一种滚动导轨。

3) 滚针导轨

滚针导轨比滚柱导轨的长径比大，因此滚针导轨的尺寸小，结构紧凑，用在尺寸受限制的地方。

3. 滚动导轨预紧

预紧可以提高滚动导轨的刚度，一般来说有预紧的滚动导轨比没有预紧的滚动导轨相比，刚度可以提高 3 倍以上。

对于整体型的直线滚动导轨副，可由制造厂通过选配不同直径钢球的办法来决定间隙或预紧。机床厂可根据要求的预紧订货，不需自己调整。对于分离型的直线导轨副应由用户根据要求，按规定的间隙进行调整。

预紧的办法一般有两种。

1) 采用过盈配合

随着过盈量 δ 的增加，一方面导轨的接触刚度开始急剧增加，到一定值之后，刚度的增加就慢下来了；另一方面，牵引力也在增加，开始时牵引力增加不大，当 δ 超过一定值后，牵引力便急剧增加。

2) 采用调整元件

采用调整元件的调整原理和调整方法与滑动导轨调整间隙的办法相同。它们分别采用调整斜镶条和调节螺钉的办法进行预紧。

4. 滚动体的尺寸和数目

滚动体的直径、长度和数目，可根据滚动导轨的结构进行选择，然后按许用载荷进行验算，选择时应考虑下列因素。

(1) 滚动体的直径越大，滚动摩擦系数越小，滚动导轨的摩擦阻力也越小，接触应力越小，刚度越高。滚动体直径过小不仅摩擦阻力加大，而且会产生滑动现象。因此，在结构不受限制时，滚动体直径越大越好，一般滚珠直径不小于 6mm。滚柱长度过长会引起载荷不均匀，一般取 25～40mm，长径比取 1.5～2。尽可能不选滚针导轨，若结构限制必须使用滚针时，直径不得小于 4mm。同时，滚动体的直径要求一致，允许误差在 0.5μm 之内。

(2) 对滚动体进行承载能力验算时，若不能满足要求，可加大滚动体直径或增加滚动体数目。对滚珠导轨，优先加大滚珠直径，因直径的平方与承载能力成正比。对于滚柱，加大直径和增加数目是等效的。

(3) 滚动体的数量也应选择适当。滚动体数量过少，则导轨制造误差将明显地影响滚动导轨移动精度，通常每个导轨上每排滚子数量最少为 13 个(为计算方便，可取奇数)。但滚动体数量过多，虽然接触应力会减小，但由于制造误差，会使部分滚动体不参加工作，载荷分布不均匀，刚度反而下降。较为合理的数量推荐按下式选取

$$Z_{柱} \leqslant \frac{F}{4l} \tag{3-8}$$

$$Z_{珠} \leqslant \frac{F}{0.95\sqrt{d}} \tag{3-9}$$

式中　$Z_{柱}$、$Z_{珠}$——滚柱和滚珠的数目；

　　　　F——每一导轨上所分担的载荷，单位为 N；

　　　　l——滚柱长度，单位为 mm；

　　　　d——滚珠直径，单位为 mm。

在滚柱导轨中，增加滚柱的长度可降低接触面上的压力和提高刚度，但随着滚柱长度增加，由于滚柱圆柱误差引起的载荷不均匀分布也在增加，到了一定长度后，刚度提高就不大了。若强度不足，可增加滚子直径和数目，对于铸铁导轨，由于可刮研，加工误差较

小，滚柱的长径比可大一些。

5. 滚动体许用载荷计算

滚动体许用载荷的计算是按接触应力对导轨面的静强度计算的。假定在接触面上无塑性变形，一个滚动体上的许用载荷可按下式计算：

对于滚柱导轨

$$[p] = Kld\zeta \tag{3-10}$$

对于滚珠导轨

$$[p] = Kd^2\zeta \tag{3-11}$$

式中　　d——滚柱或滚珠直径，单位为 mm；

　　　　l——滚柱长度，单位为 mm；

　　　　K——滚动体截面上的当量许用应力，单位为 N/cm^2，其值见表 3-3；

　　　　ζ——导轨硬度的校正系数，其值见表 3-4。

表 3-3　当量许用应力值 K

导轨种类	钢导轨 60 HRC			铸铁导轨
	渗碳或淬火	高频淬火	氮化	
滚珠导轨	60	50	40	2
短滚珠导轨	2000	1800	1500	200
长滚珠导轨	1500	1300	1000	150

说明：1. 导轨及滚动体制造精度高时，可根据表选取 K 值；

　　　2. 导轨的制造精度不太高时，K 值应减小 30%～40%；

　　　3. 导轨的制造精度很高时，或对很短的导轨，K 值可加大 50%。

表 3-4　导轨硬度的校正系数 ζ

铸铁导轨硬度	ζ	淬硬钢导轨硬度	ζ
170～180HBS	0.75	50HRC	0.52
200～220HBS	1	55HRC	0.7
230HBS	1.2	57HRC	0.8
		60HRC	1

当作用在一个滚动体上的工作载荷 p_{max} 小于许用载荷 $[p]$ 时，静强度合格。若验算不合格，应重新选择 Z、d、l，直到满足 $p_{max} \leqslant [p]$。

3.3.5　静压导轨简介

在导轨的油腔中通入具有一定压强的润滑油以后，就能使动导轨微微抬起，在导轨面间充满润滑油所形成的油膜，使导轨处于纯液体摩擦状态。这就是静压导轨。

与其他导轨相比，液体静压导轨具有以下特点：

(1) 静压油膜使导轨面分开，导轨在起动和停止阶段没有磨损，精度保持性好。

(2) 静压导轨的油膜较厚，有均化误差的作用，可以提高精度。

(3) 摩擦系数很小，大大降低了传动功率，减小了摩擦发热。

(4) 低速移动准确、均匀，运动平稳性好。

(5) 与滚动导轨相比,静压的油膜具有吸振的能力。

静压导轨的缺点:①结构比较复杂;②增加了一套液压设备;③调整比较麻烦。

静压导轨按结构形式分类,有开式静压导轨和闭式静压导轨;按供油情况分类有定压式静压导轨和定量式静压导轨。

定压式静压导轨可以用固定节流器,也可以用可变节流器。定压开式静压导轨,压力油经节流器进入导轨的各个油腔,使运动部件浮起,导轨面被油膜隔开,油腔中的油不断地通过封油边而流回油箱。当动导轨受到外载荷作用向下产生一个位移时,导轨间隙变小,增加了回油阻力,使油腔中的油压升高,以平衡外载荷。

定量式静压导轨要保证流进油腔的润滑油的流量为定值。因此,每一油腔都需有一定量的泵供油。为了简化机构,常用多联齿轮泵。导轨间隙随载荷的变化而变化,由于流量不变,油腔内的压强将随之变化。当导轨间隙随外载荷的增大而变小时,油压上升,载荷得到平衡。载荷的变化只会引起很小的间隙变化,因而能得到较高的油膜刚度。定量式静压导轨需要多个油泵,每个油泵流量很小,但结构复杂。

习　题

3-1 推力支承位置配置形式有哪些?

3-2 滚动轴承有哪些优缺点?

3-3 支承件应满足的基本要求有哪些?

3-4 导轨应满足哪些要求?

3-5 导轨常用什么方法调整间隙?

3-6 直线运动导轨有几种结构形式?各有何优缺点?

第 4 章
夹 具 设 计

 本章教学要点

知识要点	掌握程度	相关知识
机床夹具设计	掌握夹具的基本结构、六点定位原理; 熟悉夹具定位方式及定位元件; 了解定位误差分析	正确定位与自由度的关系; 各种定位元件的应用
工件的夹紧设计	掌握夹紧装置的组成及基本要求; 熟悉典型机床的夹紧装置	夹紧装置结构设计; 夹紧力的确定
典型机床的夹具	熟悉车床、铣床、磨床及钻床等夹具	各类机床夹具的功用和分类

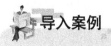导入案例

机床夹具的发展史

我国国内的夹具生产始于 20 世纪 60 年代，当时建立了面向机械行业的天津组合夹具厂和面向航空工业的保定向阳机械厂，后来又建立了数个生产组合夹具元件的工厂。在当时曾达到全国年产组合夹具元件 800 万件的水平。20 世纪 80 年代以后，两厂又各自独立开发了适合数控机床、加工中心的孔系组合夹具系统，不仅满足了我国国内的需求，还出口到美国等国家。当前我国每年尚需进口不少数控机床、加工中心，而由国外配套孔系夹具，价格非常昂贵，现大都由国内配套，节约了大量外汇。

从国际上看俄国、德国和美国是组合夹具的主要生产国。当前国际上的夹具企业均为中小企业，专用夹具、可调整夹具主要接受本地区和国内订货，而通用性强的组合夹具已逐步成为国际贸易中的一个品种。有关夹具和组合夹具的产值和贸易额尚缺乏统计资料，但欧美市场上一套用于加工中心的夹具往往价格很高，而组合夹具的大型基础件尤其昂贵。由于我国在组合夹具技术上有历史的积累和性能价格比的优势，随着我国加入 WTO 和制造业全球一体化的趋势，特别是电子商务的日益发展，其中蕴藏着很大的商机，具有进一步扩大出口的良好前景。

研究协会的统计表明，目前中、小批多品种生产的工件品种已占工件种类总数的 85%左右。现代生产要求企业所制造的产品品种经常更新换代，以适应市场的需求与竞争。然而，一般企业都仍习惯于大量采用传统的专用夹具，一般具有中等生产能力的工厂里约拥有数千甚至近万套专用夹具；另一方面，在多品种生产的企业中，每隔 3～4 年就要更新 50%～80%的专用夹具，而夹具的实际磨损量仅为 10%～20%。特别是近年来，数控机床、加工中心、成组技术、柔性制造系统(FMS)等新加工技术的应用，对机床夹具提出了如下新的要求：

(1) 能迅速而方便地装备新产品的投产，以缩短生产准备周期，降低生产成本。

(2) 能装夹一组具有相似性特征的工件。

(3) 能适用于精密加工的高精度机床夹具。

(4) 能适用于各种现代化制造技术的新型机床夹具。

(5) 采用以液压站等为动力源的高效夹紧装置，以进一步减轻劳动强度和提高劳动生产率。

(6) 提高机床夹具的标准化程度。

资料来源：http://zhidao.baidu.com/question/395175881.html.

4.1 机床夹具基本概念

机床上用于装夹工件的装置，称为机床夹具，如图 4.1 所示。机床夹具是一种金属切削机床上实现装夹任务的工艺装备，如车床上使用的三爪自定心卡盘、铣床上使用的平口虎钳等。

图 4.1 机床夹具

4.1.1 机床夹具的功用

机床夹具是机加工必不可少的工艺装备，主要作用如下：

(1) 保证加工质量。工件各加工面间的位置度由夹具保证，不受工人技术水平的影响，使一批工件的加工精度趋于一致。

(2) 减少辅助工时，提高劳动生产率。使工件装夹迅速方便，工件不需要划线找正，可显著地减少辅助工时；工件在夹具中装夹后提高了工件的刚性，可加大切削用量；可使用多件、多工位装夹工件的夹具，并可采用高效夹紧机构，进一步提高生产率。

(3) 扩大机床的使用范围，实现一机多能。

根据加工机床的成形运动，辅以不同类型的夹具，即可扩大机床原有的工艺范围。例如，在车床的溜板上或摇臂钻床工作台上装上镗模，就可以进行箱体零件的镗孔加工。

4.1.2 机床夹具的分类

1) 按夹具的使用特点分类

(1) 通用夹具。通用夹具是指已经标准化的，在一定范围内加工不同工件的夹具，如液压三爪自定心卡盘及四爪单动卡盘等。液压三爪自定心卡盘用于回转工件的自动装卡，四爪单动卡盘则用于非回转体或偏心件的装卡。

(2) 专用夹具。专为某工件的某工序设计和制造的夹具，因为用途专一而得名。其特点是结构紧凑，操作迅速、方便、省力，可以保证较高的加工精度和生产效率，但设计制造周期较长、制造费用也较高。当产品变更时，夹具将由于无法再使用而报废，只适用于产品固定且批量较大的生产中。

(3) 通用可调夹具和成组夹具。其特点是夹具的部分元件可以更换，部分装置可以调整，以适应不同零件的加工。用于相似零件的成组加工所用的夹具，称为成组夹具。通用可调夹具与成组夹具相比，加工对象不很明确，适用范围更广一些。

(4) 组合夹具。由预先制造好的通用标准零部件经组装而成的夹具。具有以下特点：

① 组装迅速、周期短。

② 通用性强，元件和组件可反复使用。

③ 产品变更时，夹具可拆卸、清洗、重复再用。

④ 一次性投资大，夹具标准元件存放费用高。

⑤ 与专用夹具相比，其刚性差，外形尺寸大。

⑥ 主要应用领域涉及新产品试制及多品种、中小批量生产。

(5) 随行夹具。随行夹具是一种在自动线上使用的夹具。该夹具既要起到装夹工件的作用，又要与工件成为一体沿着自动线从一个工位移到下一个工位，进行不同工序的加工。

2) 按使用的机床分类

由于各类机床自身工作特点和结构形式各不相同，对所用夹具的结构也相应地提出了不同的要求。按所使用的机床不同，夹具又可分为车床夹具、铣床夹具、钻床夹具、镗床夹具、磨床夹具、齿轮机床夹具和其他机床夹具等。

3) 按夹紧动力源分类

根据夹具所采用的夹紧动力源不同，可分为手动夹具、气动夹具、液压夹具、气液夹具、电动夹具、磁力夹具、真空夹具等。

4.1.3 机床夹具的组成

机床夹具的组成，可以通过一个铣轴端槽的实例来说明，如图 4.2 所示。

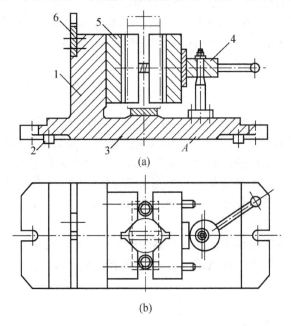

图 4.2 铣轴端槽的夹具

1—夹具体；2—定向键；3—定位支撑板；4—偏心轮；5—V 形架；6—对刀块

通过上述例子可以看出，夹具要起到应有的作用，一般来说应由以下几部分组成：

(1) 定位元件及定位装置。它与工件的定位基准确定工件在夹具中的正确位置，从而保持加工时工件相对于刀具和机床加工运动间的相对正确位置。

(2) 夹紧装置。夹紧装置的作用是将工件压紧夹牢，保证工件在加工过程中受到外力作用时不离开已经占据的正确位置。

(3) 对刀与导向元件。这些元件的作用是保证工件与刀具之间的正确位置。用于确定刀具在加工前正确位置的元件，称为对刀元件，如对刀块。用于确定刀具位置并导引刀具进行加工的元件，称为导向元件。

(4) 夹具体。用于连接或固定夹具上的各元件及装置，使其成为一个整体的基础件。

它与机床有关部件进行连接、定位，使夹具相对机床具有确定的位置。

(5) 其他元件。有些夹具根据工件的加工要求，要有分度机构，铣床夹具还要有定位键等。

以上这些组成部分，并不是对每种机床夹具都是缺一不可的，但是任何夹具都必须有定位元件和夹紧装置，它们是保证工件加工精度的关键，目的是使工件定位准确、夹紧牢固。

4.2 定位方式与定位元件

工件定位通常是使工件在夹具中占据正确的位置。夹紧是在工件定位后将其固定，使其在加工过程中保持定位位置不变的操作。用于夹紧的卡盘夹具如图 4.3 所示。定位基准是指在加工中用以定位的基准，基准是用以确定生产对象上几何要素间的几何关系所依据的点、线、面。基面：作为基准的点、线、面在工件上不一定具体存在(如孔的中心线和对称中心平面等)，其作用是由某些具体表面(如内孔圆柱面)体现的，体现基准作用的表面称为基面。

图 4.3　卡盘夹具

4.2.1 六点定位原理

任何一个自由刚体，在空间均有六个自由度，即沿空间坐标轴 X、Y、Z 三个方向的移动和绕此三坐标轴的转动，如图 4.4 所示。工件定位的实质就是限制工件的自由度。工件安装时主要紧靠机床工作台或夹具上的这六个支承点，它的六个自由度即全部被限制，工件便获得一个完全确定的位置。工件定位时，用合理分布的六个支承点与工件的定位基准相接触来限制工件的六个自由度，使工件的位置完全确定，称为"六点定位"。

在机械加工中，要完全确定工件在夹具中的正确位置，必须用六个相应的支承点来限制工件的六个自由度，称为"六点定位原理"，如图 4.5 所示。

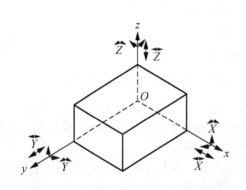

图 4.4　工件在直角坐标系中的六个自由度

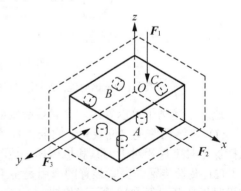

图 4.5　工件六点定位原理

在工件定位中，六点定位是工件定位的基本法则，用于实际生产时，起支承作用的是一定形状的几何体，这些用来限制工件自由度的几何体就是定位元件。任何未定位的工件在空间直角坐标系中都具有六个自由度。工件的六点定位原理是指用六个支撑点来分别限制工件的六个自由度，从而使工件在空间得到确定定位的方法。工件定位的任务就是根据加工要求限制工件的全部或部分自由度。

4.2.2 工件正确定位与自由度的关系

根据六点定位原理，定位可分为完全定位、不完全定位、欠定位及过定位。

(1) 完全定位。根据工件被加工表面的加工精度要求，有时需要将工件的六个自由度全部限制，这种定位方法称为完全定位。图 4.6 所示为几种不同工件的完全定位。

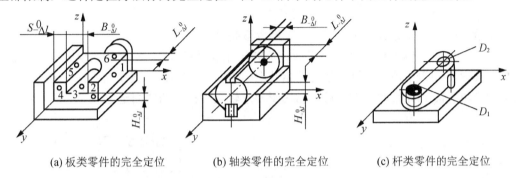

(a) 板类零件的完全定位　　(b) 轴类零件的完全定位　　(c) 杆类零件的完全定位

图 4.6　完全定位

(2) 不完全定位。根据工件被加工表面的加工精度要求，有时需要限制的自由度少于六个，这种定位方法称为不完全定位。如图 4.7 所示，在工件上加工通槽，不需要保证长度尺寸时，也不必限制此方向自由度，只要限制其他五个自由度就可以了。这种定位虽然没有完全定位，在实际夹具定位中普遍存在。

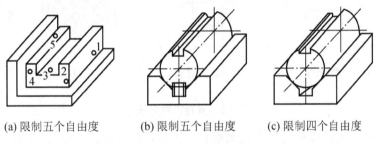

(a) 限制五个自由度　　(b) 限制五个自由度　　(c) 限制四个自由度

图 4.7　不完全定位

(3) 欠定位。根据工件被加工表面的加工精度要求，需要限制的自由度没有得到完全限制，这种定位方法称为欠定位。欠定位不能保证工件的加工精度要求，在确定工件定位方案时，欠定位时绝对不允许的。

(4) 过定位。工件的同一自由度被两个或两个以上的支撑点重复限制的定位，称为过定位。在通常情况下，应尽量避免出现过定位。

过定位可能导致定位干涉或工件装夹困难，进而导致工件或定位元件产生变形、定位误差增大，因此在定位设计中应该尽量避免过定位。常用的消除过定位的途径主要有以下两种：

① 提高工件定位基面之间及夹具定位元件工作表面之间的位置精度，以减少或消除过定位引起的干涉。

② 改变定位元件的结构，以消除被重复限制的自由度；或者改变定位方案，如圆柱销改为菱形销、长销改为短销。

4.2.3　定位方式及其定位元件

1.　工件以平面定位及其定位元件

平面定位是工件定位中应用最广的定位形式。平面定位基准根据其限制自由度的数目，分为主要支承面、导向支承面和止推支承面。限制工件的两个自由度的定位平面，称为导向支承面。限制一个自由度的平面，称为止推支承面。

常用的定位元件有下列几种：

1)　固定支承

支承的高度尺寸是固定的，使用时不能调整高度。

(1)　支承钉。图 4.8 所示为用于平面定位的几种常用支承钉，它们利用顶面对工件进行定位。其中图(a)为平顶支承钉，常用于精基准面的定位。图(b)为圆顶支承钉，多用于粗基准面的定位。图(c)为带网纹支承钉，常用于要求较大摩擦力的侧面定位。

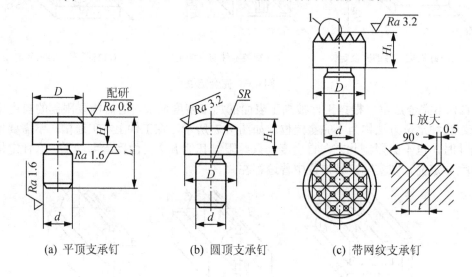

(a)　平顶支承钉　　　　(b)　圆顶支承钉　　　　(c)　带网纹支承钉

图 4.8　几种常用支承钉

(2)　支承板。支撑板有较大的接触面积，工件定位稳固。一般较大的精基准平面定位多用支撑板作为定位元件。图 4.9 是两种常用的支撑板，图(a)为平板式支承板，结构简单、紧凑，但不易清除落入沉头螺孔中的切屑，一般用于侧面定位。图(b)为斜槽式支承板，它在结构上做了改进，即在支承面上开两个斜槽为固定螺钉用，使清屑容易，适用于底面定位。长方形支承板限制两个自由度。

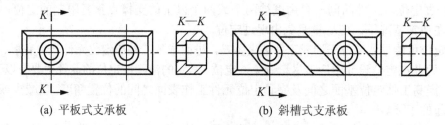

(a)　平板式支承板　　　　　　　　　(b)　斜槽式支承板

图 4.9　两种常用的支承板

支承钉、支承板的结构、尺寸均已标准化，设计时可查看有关标准手册。

2) 可调支承

可调支承的顶端位置可以在一定的范围内调整。图 4.10 所示为几种常用的可调支承典型结构。可调支承用于未加工过的平面定位，以调节补偿各批毛坯尺寸误差，一般不对每个加工工件进行调整，而是一批工件毛坯调整一次。

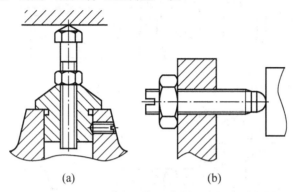

(a)　　　　(b)

图 4.10　可调支承

3) 自位支承

自位支承又称浮动支承，在定位过程中，支承本身所处的位置随工件定位基准面的变化而自动调整并与之相适应。图 4.11 是几种常见的自位支承结构，尽管每一个自位支承与工件间可能是两点或三点接触，但实质上仍然只起一个定位支承点的作用，只限制工件的一个自由度，常用于毛坯表面、断续表面、阶梯表面定位。

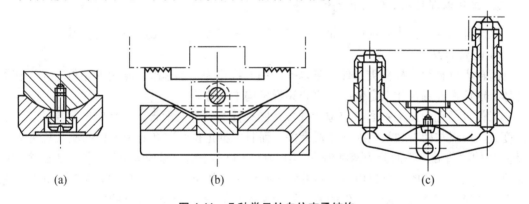

(a)　　　　(b)　　　　(c)

图 4.11　几种常见的自位支承结构

4) 辅助支承

辅助支承用来提高工件的装夹刚度和定位稳定性，不起定位作用的支承。常见的辅助支承结构如图 4.12 所示，图(a)是螺旋式辅助支承，工件定位时，支承 1 高度低于主要支承，工件定位后，必须逐个调整，以适应工件定位表面位置的变化，其结构简单，但效率低；图(b)是自位式自动调节支承，支承 1 的高度等于主要支承，当工件放在主要支承上后，支承 1 被工件定位基面压下，并与工件定位基面保持接触，然后锁紧。图(c)是推引式辅助支承，支承 5 的高度低于主要支承，当工件放在主要支承上后，推动手柄通过楔块的作用使支承 5 与工件定位基面接触，然后锁紧。

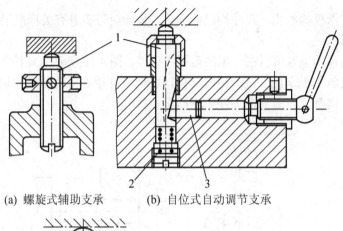

(a) 螺旋式辅助支承   (b) 自位式自动调节支承

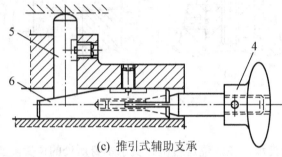

(c) 推引式辅助支承

图 4.12　辅助支承

1、5—支承；2—弹簧；3—顶柱；4—手轮；6—楔块

2. 工件以圆柱孔定位及其定位元件

以工件的圆柱孔作为定位基面，定位可靠、使用方便，在生产中广泛使用。

1) 定位方法

齿轮、气缸套、杠杆类工件，常以孔的中心线作为定位基准。常用的定位方法：在圆柱体上定位；在圆锥体上定位；在定心夹紧机构中定位等。

工件以圆孔为定位基面与定位元件多是圆柱面与圆柱面配合，具体定位限制的工件自由度数，不仅与两者之间的配合性质有关，而且根据定位基准孔定位元件的配合长度 L 与直径 D 的比值 L/D 不同分为两种情形：当 L/D 为 1～1.5 时，为长销定位，相当于四个定位支承点，限制工件的四个自由度，能够确定孔的中心线位置；若 $L/D<1$，为短销定位，相当于两个定位支承点，限制工件的两个自由度，只能确定孔的中心点的位置。

2) 定位元件

工件以圆孔为定位基面，通常夹具所用的定位元件是定位销和定位心轴等。

(1) 定位销。下面对定位销进行详细介绍：

① 标准定位销：图 4.13 为固定式定位销，有圆柱销和菱形销两种类型。对于直径为 3～10mm 的小定位销，根部倒圆，可以提高其强度；销的头部带有(2～6)mm×15°的倒角，方便工件的装卸。大批量生产中，工件装卸频繁，定位销容易磨损而丧失定位精度，可采用可换式定位销(图 4.14)与衬套配合使用。

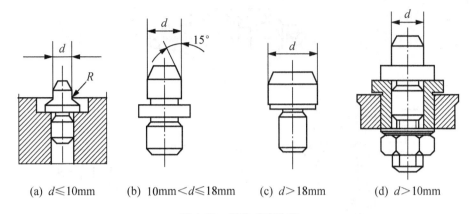

(a) $d \leqslant 10\text{mm}$ (b) $10\text{mm} < d \leqslant 18\text{mm}$ (c) $d > 18\text{mm}$ (d) $d > 10\text{mm}$

图 4.13　固定式定位销

　　标准结构定位销属于短定位销，圆柱销消除工件的两个位移自由度；菱形销消除工件的一个位移自由度。

　　② 非标准定位销：设计夹具时，可根据需要设计非标准定位销。长圆柱销消除工件的四个自由度，长菱形销消除工件的两个自由度。

　　圆锥定位销如图 4.15 所示，工件圆孔与锥销定位，圆孔与锥销的接触线是一个圆，限制工件 $\bar{X}$、$\bar{Y}$、$\bar{Z}$ 三个位移自由度，图(a)用于精基准，图(b)用于粗基准。根据需要可以设计菱形锥销，消除工件两个位移自由度。如图(c)所示，工件以底面安放在定位圆环的端面上，圆锥销依靠弹簧力插入定位孔中，这样消除了孔和圆锥销间的间隙，使圆锥销起到较好的定心作用，而定位圆环端面可限制工件一个自由度，避免了工件轴线倾斜。

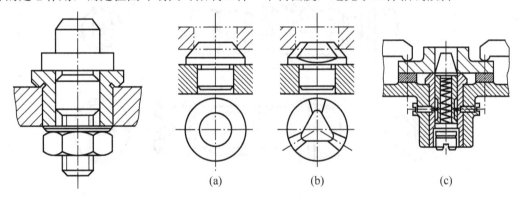

(a)　　　　　　(b)　　　　　　(c)

图 4.14　可换式定位销　　　　　图 4.15　圆锥定位销

　　工件以圆孔与锥销定位能实现无间隙配合，但是单个圆锥销定位时容易倾斜，因此，圆锥销一般不单独使用。如图 4.16 所示，图(a)为圆锥与圆柱组合心轴定位；图(b)为用活动锥销与平面组合定位；图(c)为双圆锥销组合定位。

　　(2) 定位心轴(或刚性心轴)。常用的定位心轴分为圆柱心轴和锥度心轴。

　　① 圆柱心轴：常见结构形式如图 4.17 示。

　　图 4.17(a)是间隙配合心轴，其工作部分一般按 h6、g6 或 f7 制造，与工件孔的配合属于间隙配合。其特点是装卸工件方便，但定心精度不高。工件常以孔与端面组合定位，因此要求工件孔与定位端面、定位元件的圆柱面与端面之间都有较高的位置精度。切削力矩传递靠端部螺纹夹紧产生的夹紧力传递。

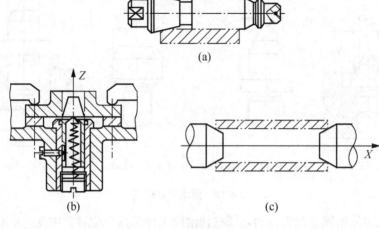

图 4.16　圆锥销组合定位

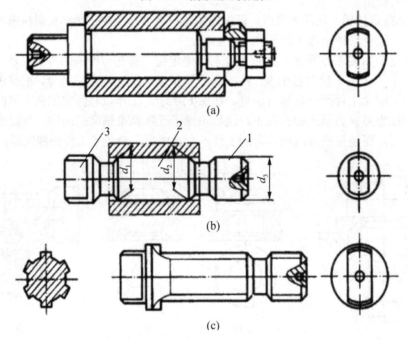

图 4.17　圆柱心轴

1—导向部分；2—工作部分；3—转动部分

图 4.17(b)是过盈配合心轴，由导向部分 1、工作部分 2 和传递部分 3 组成。其特点是结构简单、定心准确、不需要另设夹紧机构，但装卸工件不方便，易损坏工件定位孔，因此多用于定心精度高的精加工。导向部分的作用是使工件方便地装入心轴，其直径 $d_3 = D_{min}e8$，长度 $L_3 = 0.5L$，L 为工件定位孔长度。工作部分起定位作用。当 $L/D \leqslant 1$ 时，心轴工作部分应做成圆柱形，其直径 $d_1 = d_2 = D_{max}r6$；当 $L/D > 1$ 时，心轴工作部分应稍带锥度，其直径 $d_1 = D_{max}r6$；$d_2 = D_{max}h6$，D 为工件定位孔的基本尺寸，D_{min}、D_{max} 为工件定位孔的最小和最大极限尺寸。传动部分的作用是与机床传动装置相连接，传递运动。

图 4.17(c)是花键心轴，用于以花键孔定位的工件。当工件定位孔的长径比 $L/D>1$ 时，心轴工作部分应稍带锥度。设计花键心轴时，应根据工件的不同定位方式来确定心轴的结构。

② 锥度心轴：如图 4.18 所示，工件在锥度心轴上定位，并靠工件定位圆孔与心轴柱面的弹性变形夹紧工件。

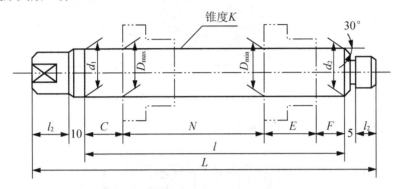

图 4.18　适合工件孔径 8～50mm 的锥度心轴

这种定位方式的定心精度较高，可达到 $\phi0.005\sim\phi0.01\mathrm{mm}$，但工件的轴向位移误差较大，适用于工件定位孔精度不低于 IT7 的精车和磨削加工，不能用于加工端面。

锥度心轴结构尺寸的确定，可参考有关标准或夹具设计手册。为保证心轴的刚度，心轴的长径比 $L/d>8$，应将工件按定位孔的公差范围分成 2～3 组，每组设计一根心轴。

此外，定位心轴还有弹性心轴、液塑心轴、定心心轴等，它们在完成工件定位的同时完成工件的夹紧，使用方便，但结构较复杂。

3. 工件以外圆柱面定位及其定位元件

1) 定位方式

以工件的外圆柱面定位有两种方式：定心定位、支承定位。

定心定位：外圆柱面是定位基面，外圆柱面的中心线是定位基准。采用各种形式的定心夹紧卡盘、弹簧夹头，以及其他形式的定位夹紧机构，实现定位和夹紧同时完成。定位套筒也常用于外圆面的定位。

外圆柱面的支承定位应用很广。常以支承或者支承板作为定位元件。定位基准为与支承接触的圆柱面的一条母线，其消除的自由度数目取决于母线的相对接触长度。半圆孔定位也是典型的一种支承定位。

图 4.19　V 形架

2) 定位元件

在夹具设计中，常用于外圆表面定位的定位元件有定位套、支承板和 V 形架等，如图 4.19 所示。各种定位套对工件外圆表面实现定心定位，支承板实现对外圆表面的支承定位，V 形架则实现对外圆表面的定心对中定位。

(1) V 形架。V 形架已标准化，如图 4.20 所示，两斜面角有 60°、90°、120°，其中 90° V 形架使用最广泛。工件外圆以 V 形架定位是最常见的定位方式之一。

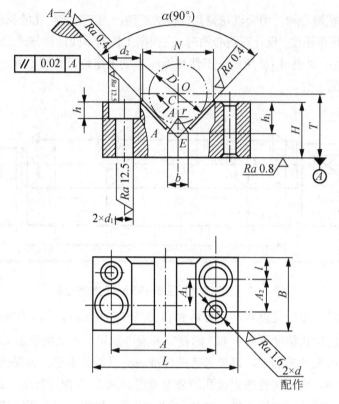

图 4.20　V 形架

　　标准 V 形架实用结构分为固定 V 形架、调整 V 形架两种形式。固定 V 形架可用于粗、精基准，如轴类工件铣键槽。长 V 形架相当于四个定位支承点，限制工件的两个位移自由度和两个旋转自由度；短 V 形架相当于两个定位支承点，限制工件的两个位移自由度。如图 4.21(a)所示，活动 V 形架在定位机构中消除工件一个位移自由度；如图 4.21(b)所示，用于定位夹紧结构中，消除工件一个位移自由度，还兼夹紧工件的作用。

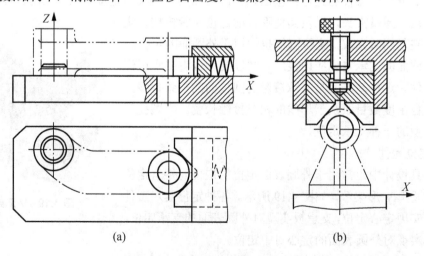

(a)　　　　　　　　　　　　　　　(b)

图 4.21　活动 V 形架的应用

使用 V 形架定位的优点是对中性好，能使工件的定位基准处在 V 形架两斜面的对称面内，可用于粗、精基准，可用于完整或局部圆柱面，活动 V 形架还可以兼作夹紧元件。根据需要 V 形架可以设计非标准结构，如图 4.22 所示，图(a)用于精基准；图(b)用于粗基准，接触面长度为 2～5mm；图(c)是镶装支承钉或支承板的结构。它们都属于长 V 形架，限制工件的四个自由度。

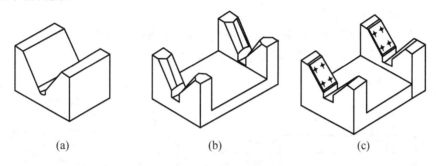

(a)   (b)   (c)

图 4.22 非标准 V 形架的结构

(2) 定位套。工件以外圆柱面作为定位基面在圆孔中定位，外圆柱面的轴线是定位基准，外圆柱面是定位基面。有圆定位套、半圆套和圆锥套三种结构形式。

图 4.23 所示为常用的几种定位套结构形式，为保证工件的轴向定位，常与端面组合定位，限制工件的五个自由度。图(a)为圆定位套结构，长套相当于四个定位支承点；短套相当于两个定位支承点，与工件的配合是间隙配合。图(b)为圆锥套的结构，相当于三个定位支承点，图(c)为半圆套结构，主要用于大型轴类工件及不便于轴向装夹的工件，定位元件是下半圆套，固定在夹具上，起定位作用，长套相当于四个定位支承点；短套相当于两个定位支承点，与工件的配合是间隙配合，上半圆套是活动的，起夹紧作用。

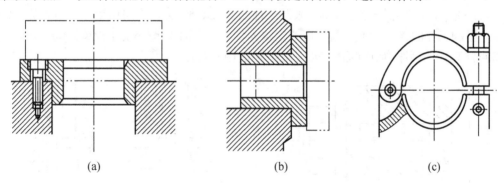

(a)   (b)   (c)

图 4.23 常用的定位套结构形式

定位套结构简单、制作容易，但定心精度不高，主要用于精基准。

3) 支承板

工件以外圆柱表面侧母线作为定位基准时，定位元件常采用支承板或平头支承钉，属于支承定位。接触长度较短时，限制工件一个自由度；接触长度较长时，限制工件两个自由度。

4. 工件以组合表面定位

通常工件多由两个或者多个表面组合起来作为定位基准使用，称为组合表面定位。例如，三个相互垂直的平面组合、一个孔与其垂直端面组合、一个平面与两个垂直平面的孔组合、两个垂直面与一个孔组合等组合情况。

以多个表面作为定位基准进行组合定位时，夹具中也有相应的定位元件组合来实现工件的定位。由于工件定位基准之间、夹具定位元件之间都存在一定的位置误差，所以必须注意定位元件的结构、尺寸和布置方式，处理好"过定位"问题。

1) 一个孔和一个端面组合

一个孔与一个端面组合定位时，孔与销或心轴定位采用间隙配合，此时应注意避免过定位，以免造成工件和定位元件的弯曲变形(图4.24)。

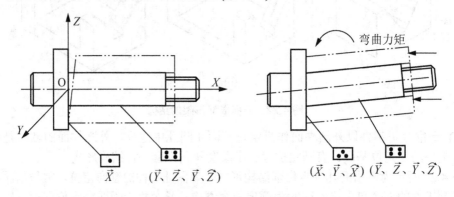

图 4.24 孔与平面的定位组合

(1) 端面为第一定位基准，限制工件的 $\hat{X}$、$\vec{Y}$、$\vec{Z}$ 三个自由度，孔中心线为第二定位基准，限制工件的 $\vec{Y}$、$\vec{Z}$ 两个自由度。定位元件是平面支承(大支承板或三个支承钉)和短圆柱销，实现五点定位(图4.25)。

(2) 孔中心线为第一定位基准，限制工件的 $\hat{Y}$、$\hat{Z}$、$\vec{Y}$、$\vec{Z}$ 四个自由度，平面为第二定位基准，限制工件的 $\vec{X}$ 一个自由度；用的定位元件为小平面支承(小支承板或浮动支承，如球面多点浮动)和长圆柱销或心轴，实现五点定位(图4.26)。

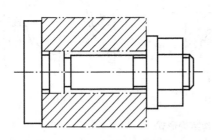

图 4.25 端面为第一定位基准

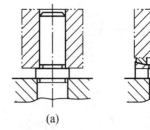

(a)   (b)

图 4.26 孔的中心线为第一定位基准

2) 一个平面和两个与平面垂直的孔组合

在加工箱体、支架、连杆和机体类工件时，常以平面和垂直于此平面的两个孔为定位基准组合起来定位，称为一面两孔定位。此时，工件上的孔可以是专为工艺的定位需要而加工的工艺孔，也可以是工件上原有的孔。

一面两孔定位，通常要求平面为第一定位基准，限制工件的 $\vec{Z}$、$\hat{X}$、$\hat{Y}$ 三个自由度，定位元件是支承板或支承钉；孔1的中心线为第二定位基准，限制工件的 $\vec{Y}$、$\vec{Z}$ 两个自由度，定位元件是短圆柱销；孔 2 的中心线为第三定位基准，限制工件的 $\hat{Z}$ 一个自由度，定位元件是短菱形销，实现六点定位(图 4.27)。

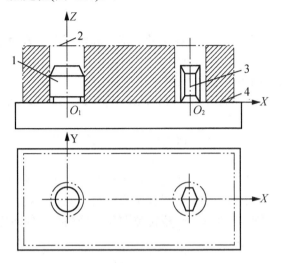

图 4.27 一面两孔定位组合定位

1—圆柱销；2—中心孔；3—削边销；4—定位平面

(1) 使用菱形销的目的。如果采用两个圆柱销与两定位孔配合定位，沿工件上两孔连心线方向的自由度 $\hat{Y}$ 被重复限制了，属于过定位。当工件的孔间距与夹具的销间距的公差之和大于工件两定位孔(D_1、D_2)与夹具两定位销(d_1、d_2)之间的配合间隙之和时，使工件顺利装卸，可采取以下措施：①减小 d_2，这种方法虽然能实现工件的顺利装卸，但增大了工件的转动误差；②采用削边销，沿垂直与两孔中心的连线方向削边，通常把削边销做成菱形销提高其强度。由于这种方法只增大连心线方向的间隙，不增大工件的转动误差，因而定位精度较高，在生产中获得广泛应用。

(2) 菱形销(削边销)的设计技术。计算的依据就是不发生干涉，把发生干涉的部分削掉。发生干涉的两种极限情况如下：

① 工件孔距 $L_{g\,min} = L - T_{L_D}/2$，销距 $L_{g\,max} = L + T_{L_D}/2$，$d_{1\,max}$、$d_{2\,max}$、$D_{1\,min}$、$D_{2\,min}$。

② 工件孔距 $L_{g\,max} = L + T_{L_D}/2$，销距 $L_{g\,min} = L - T_{L_D}/2$，$d_{1\,max}$、$d_{2\,max}$、$D_{1\,min}$、$D_{2\,min}$。

(3) "一面两孔"定位设计计算。已知工件孔距 $L_g = L + T_{L_D}/2$，孔径为 D_1、D_2。

① 确定两定位销的中心距：$L_g = L \pm \left(\dfrac{1}{5} \sim \dfrac{1}{3}\right)T_{L_D}/2$ (工件孔距化成 $L \pm T_{L_D}/2$)。

② 确定圆柱销直径 d_1：$d_1 = D_{1\,min}$g6(f 7)，定位精度要求比较高时，可按 g5 制造。

③ 确定菱形销直径 d_2：确定菱形削边宽度 b 时由 D_2 查表确定。对于修圆菱形销按 b_1 计算；计算孔 2 与销 2 的最小间隙 $X_{2\,min}$；由 $b = \dfrac{D_{2max}X_{2\,min}}{T_{L_D} + T_{L_d}}$，求得 $X_{2\,min} = \dfrac{b(T_{L_D} + T_{L_d})}{D_{2max}}$；确定菱形销直径 d_2：由 $d_{2\,max} = D_{2\,min} - X_{2\,min}$，求得 $d_{2\,max}$，$d_2 = d_{2\,max}$h6(h7)，定位精度要求比较高时，可按 h5 制造。

4.2.4 定位误差的分析与计算

1. 定位误差

工件的加工误差，指工件加工后在尺寸、形状和位置三个方面偏离理想工件的大小。它由以下三部分因素产生：

(1) 工件在夹具中的定位、夹紧误差。

(2) 夹具带着工件安装在机床上，相对机床主轴(或刀具)或运动导轨的位置误差，也称对定误差。

(3) 加工过程中误差，如机床几何精度、工艺系统的受力与受热变形、切削振动等原因引起的误差。

其中，定位误差是指工序基准在加工方向上的最大位置变动量所引起的加工误差。可见，定位误差只是工件误差的一部分。设计夹具定位方案时，要充分考虑此定位方案的定位误差的大小是否在允许的范围内。一般定位误差应控制在工件允差的 1/5～1/3 之内。

2. 产生定位误差的原因

1) 基准不重合带来的定位误差

夹具定位基准与工序基准不重合，两基准之间的位置误差会反映到被加工表面的位置上去，所产生的定位误差称为基准转换误差。

(1) 基准不重合误差 Δ_B 引起的定位误差。

在定位方案中，若工件的工序基准(通常为设计基准)与定位基准不重合，则同批工件的工序基准位置相对定位基准的最大变动量，称为基准不重合误差，以 Δ_B 表示。如图 4.28 所示，要在某工件上加工通槽，保证工序尺寸 A，B，C，定位方案如图 4.28(b)所示。在 B 方向上的定位基准为 F 面，而工序基准为 D 面。由于工序基准与定位基准不重合，当定位基准 F 的位置确定时，工序基准 D 的位置则在工序尺寸 L 的公差范围内变动，因而引起工序尺寸 B 的误差，即因为基准不重合而产生的定位误差。

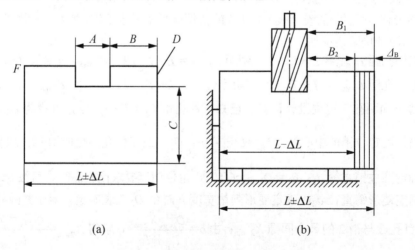

图 4.28 基准不重合引起的定位误差

当工序基准仅与一个定位基准有关时，基准不重合误差的大小一般等于定位基准到工序基准间的尺寸(简称定位尺寸)公差，所以

$$\varDelta_{\mathrm{B}}=2\varDelta L=T_L, \quad 则$$

式中　$\varDelta L$——尺寸 L 的偏差；

　　　　T_L——尺寸 L 的公差。

若 $\varDelta_{\mathrm{B}}$ 与 L 不平行，夹角为 β，则

$$\varDelta_{\mathrm{D}}=\varDelta_{\mathrm{B}}\cos\beta$$

定位尺寸有可能是某一尺寸链中的封闭环，此时应按尺寸链原则计算出尺寸的公差。

(2) V 形架定位。图 4.29 所示的圆柱表面上铣键槽，采用 V 形架定位。键槽深度有三种表示方法，以图 4.29(b) 为例分析。

假设工件轴颈 d 的中心为其尺寸公差中心时，调整夹具中对刀块位置来补偿基准转换误差，使槽底距下母线的距离满足 H_1 要求。但当工件轴颈分别为 $d+\delta/2$、$d-\delta/2$ 时，如图 4.29 所示，工件与 V 形架接触位置为 B、D 和 A、C，又带来新的基准转换误差，槽底至下母线距离分别为 H_1' 和 H_1''。定位误差为 $\varDelta_{\mathrm{H1}}=H_1''-H_1'=Q'Q''$。

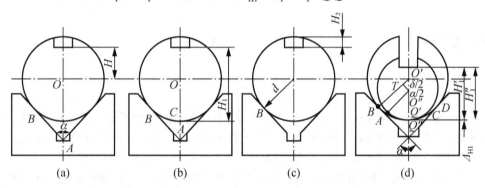

图 4.29　铣键槽的定位及尺寸标注

2) 间隙引起的定位误差

在使用心轴、销、定位套定位时，定位面与定位元件间的间隙可使工件定心不准产生定位误差。如图 4.30 所示单圆柱销与孔的定位情况，最大间隙为

$$\delta=D_{\max}-d_{\min}=\varDelta+\delta_{\mathrm{x}}+\delta_{\mathrm{g}}$$

式中　$D_{\max}$——定位孔最大直径；

　　　　$d_{\min}$——定位销最小直径；

　　　　$\varDelta$——销与孔的最小间隙；

　　　　δ_{x}——销的公差；

　　　　δ_{g}——孔的公差。

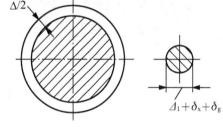

图 4.30　销定位的定位误差

由于销与孔之间有间隙，工件安装时孔中心可能偏离销中心，其偏离的最大范围是以 δ 为直径、以销中心为圆心的圆。若定位时让工件始终靠紧销的一侧，即定位为以销的一条母线为基准，工件的定位误差仅为 $\delta=\dfrac{1}{2}\delta_{\mathrm{g}}$。

3) 与夹具有关的因素产生的定位误差

这类因素基本上属于夹具设计与制造中的误差，如下：

(1) 定位基准面与定位元件表面的形状误差。

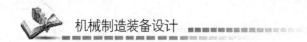

(2) 导向元件、对刀元件与定位元件间的位置误差，以及其形状误差导致产生的导向误差和对刀误差。

(3) 夹具在机床上的安装误差，即对定误差导致工件相对刀具主轴或运动方向产生的位置误差。

(4) 夹紧力使工件或夹具产生的位置误差。

(5) 定位元件与定位元件间的位置误差，以及定位元件、对刀元件、导向元件、定向元件等元件的磨损。

上述定位误差的分析计算，一般在成批生产中使用调整法加工时，需要分析计算。对于具体夹具的定位误差需要具体分析，要找出产生定位误差的各个环节及大小，然后按照极值法或概率法求出总的定位误差。概率法的思想是，确定各环节产生定位误差 δ_1、δ_2、δ_3…… 它们不一定全为极大值相加或极小值相加，它们可能互补，因此概率法计算总的定位误差为 $\delta = \sqrt{\delta_1^2 + \delta_2^2 + \delta_3^2 + \cdots}$。如果采用试切法加工，一般就不作定位误差的分析计算了。

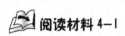

阅读材料 4-1

夹具定位误差分析

夹具定位误差分析的基本方法是基于刚体无摩擦点接触模型的运动学分析方法,这种方法的基本原理是首先根据定位接触关系建立定位矩阵,利用矩阵齐次变换建立定位点变动与工件加工特性偏差之间的关系, 然后将各种误差源转换为定位点的变动量, 最后对坐标变换结果进行解释。

数十年来, 许多学者利用定位矩阵对夹具设计的各个相关领域进行了研究, 提出了许多方法, 如利用坐标转换技术建立定位接触点位置误差、定位元件定位表面误差与工件位置误差之间关系的通用计算模型, 通过建立定位元件的误差空间和工件的定位误差空间的映射关系, 根据给定工件关键加工部位的公差要求确定定位元件的几何要求, 根据夹具公差计算定位误差。利用定位矩阵表示夹具定位精度、进行定位完整性评价、夹具设计方案修改和定位合理性检查, 以及柔性装配和测量夹具的优化。此外, 夹具误差的诊断和误差模式识别研究、多工位尺寸偏差流建模分析、夹具设计方案优化、定位边界的曲率影响分析也基于定位矩阵。

资料来源: 吴玉光, 张根源, 李春光. 夹具定位误差分析自动建模方法. 机械工程学报,
2012, 48(5): 172-179.

4.3　工件的夹紧

将工件定位后的位置固定下来称为夹紧。夹紧的目的是保持工件在定位中所获得的正确位置，使其在外力(夹紧力、切削力、离心力等)作用下，不发生移动和振动。

4.3.1　夹紧装置的组成及基本要求

1. 夹紧装置的组成

(1) 动力装置。夹紧力来源于人力或者某种动力装置。用人力对工件进行夹紧称为手动夹紧。用各种动力装置产生夹紧作用力进行夹紧称为机动夹紧。常用的动力装置有液压、气动、电磁、电动和真空装置等。

夹具设计 第4章

(2) 夹紧机构。一般夹紧元件和中间传递机构称为夹紧机构。

① 中间传递机构。它是在动力装置与夹紧元件之间，传递夹紧力的机构。其主要作用有：改变作用力的方向和大小；夹紧工件后的自锁性能，保证夹紧可靠，尤其在手动夹具中。

② 夹紧元件。它是执行元件，它直接与工件接触，最终完成夹紧任务。

图 4.31 所示是液压夹紧的铣床夹具。其中，液压缸 4、活塞 5、活塞杆 3 组成了液压动力装置，铰链臂 2 和压板 1 等组成了铰链压板夹紧机构，压板 1 是夹紧元件。

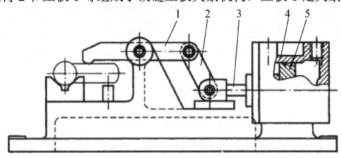

图 4.31　液压夹紧的铣床夹具

1—压板；2—铰链臂；3—活塞杆；4—液压缸；5—活塞

2. 对夹紧装置的基本要求

(1) 能保证工件定位后占据的正确位置。

(2) 夹紧力的大小要适当、稳定。既要保证工件在整个加工过程中的位置稳定不变，振动小，又要使工件不产生过大的夹紧变形。夹紧力稳定可减少夹紧误差。

(3) 夹紧装置的复杂程度与生产类型相适应。工件的生产批量越大，设计的夹紧装置的功能应越完善，工作效率越高，进而越复杂。

(4) 工艺性好，使用性好。其结构应尽量简单，便于制造和维修；尽可能使用标准夹具零部件；操作方便、安全、省力。

4.3.2　夹紧力的确定

设计夹具的夹紧机构时，所需要夹紧力的确定包括夹紧力的作用点、方向、大小三要素。

1. 夹紧力的方向

(1) 夹紧力的方向应有助于定位，不应破坏定位。只有一个夹紧力时，夹紧力应垂直于主要定位支承或使各定位支承同时受夹紧力作用。

图 4.32 所示为夹紧力的方向朝向主要定位面的实例。

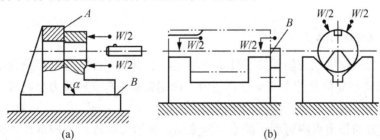

图 4.32　夹紧力的方向朝向主要定位面

111

图 4.33 所示是一力两用和使各定位基面同时受夹紧力作用的情况。图(a)所示为对第一定位基面施加 W_1，对第二定位基面施加 W_2；图(b)、(c)所示施加 W_3 代替 W_1、W_2，使两定位基面同时受到夹紧力的作用。

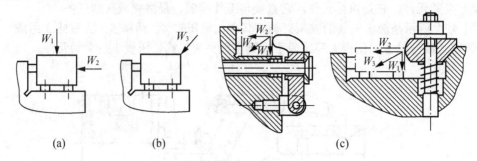

图 4.33 分别加力和一力两用

用几个夹紧力分别作用时，主要夹紧力应朝向主要定位支承面，并注意夹紧力的动作顺序。例如，三平面组合定位，$W_1 > W_2 > W_3$，W_1 是主要夹紧力，朝向主要定位支承面，应最后作用，W_2、W_3 应先作用。

(2) 夹紧力的方向应方便装夹和有利于减小夹紧力，最好与切削力、重力方向一致。图 4.34 所示夹紧力与切削力、重力的关系如下：

图(a)夹紧力 W 与重力 G、切削力 F 方向一致，可以不夹紧或用很小的夹紧力。

图(b)夹紧力 W 与切削力 F 垂直，夹紧力较小。

图(c)夹紧力 W 与切削力 F 成夹角 α，夹紧力较大。

图(d)夹紧力 W 与切削力 F、重力 G 垂直，夹紧力最大。

图(e)夹紧力 W 与切削力 F、重力 G 反向，夹紧力较大。

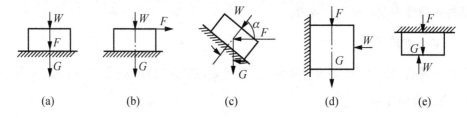

图 4.34 夹紧力与切削力、重力的关系

由上述分析可知图 4.34(a)、(b)应优先选用，图(c)、(e)次之，图(d)最差，应尽量避免使用。

2. 夹紧力的作用点

(1) 夹紧力的作用点应能保持工件定位稳定，不引起工件发生位移或偏转。为此夹紧力的作用点应落在定位元件上或支承范围内，否则夹紧力与支座反力会构成力矩，夹紧时工件将发生偏转。

(2) 夹紧力的作用点应有利于减小夹紧变形。夹紧力的作用点应落在工件刚性好的方向和部位，特别是对低刚度工件。图 4.35(a)所示薄壁套的轴向刚性比径向好，用卡爪径向夹紧，工件变形大，若沿轴向施加夹紧力，变形就会小得多；对于图(b)所示薄壁箱体，夹紧力不应作用在箱体的顶面，而应作用在刚性好的凸边上。若箱体没有凸边时，如图(c)所示，将单点夹紧改为三点夹紧，使着力点落在刚性好的箱壁上，可以减小工件的夹紧变形。减少工件的夹紧变形，可采用增大工件受力面积的措施。如设计特殊形状夹爪、压角等分散作用夹紧力，增大工件受力面积。

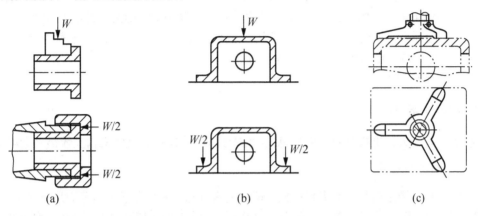

(a)   (b)   (c)

图 4.35　夹紧力作用点与夹紧变形的关系

(3) 夹紧力的作用点应尽量靠近工件加工表面，以提高定位稳定性和夹紧可靠性，减少加工中的振动。

不能满足上述要求时，如图 4.36 所示在拨叉上铣槽，由于主要夹紧力的作用点距工件加工表面较远，故在靠近加工表面处设置辅助支承，施加夹紧力 W，提高定位稳定性，承受夹紧力和切削力等。

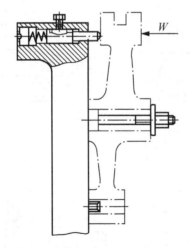

图 4.36　夹紧力作用点靠近加工表面

3. 夹紧力的大小

夹紧力的大小必须适当。过小，工件在加工过程中发生移动，破坏定位；过大，使工件和夹具产生夹紧变形，影响加工质量。

理论上，夹紧力应与工件受到的切削力、离心力、惯性力及重力等力的作用平衡；实际上，夹紧力的大小还与工艺系统的刚性、夹紧机构的传递效率等有关。切削力在加工过程中是变化的，因此夹紧力只能进行粗略的估算。

估算夹紧力时，应找出对夹紧最不利的瞬时状态，略去次要因素，考虑主要因素在力系中的影响。通常将夹具和工件看成一个刚性系统，建立切削力、夹紧力 W、重力、惯性力、离心力、支承力及摩擦力静力平衡条件，计算出理论夹紧力 W，则实际夹紧力 W 为 $W=KW$。式中 K 为安全系数，与加工性质、切削特点、夹紧力来源、刀具情况有关。一般取 $K=1.5\sim3$；粗加工时，$K=2.5\sim3$；精加工时，$K=1.5\sim2.5$。

生产中还经常用类比法确定夹紧力。

4.3.3 典型夹紧机构

常用的典型夹紧机构有斜楔夹紧机构、螺旋夹紧机构、偏心夹紧机构及铰链夹紧机构等。

1. 斜楔夹紧机构

斜楔夹紧机构是最基本的夹紧机构，螺旋夹紧机构、偏心夹紧机构等均是斜楔机构的变型。图 4.37 为几种典型的斜楔夹紧机构，图(a)是在工件上钻互相垂直的 $\phi8mm$、$\phi5mm$ 两孔，工件 3 装入后，锤击斜楔 2 大头，夹紧工件；加工完毕后，锤击斜楔小头，松开工件。可见，斜楔是利用其移动时斜面的楔紧作用所产生的压力夹紧工件的。图(b)是将斜楔与滑柱合成一种夹紧机构，一般用气压或液压驱动。图(c)是由端面斜楔与压板组合而成的夹紧机构。

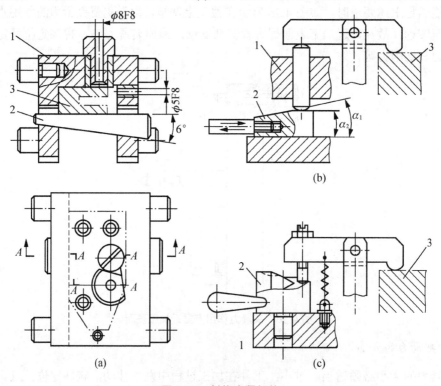

图 4.37 斜楔夹紧机构

1—夹具体；2—斜楔；3—工件

斜楔夹紧机构的优点是有一定的扩力作用,可以方便地使力方向改变90°,缺点是α较小,行程较长。

2. 螺旋夹紧机构

图4.38所示是常见的螺旋夹紧机构,由螺钉、螺母、垫圈、压板等元件组成。

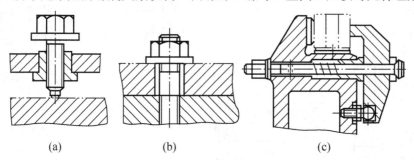

(a)   (b)   (c)

图4.38　螺旋夹紧机构

(1) 单个螺旋夹紧机构。直接用螺钉或螺母夹紧工件的机构,称为单个螺旋夹紧机构,如图4.39所示。图(a)中螺栓头直接与工件表面接触,螺栓转动时,可能损伤工件表面或带动工件旋转。为克服这一缺点,可在螺栓头部装上摆动压块。如图4.39(a)、(b)所示,A型光面压块,用于夹紧已加工表面;B型槽面压块用于夹紧毛坯面。当要求螺钉移动不转动时,可采用图(c)所示结构中采用的圆压块。

A型　　　　　B型　　　　　*K*向

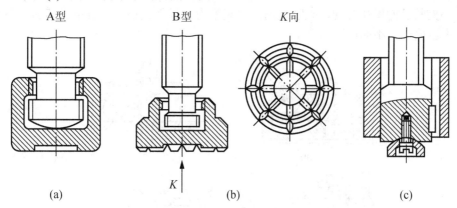

(a)　　　　　　*K*　　　　　(b)　　　　　　　　(c)

图4.39　单个螺旋夹紧机构

单个螺旋夹紧机构动作慢,装卸工件费时,常采用各种快速螺旋夹紧机构。

(2) 螺旋压板夹紧机构。常见的螺旋压板夹紧机构如图4.40所示,图(a)、(b)为移动压板;图(c)、(d)为回转压板。图4.41是螺旋钩形压板夹紧机构,其特点是结构紧凑,使用方便。当钩形压板妨碍工件装卸时,自动回转钩形压板避免了手转动钩形压板的麻烦。

螺旋夹紧机构具有结构简单、制造容易、自锁性能好、夹紧可靠等优点,是手动夹紧中常用的一种夹紧机构。

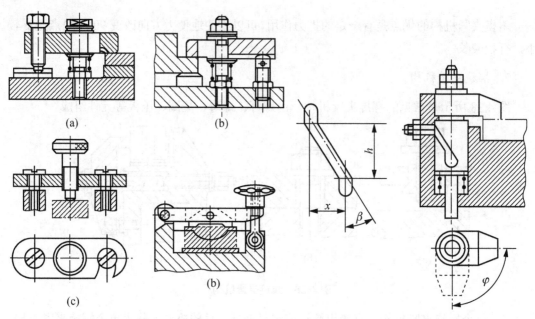

图 4.40　螺旋压板夹紧机构　　　　　图 4.41　螺旋钩形压板夹紧机构

3. 偏心夹紧机构

用偏心件直接或间接夹紧工件的机构，称为偏心夹紧机构。常用的偏心件是圆偏心轮和偏心轴。图 4.42 是常见的偏心夹紧机构，图(a)、(b)是圆偏心轮；图(c)是偏心轴；图(d)是偏心叉。

偏心夹紧机构操作方便、夹紧迅速，但夹紧力和行程较小，一般用于切削力不大、振动小、夹压面公差小的情况。

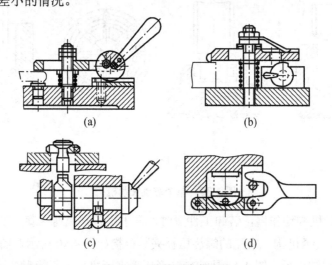

图 4.42　圆偏心夹紧机构

4. 铰链夹紧机构

图 4.43 所示是常用的铰链夹紧机构的三种基本结构，图(a)为单臂铰链夹紧机构；图(b)为双臂单作用铰链夹紧机构，图(c)为双臂双作用铰链夹紧机构。由气缸带动铰链及压板转动夹紧或松开工件。

铰链夹紧机构是一种增力机构，其结构简单，增力比大，摩擦损失小，但自锁性能差，常与具有自锁性能的机构组成复合夹紧机构。铰链夹紧机构适用于多点、多件夹紧，在气动、液压夹具中获得广泛应用。

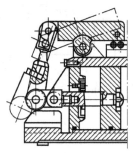
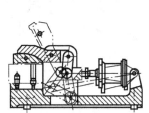
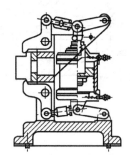

(a) 单臂铰链夹紧机构　　(b) 双臂单作用铰链夹紧机构　　(c) 双臂双作用铰链夹紧机构

图 4.43　铰链夹紧机构

5. 定心、对中夹紧机构

定心、对中夹紧机构是一种特殊夹紧机构，其定位和夹紧是同时实现的，夹具上与工件定位基准相接触的元件，既是定位元件，又是夹紧元件。定心、对中夹紧机构一般按照以下两种原理设计：

(1) 定位。夹紧元件按等速位移原理来均分工件定位面的尺寸误差，实现定心和对中。图 4.44 所示为锥面定心夹紧心轴，图 4.45 所示为螺旋定心夹紧机构。

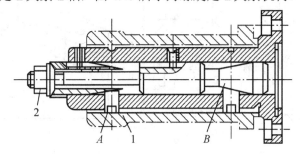

图 4.44　锥面定心夹紧心轴

1—滑块；2—螺母

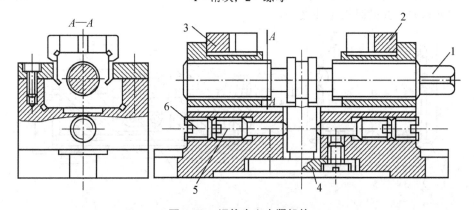

图 4.45　螺旋定心夹紧机构

1—夹紧螺杆；2、3—钳口；4—钳口定心夹；5—钳口对中调节螺钉；6—紧锁螺钉

(2) 夹紧。夹紧元件按均匀弹性变形原理实现定心夹紧，如各种弹簧心轴、弹簧夹头、液性塑料夹头等。图 4.46 所示为弹簧夹头的结构。

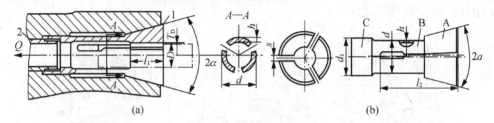

图 4.46　弹簧夹头

1—弹簧筒夹；2—操纵杆

6. 联动夹紧机构

需同时多点夹紧工件或几个工件时，为提高生产效率，可采用联动夹紧机构。

如图 4.47 所示，多点夹紧机构中有一个重要的浮动机构或浮动元件，在夹紧工件的过程中，若有一个夹紧点接触，该元件就能摆动[图(a)]或移动[图(b)]，使两个或多个夹紧点都与工件接触，直至最后均衡夹紧。图(c)为四点双向浮动夹紧机构，夹紧力分别作用在两个相互垂直的方向上，每个方向各有两个夹紧点，通过浮动元件实现对工件的夹紧，调节杠杆 L_1、L_2 的长度可以改变两个方向夹紧力的比例。

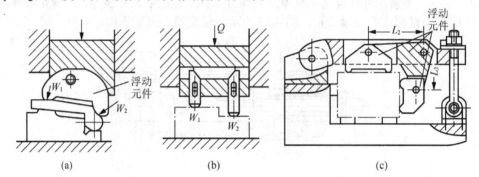

(a)　　　　　　　　　(b)　　　　　　　　　(c)

图 4.47　浮动压头和四点双向浮动夹紧机构

图 4.48 所示是常见的对向式多件夹紧机构，通过浮动夹紧机构产生两个方向相反、大小相等的夹紧力，并同时将工件夹紧。

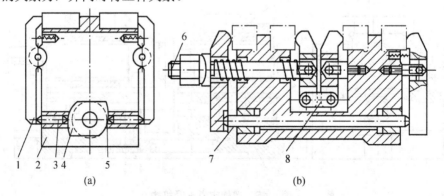

(a)　　　　　　　　　　　　　(b)

图 4.48　对向式多件夹紧机构

1—压板；2—夹具体；3—滑柱；4—偏心轮；5—水平导轨；6—螺杆；7—顶杆；8—连杆

4.4 典型机床的夹具

4.4.1 车床夹具

在车床上用来加工工件的内外回转面及端面的夹具称为车床夹具。车床夹具多数安装在车床主轴上；少数安装在车床的床鞍或床身上。

1. 车床夹具的种类

安装在车床主轴上的夹具，根据被加工工件定位基准和夹具的结构特点，分为四类：

(1) 卡盘和夹头式车床夹具，以工件外圆为定位基面，如三爪自定心卡盘及各种定心夹紧卡头等。

(2) 心轴式的车床夹具，以工件内孔为定位基面，如各种定位心轴、弹簧心轴。

图 4.49 所示为一车床上常用的带锥柄的圆柱心轴。

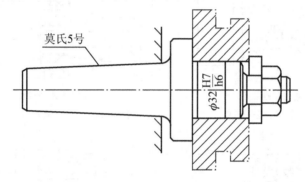

图 4.49 带锥柄的圆柱心轴

(3) 以工件顶尖孔定位的车床夹具，如顶尖、拨盘等。

(4) 角铁和花盘式夹具，以工件的不同组合表面定位。

图 4.50 为汽车门顶杆端面的角铁式车床夹具。

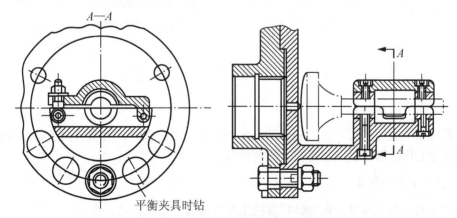

图 4.50 汽车门顶杆端面的角铁式车床夹具

2. 车床夹具设计要点

车床夹具工作时,和工件随机床主轴或花盘一起高速旋转,具有离心力和不平衡惯量。因此设计夹具时,除了保证工件达到工序精度要求外,还应着重考虑以下问题:

(1) 车床夹具的总体结构。夹具结构应力求紧凑、轮廓尺寸小、质量小。

(2) 定位装置和夹紧装置的设计。车床夹具主要用来加工回转体表面,定位装置的作用必须使工件加工表面的轴线与车床主轴的回转轴线重合。

(3) 夹具的平衡问题。车床夹具高速回转,若不平衡,就会产生离心力,不仅增加了主轴和轴承的磨损,还会产生振动,影响加工质量,降低刀具寿命。因此,设计车床夹具时,特别是角铁式、花盘式等结构不对称的车床夹具,必须采取平衡措施,以减少由离心力产生的振动和主轴、轴承的磨损。

(4) 夹具与机床的链接方式。其主要取决于夹具的结构和机床主轴前端的结构形式。图 4.51 为车床夹具与车床主轴常用的链接方式。

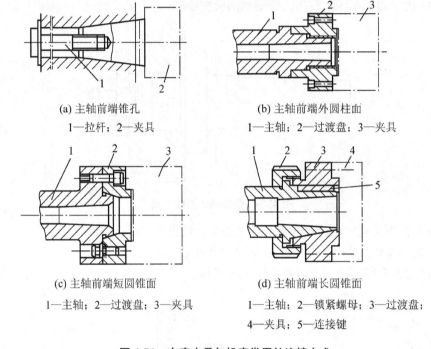

(a) 主轴前端锥孔

1—拉杆;2—夹具

(b) 主轴前端外圆柱面

1—主轴;2—过渡盘;3—夹具

(c) 主轴前端短圆锥面

1—主轴;2—过渡盘;3—夹具

(d) 主轴前端长圆锥面

1—主轴;2—锁紧螺母;3—过渡盘;

4—夹具;5—连接键

图 4.51　车床夹具与机床常用的连接方式

4.4.2　钻床夹具

在各种钻床上用来钻、扩、铰孔的机床夹具称为钻床夹具,这类夹具的特点是装有钻套和安装钻套用的钻模板,故习惯上称为钻模。

1. 钻床夹具的种类

钻床夹具的种类很多,根据钻模板的工作方式分为以下五类:

(1) 固定式钻模。这类钻模在加工过程中固定不动。夹具体上设有安放紧固螺钉或便于夹压的部位。

图 4.52 所示是在阶梯轴的大端钻孔的固定式钻模。

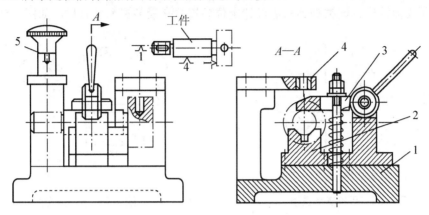

图 4.52　固定式钻模

1—夹具体；2—V 形块；3—偏心压板；4—钻套；5—手动拨销

(2) 回转式钻模。回转式钻模用于加工工件上同一圆周上的平行孔系或加工分布在同一圆周的径向孔系。

(3) 翻转式钻模。翻转式钻模是一种没有固定回转轴的回转钻模。

(4) 盖板式钻模。只有一块钻模板，在钻模板上除了装钻套外，还有定位元件和夹紧装置。

(5) 滑柱式钻模。滑柱式钻模是带升降台的通用可调夹具。

2. 钻床夹具的设计要点

设计钻模时，应根据工件的形状、尺寸、工序的加工要求、使用的设备及生产类型，合理的选用钻模的结构形式。

4.4.3　镗床夹具

镗床夹具又称镗模。它是用来加工箱体、支架等类工件上的精密孔或孔系的机床夹具。

1. 镗模的种类

根据镗套的布置形式不同，分为双支撑镗模、单支撑镗模和无支撑镗模。

(1) 双支撑镗模(图 4.53)又分为前后双支撑镗模和后双支撑镗模。

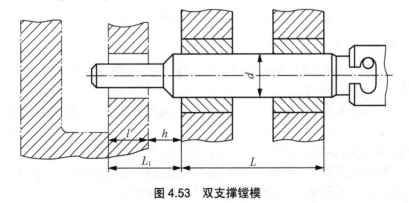

图 4.53　双支撑镗模

(2) 单支撑镗模又分为前单支撑镗模和后单支撑镗模(图 4.54)。

(3) 无支撑镗模。这类夹具只需设计定位装置、夹紧装置和夹具体，如图 4.55 所示。

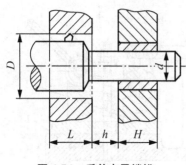

图 4.54　后单支承镗模

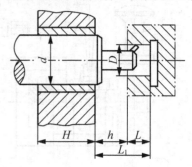

图 4.55　无支撑镗模

2. 镗模的设计要点

设计镗模时，除了定位、夹紧装置以外，主要考虑与镗刀密切相关的刀具导向装置的合理选用。

(1) 镗套。用于引导镗杆。镗套的结构形式和精度直接影响被加工孔的精度。常用的镗套有固定式镗套和回转式镗套。

(2) 镗杆。图 4.56 为用于固定镗套的镗杆导向部分结构。

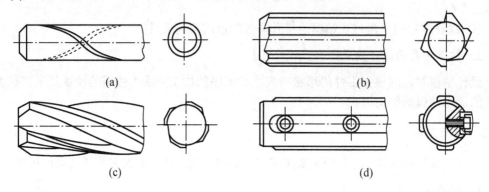

图 4.56　用于固定镗套的镗杆导向部分结构

4.4.4　铣床夹具

铣床夹具主要用于加工平面、沟槽、缺口、花键、齿轮已经成形表面等。

1. 铣床夹具的种类

按铣削时的进给方式不同，铣床夹具可分为直线进给、圆周进给和靠模进给三种类型。

1) 直线进给式铣床夹具

直线进给式铣床夹具安装在铣床工作台上，在加工中随工作台按直线进给方式运动，如图 4.57 所示。

2) 圆周进给式铣床夹具

圆周进给铣床夹具多用在回转工作台或回转鼓轮铣床，依靠回转台或鼓轮的旋转将工件顺序送入铣床的加工区域，实现连续切削，如图 4.58 所示。

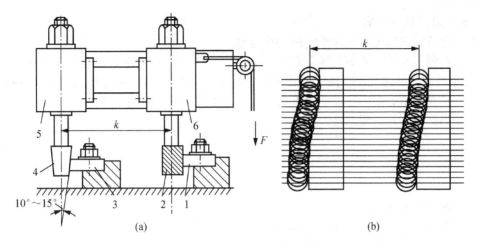

图 4.57　直线进给式铣床夹具

1—工件；2—铣刀；3—靠模；4—滚子；5—滚子滑座；6—铣刀滑座

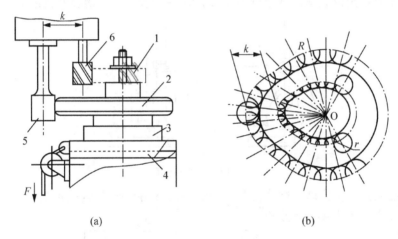

图 4.58　圆周进给式铣床夹具

1—工件；2—靠模；3—回转工作台；4—滑座；5—滚子；6—铣刀

3) 靠模进给式铣床夹具

靠模进给式铣床夹具是一种带有靠模的铣床夹具，适于在专用或通用铣床上加工各种非圆曲面。按进给运动方式可分为直线进给式和圆周进给式两种。

2. 铣床夹具的设计要点

由于切削加工时切削用量较大，且为断续切削，故切削力较大，易产生冲击和振动，所以设计铣床夹具时要求工件定位可靠，夹紧力足够大，手动夹紧时夹紧机构要有良好的自锁能力，夹具上各组成元件应具有较高的强度和刚度。铣床夹具一般有确定刀具位置和夹具方向的对刀块和定位键。

1) 定位键

为确定与机床工作台的相对位置，在夹具体底面上设置定位键。

2) 对刀装置

用于确定刀具与夹具的相对位置。一般有对刀块和塞尺。

3) 夹具的总体结构

(1) 定位方案确定，应注意定位的稳定性。

(2) 夹紧机构刚性要好，有足够的加紧力，力的作用点要尽量靠近加工表面，并夹紧在工件刚性较好的部位，以保证夹紧可靠、变形小。对于手动，夹紧机构应具有自锁性能。

(3) 夹具的重心要尽可能低。夹具体与机床工作台的接触面积要大。

(4) 切屑流出及清理方便。

习　题

4-1　什么是六点定位？

4-2　什么是过定位、欠定位和不完全定位？

4-3　什么是导向支承面和止推支承面？

4-4　简述夹紧装置的组成。

4-5　根据六点定位原理，试分析图 4.59 所示各定位元件所消除的自由度。

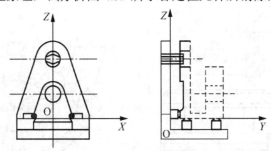

图 4.59　题 4-5 图

4-6　根据六点定位原理，试分析图 4.60(a)～(k)中各定位方案中定位元件所消除的自由度。有无过定位现象？如何改正？

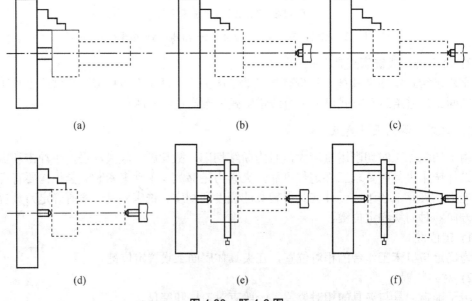

图 4.60　题 4-6 图

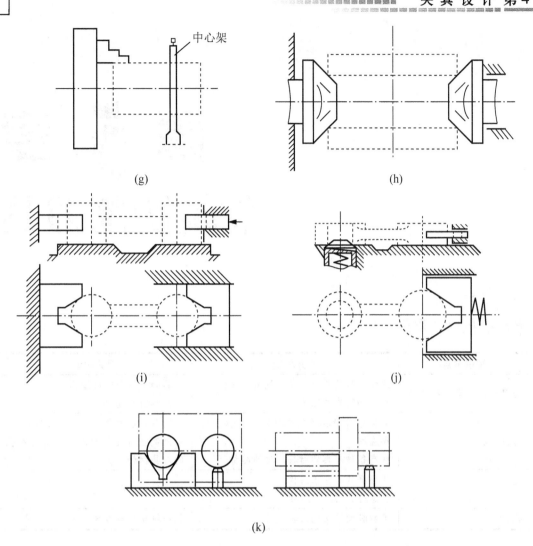

图 4.60   题 4-6 图(续)

第 **5** 章
金属切削刀具

本章教学要点

知识要点	掌握程度	相关知识
刀具的几何角度及切削	掌握刀具的几何角度、切削要素； 熟悉切削基本理论	工具的工作原理及结构； 刀具参数的选择
各种刀具	掌握各种刀具的基本结构、工作原理 和应用； 熟悉各种刀具的材料、发展趋势	不同刀具基本要求、型号及特点； 切削高硬度材料的刀具，新型发展 的刀具材料
磨具	掌握磨具的基本结构； 熟悉磨具的工作原理	磨具的功能和分类
数控刀具	了解数控机床的刀具设备	数控机床的换刀装置和工具系统

刀具的发展历程

刀具的发展在人类进步的历史上占有重要的地位。中国早在公元前 28—前 20 世纪，就已出现黄铜锥和纯铜的锥、钻、刀等铜质刀具。战国后期(公元前 3 世纪)，由于掌握了渗碳技术，制成了铜质刀具。当时的钻头和锯，与现代的扁钻和锯已有些相似之处。

然而，刀具的快速发展是在 18 世纪后期，伴随蒸汽机等机器的发展而来的。1783 年，法国的勒内首先制出铣刀。1792 年，英国的莫兹利制出丝锥和板牙。有关麻花钻的发明最早的文献记载是在 1822 年，但直到 1864 年才作为商品生产。

那时的刀具是用整体高碳工具钢制造的，许用的切削速度约为 5m/min。1868 年，英国的穆舍特制成含钨的合金工具钢。1898 年，美国的泰勒和怀特发明高速工具钢。1923 年，德国的施勒特尔发明硬质合金。在采用合金工具钢时，刀具的切削速度提高到约 8m/min，采用高速钢时，又提高两倍以上，到采用硬质合金时，又比用高速钢提高两倍以上，切削加工出的工件表面质量和尺寸精度也大大提高。

由于高速钢和硬质合金的价格比较昂贵，刀具出现焊接和机械夹固式结构。1949—1950 年间，美国开始在车刀上采用可转位刀片，不久即应用在铣刀和其他刀具上。1938 年，德国德古萨公司取得关于陶瓷刀具的专利。1972 年，美国通用电气公司生产了聚晶人造金刚石和聚晶立方氮化硼刀片。

1969 年，瑞典山特维克钢厂取得用化学气相沉积法生产碳化钛涂层硬质合金刀片的专利。1972 年，美国的邦沙和拉古兰发展了物理气相沉积法，在硬质合金或高速钢刀具表面涂覆碳化钛或氮化钛硬质层。表面涂层方法把基体材料的高强度和韧性，与表层的高硬度和耐磨性结合起来增加材料的韧性。

美、德、日等世界制造业发达的国家无一例外都是刀具工业先进的国家。先进刀具不但是推动制造技术发展进步的重要动力，还是提高产品质量、降低加工成本的重要手段。刀具与机床一直是互相制约又相互促进的。今天先进的数控机床已经成为现代制造业的主要装备，它与同步发展起来的先进刀具一起共同推动了加工技术的进步，使制造技术进入了数控加工的新时代。图 5.1 所示为各种车刀、铣刀和孔加工用刀具及刀片。

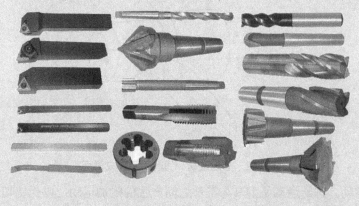

图 5.1 各种车刀、铣刀和孔加工用刀具及刀片

图 5.1   各种车刀、铣刀和孔加工用刀具及刀片(续)

资料来源：http://baike.baidu.com/view/26232.htm.

5.1   刀具的几何角度及切削要素

5.1.1   切削运动与切削用量

1. 切削运动与切削层

切削加工时，按工件与刀具的相对运动所起的作用不同，切削运动可分为主运动与进给运动。图 5.2 表示了车削运动、切削层及工件上形成的表面。

待加工表面指工件即将被切除的表面；过渡表面是工件上由切削刃正在形成的表面；已加工表面指工件上切削后形成的表面。

(1) 主运动。主运动是由机床或人力提供的主要运动，它使刀具和工件之间产生相对运动，从而使刀具前面接近工件并切除切削层。一般来说，主运动的切削速度(v_c)最高，消耗的机床功率也最大。图 5.2 中，工件旋转是主运动。

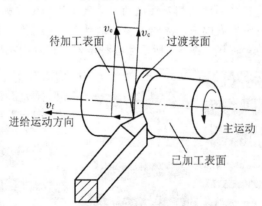

图 5.2   车削运动、切削层及形成表面

(2) 进给运动。进给运动是刀具与工件之间产生的附加运动，以保持切削连续地进行。图 5.2 中 v_f 是车外圆时纵向进给速度，它是连续的。而横向进给运动是间断的。图 5.3 是各种刀具在切削过程中的主运动和进给运动。

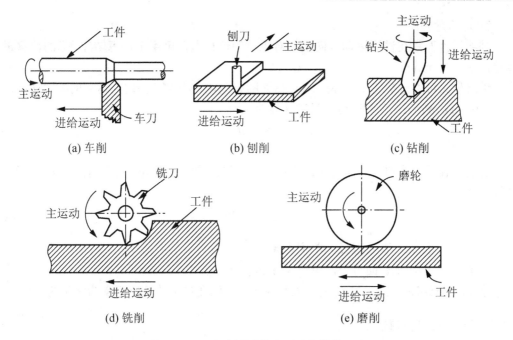

图 5.3 不同切削形式的主运动和进给运动

(3) 合成切削运动。当主运动和进给运动同时进行时，由主运动和进给运动合成的运动称为合成切削运动。刀具切削刃上选定点相对工件的瞬时合成运动方向称为合成切削运动方向，其速度称为合成切削速度。该速度方向与过渡表面相切，如图 5.2 所示。合成切削速度 v_e 等于主运动速度 v_c 和进给运动速度 v_f 的矢量和。

$$v_e = v_c + v_f \tag{5-1}$$

(4) 辅助运动。除主运动、进给运动以外，机床在加工过程中还需完成一系列其他运动，即辅助运动。辅助运动的种类很多，主要包括刀具接近工件，切入、退离工件，快速返回原点的运动；为使刀具与工件保持相对正确位置的对刀运动；多工位工作台和多工位刀架的周期换位，以及逐一加工多个相同局部表面时，工件周期换位所需的分度运动等。另外，机床的起动、停车、变速、换向，以及部件和工件的夹紧、松开等操纵控制运动，也属于辅助运动。辅助运动在整个加工过程中是必不可少的。

2. 切削用量

切削用量是用来表示切削运动、调整机床参数的参量，可用它对主运动和进给运动进行定量表述。切削用量包括切削速度 v_c、进给量 f 和背吃刀量 a_p 三个要素。

1) 切削速度 v_c

v_c 指切削刃选定点相对于工件主运动的瞬时速度，单位为 m/s 或 m/min。

车削时切削速度计算式为

$$v_c = \frac{\pi dn}{1000} = \frac{dn}{318} \tag{5-2}$$

式中　n——工件或刀具的转速，单位为 r/min；

　　　d——工件或刀具选定点旋转直径，单位为 mm。

2) 进给量 f

进给量为刀具在进给运动方向上相对工件的位移量,可用工件每转(行程)的位移量来度量,单位为 mm/r。

进给量又可用进给速度 v_f 表示,v_f 指切削刃选定点相对工件进给运动的瞬时速度,单位为 mm/s 或 m/min。车削时进给运动速度为

$$v_f = nf \tag{5-3}$$

3) 背吃刀量 a_p

已加工表面与待加工表面之间的垂直距离,称为背吃刀量(mm)。车削外圆时,背吃刀量为

$$a_p = \frac{d_w - d_m}{2} \tag{5-4}$$

式中　d_w——待加工表面直径,单位为 mm;

　　　d_m——已加工表面直径,单位是 mm。

镗孔时式(5-4)中的 d_w 与 d_m 的位置互换一下。钻孔加工的背吃刀量为钻头的半径。

5.1.2　刀具的几何参数

1. 刀具的分类

目前金属切削刀具的类型有许多,下面是几种常用的分类方法。

1) 根据工件加工表面的形式不同分类

(1) 各种外表面(平面、旋转体表面、沟槽和台阶等)加工刀具,如车刀、刨刀、铣刀、外表面拉刀和锉刀等。

(2) 孔加工刀具,如钻头、扩孔钻、铰刀、镗刀和内表面拉刀等。

(3) 螺纹加工刀具,如丝锥、板牙、自动开合螺纹切头、螺纹车刀和螺纹铣刀等。

(4) 齿轮加工刀具,如滚刀、插齿刀、剃齿刀等。

(5) 切断刀具,如镶齿圆锯片、带锯、弓锯、切断车刀和锯片铣刀等。

2) 根据切削运动方式和相应的刀刃形状分类

(1) 通用刀具,如车刀、刨刀、铣刀、镗刀、钻头、铰刀和锯等。

(2) 成形刀具,如成形车刀、成形刨刀、成形铣刀、拉刀、圆锥铰刀和螺纹加工刀具等。

(3) 展成刀具,如滚刀、插齿刀、剃齿刀等。另外还有组合刀具、涂层刀具等。

各种刀具的结构都由装夹部分和工作部分组成。整体结构刀具的装夹部分和工作部分都在刀体上;镶齿结构刀具的工作部分(刀齿或刀片)则镶装在刀体上。

3) 根据使用场合不同分类

(1) 标准通用刀具。例如,车刀中的可转位式刀具;铣刀类的圆柱平面铣刀、平面端铣刀、槽铣刀、角度铣刀;孔加工刀具中的钻头、扩孔钻、锪钻、铰刀;螺纹刀具中的丝锥、板牙、螺纹梳刀、螺纹铣刀等。

(2) 标准专用刀具,如多齿刀具类中的盘类齿轮铣刀、插齿刀、滚刀、齿刀、锥齿轮刀具等。

(3) 专用刀具,如成形车刀、成形铣刀、拉刀、蜗轮滚刀、花键滚刀等。

标准通用刀具与标准专用刀具一般由国家专门机构按标准化设计,由专业生产厂生产,

提供给用户。对标准通用刀具主要是正确选择、合理使用，对于标准专用刀具还有使用前的验算问题。

上述众多刀具又可分为单刃和多刃刀具，各种复杂刀具或多齿刀具。但是，如果拿出其中的一个刀齿，其几何形状都相当于一把车刀的刀头。为此，在确立刀具的基本定义时，通常以普通外圆车刀为基础进行讨论和研究，从而使问题得到简化。

2. 刀具的组成

任何刀具通常由刀头和刀体两部分组成，如图5.4所示。

(1) 刀头部分。即切削部分，由于切削时的工作环境很恶劣，要求根据实际情况选择相应的刀具材料，并加工成合理的几何形状。

(2) 刀体部分。刀体部分的作用除了起支撑刀头部分之外，还是被夹持和定位的部位。由于夹持和定位的形式和方法各种机床有所不同，所以不同刀具刀体部位的形状有所不同。要求刀体部分应该具有足够的强度、刚度、弹性、韧性。

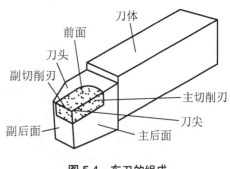

图5.4　车刀的组成

为了满足两部分不同性能的要求，并节约大量比较昂贵的刀头材料，上述两部分通常由两种材料分别按各自的形状制成。两部分的接合形式有硬钎焊和机械连接两种。

3. 刀具的切削部分

刀具投入切削工作的仅仅是靠近刀尖的一部分区域，称为刀具的切削部分。刀具的切削部分是一个实体，它像六面体的一个角，是由三个面组成的实体。这三个面相交成三个棱边和一个尖角。其中两个棱边在切削过程中担任着重要的角色，也是刀具几何形状研究的对象"三面两刃和一尖"，如图5.4所示。

(1) 前面(A_γ)是产生切削力的面，同时又是切屑接触并流过的刀面。

(2) 主后面(A_α)是与工件上的过渡表面相对的刀面。

(3) 副后面(A')是与工件上的已加工表面相对的刀面。

(4) 主切削刃(S)是前面与主后面相交的棱线。切削过程中由它产生过渡面，担任主要的切削工作。

(5) 副切削刃(S')是前面与副后面相交的棱线。切削过程中由它产生已加工面，同时修整已加工表面和协同主切削刃完成金属的切削工作。

(6) 刀尖是主切削刃与副切削刃的交点。

5.1.3　刀具角度及工作角度

1. 刀具角度

为了确定刀具前面、后面及切削刃在空间的位置，首先应建立参考系，它是一组用于定义和规定刀具角度的各基准坐标平面。用刀具前面、后面和切削刃相对各基准坐标平面的夹角来表示它们在空间的位置，这些夹角就是刀具切削部分的几何角度。用于确定刀具几何角度的参考系有两类，一类称为刀具静止参考系，是用于定义刀具在设计、制造、刃磨和测量时刀具几何参数的参考系。在刀具静止参考系中定义的角度称为刀具标注角度。另一类称为刀具工作参考系，是规定刀具进行切削加工时几何参数的参考系。该参考系考虑了切削运动和实际安装情况对刀具几何参数的影响，在这个参考系中定义和测量的刀具角度称为工作角度。

刀具静止参考系如图 5.5 所示，主要由以下基准坐标平面组成：

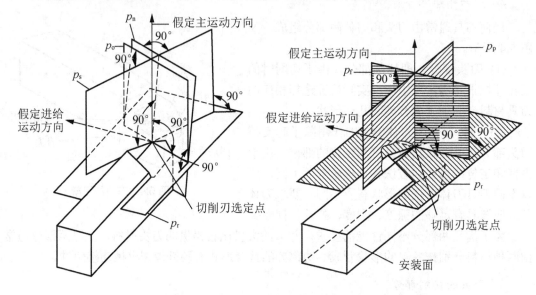

(a) 正交平面与法平面参考系　　　　(b) 假定进给平面与背平面参考系

图 5.5　刀具的静止参考系

(1) 基面 p_r。基面就是通过切削刃选定点并平行或垂直于刀具在制造、刃磨及测量时适合于安装或定位的一个平面或轴线。一般基面要垂直于假定的主运动方向。对车刀、刨刀而言，基面就是过切削刃选定点并与刀柄安装面平行的平面。对钻头、铣刀等旋转刀具来说，基面是过切削刃选定点并通过刀具轴线的平面。

(2) 切削平面 p_s。切削平面就是通过切削刃选定点、与切削刃相切并垂直于基面的平面。当切削刃为直线刃时，过切削刃选定点的切削平面，即包含切削刃并垂直于基面的平面。对应于主切削刃和副切削刃的切削平面分别称为主切削平面 p_s 和副切削平面 p_s'。

(3) 正交平面 p_o。正交平面指通过切削刃选定点并同时垂直于基面和切削平面的平面，也可看成通过切削刃选定点并垂直于切削刃在基面上投影的平面。

(4) 法平面 p_n。法平面指通过切削刃选定点并垂直于主切削刃的平面。

(5) 假定工作平面 p_f。假定工作平面是通过切削刃选定点并垂直于基面的平面，一般来说，其方位要平行于假定的进给运动方向。

(6) 背平面 p_p。背平面指通过切削刃选定点并垂直于基面和假定工作平面的平面。图 5.5 所示为刀具静止参考系中各基准坐标平面与刀具前面、后面及切削刃相互位置关系的立体图。

在设计刀具和绘制刀具图样(工作图)时，采用平面视图表示。图 5.6 以车刀为例表示各基准平面及几何角度的相互位置关系。

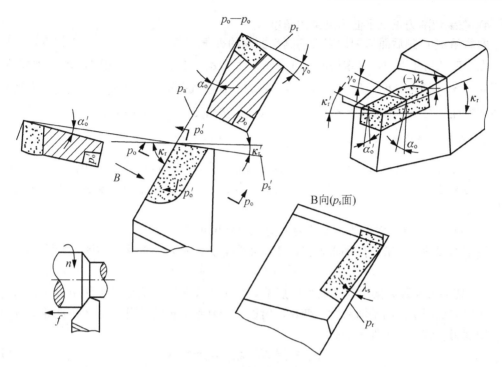

图 5.6　刀具静止参考系及其角度

1) 在主切削刃正交平面内测量的角度

(1) 前角 γ_o：前面与基面间的夹角。当前面与基面平行时，前角为零。基面在前面以内，前角为负。基面在前面以外，前角为正。

(2) 后角 α_o：后面与切削平面间的夹角。

(3) 楔角 β_o：前面与后面间的夹角。

楔角的大小将影响切削部分截面的大小，决定着切削部分的强度，它与前角和后角的关系为

$$\gamma_o + \alpha_o + \beta_o = 90° \tag{5-5}$$

2) 在基面内测量的角度

(1) 主偏角 K_r：主切削刃与进给运动方向之间的夹角。

(2) 副偏角 K_r'：副切削刃与进给运动反方向之间的夹角。

(3) 刀尖角 ε_r：主切削平面与副切削平面间的夹角。刀尖角的大小会影响刀具切削部分的强度和传热性能。它与主偏角和副偏角的关系为

$$K_r + K_r' + \varepsilon_r = 180° \tag{5-6}$$

3) 在切削平面内测量的角度

刃倾角 λ_s：主切削刃与基面间的夹角。当刀尖处于最高点时，刃倾角为正；刀尖处于最低点时，刃倾角为负；切削刃平行于底面时，刃倾角为零，如图 5.6 所示。

$\lambda_s = 0$ 的切削称为直角切削，此时主切削刃与切削速度方向垂直，切屑沿切削刃法向流出。$\lambda_s \neq 0$ 的切削称为斜角切削，此时主切削刃与切削速度方向不垂直，切屑的流向与切削刃法向倾斜了一个角度。

4) 在副切削刃正交平面内测量的角度

副后角 α_o'：副后面与副切削刃切削平面间的夹角。

上述的几何角度中，最常用的是前角 γ_o、后角 α_o、主偏角 K_r、刃倾角 λ_s、副偏角 K_r' 和副后角 α_o'，通常它们被称为基本角度。在刀具切削部分的几何角度中，上述六个基本角度能完整地表达出车刀切削部分的几何形状，反映出刀具的切削特点。

2. 刀具工作角度

切削过程中，由于刀具的安装位置、刀具与工件间相对运动情况的变化，实际起作用的角度与标注角度有所不同，称这些角度为工作角度。现在仅就刀具安装位置对角度的影响叙述如下：

(1) 刀柄中心线与进给方向不垂直时对主、副偏角的影响。

当车刀刀柄与进给方向不垂直时，主偏角和副偏角将发生变化，如图 5.7 所示。

$$K_{re} = K_r + G, \quad K_{re}' = K_r' - G \tag{5-7}$$

(2) 切削刃安装高低对前、后角的影响。切削刃安装高于或低于工作中心时，通过切削刃作出的切削平面、基面将发生变化，所以使刀具角度也随着发生变化，如图 5.8 所示。

切削刃安装高于工件中心时：

$$\gamma_{oe} = \gamma_o + N, \quad \alpha_{oe} = \alpha_o - N \tag{5-8}$$

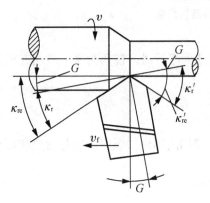

图 5.7　刀柄中心线不垂直进给方向

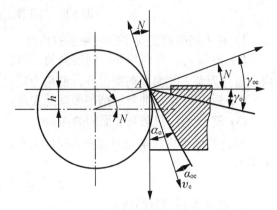

图 5.8　车刀安装高低对前角、后角的影响

5.2　切削基本理论的应用

5.2.1　工件材料的切削加工性

工件材料切削加工性指在一定的切削条件下，对工件材料进行切削加工的难易程度。由于切削加工的具体情况和要求不同，所谓难易程度就有不同内容。例如，粗加工时，要求刀具的磨损慢和加工生产率高；精加工时，则要求工件有高的加工精度和较小的表面粗糙度。显然，这两种情况下所指的切削加工难易程度是不相同的。此外，如普通机床与自动化机床，单件小批量与大批量生产，单刀切削与多刀切削等，都使衡量切削加工性的指标不相同，因此切削加工性是一个相对的概念。加工过程如图 5.9 所示。

图 5.9 切削加工过程

1. 切削加工性评定的主要指标

工件材料切削加工性可以从多方面进行评定。不同加工情况,可采用不同的指标衡量。粗加工时,通常采用刀具耐用度指标;精加工时,通常采用加工表面质量指标。

在刀具耐用度指标中以相对加工性(用 K_r 表示)使用最为方便。根据 K_r 的大小可方便地判断出材料加工的难易程度。相对加工性是以 45 钢(170~229HBS, σ_b =0.637GPa)的 V_{60} 为基准,记作$(V_{60})_j$,其他材料的 V_{60} 与之的比值称为相对加工性,用 K_r 表示,即

$$K_r = \frac{V_{60}}{(V_{60})_j} \tag{5-9}$$

常用工件材料的 K_r 见表 5-1。K_r 越大,材料加工性越好。从表 5-1 中可以看出,当 $K_r > 1$ 时该材料比 45 钢易切削;反之,该材料比 45 钢难切削,例如,正火 30 钢就比 45 钢易切削。一般把 $K_r \leqslant 0.5$ 的材料称为难加工材料,如高锰钢、不锈钢等。

表 5-1 相对切削加工性及其分级

加工等级	工件材料分类		相对切削加工性	代表性材料
1	很容易切削的材料	一般非铁材料	>3.0	5-5-5 铜铅合金、铝镁合金
2	容易切削的材料	易切钢	2.5~3.0	退火 15Cr、自动机钢
3		轻易切钢	1.6~2.5	正火 30 钢
4	普通材料	一般钢、铸铁	1.0~1.6	45 钢、灰铸铁、结构钢
5		稍难切削的材料	0.65~1.0	调质 2Cr13、85 钢
6	较难切削的材料	较难切削的材料	0.5~0.65	调质 45Cr、调质 65Mn
7		难切削材料	0.15~0.5	1Cr18Ni9Ti、调质 50CrV
8		很难切削材料	<0.15	铸铁镍基高温合金

其他指标有加工表面质量指标、切屑控制难易指标、切削温度、切削力、切削功率指标。加工表面质量指标是在相同加工条件下,比较加工后的表面质量(如表面粗糙度等)来判定切削加工性的好坏。加工表面质量越好,加工性越好。切屑控制难易指标是从切屑形状及断屑难易与否来判断材料加工性的好坏。切削温度、切削力、切削功率指标是根据切削加工时产生的切削温度的高低、切削力的大小、功率消耗的多少来评判材料加工性,这些数值越大,说明材料加工性越差。

2. 改善材料切削加工性的措施

1) 调整化学成分

在不影响工件材料性能的条件下，适当调整化学成分，以改善其切削加工性。例如，在钢中加入少量的硫、硒、铅、铋、磷等，虽略降低钢的强度，但也同时降低钢的塑性，对切削加工性有利。硫能引起钢的红脆性，但若适当提高锰的含量，则可避免；硫与锰形成的硫化锰，与铁形成的硫化铁等，质地很软，可成为切削时塑性变形区中的应力集中源，能降低切削力，使切屑易折断，减小积屑瘤的形成，减少刀具磨损；硒、铅、铋也有类似作用；磷能降低铁素体的塑性，使切屑易于折断。

2) 材料加工前进行合适的热处理

同样成分的材料，金相组织不同时，力学性能就不一样，其切削加工性就不同。因此，可通过对不同材料进行不同的热处理来改善其切削加工性。例如，低碳钢的塑性过高，通过正火处理后，细化晶粒，硬度提高，塑性降低，有利于减小刀具的粘接磨损，减小积屑瘤，改善工件表面粗糙度；高碳钢球化退火后，硬度下降，可减小刀具磨损；2Crl3 不锈钢通常要进行调质处理，降低塑性，使其变得容易加工；白口铸铁可在 950~1000℃范围内长时间退火或正火，降低表面硬度，从而改善切削性能。

3) 选择加工性好的材料状态

低碳钢经冷拉后，塑性大为下降，加工性好；锻造的坯件余量不均，且有硬皮，加工性很差，改为热轧后加工性得以改善。

4) 其他

如采用合适的刀具材料，选择合理的刀具几何参数，合理地制订切削用量与选用切削液等。等离子焰加热工件切削，就是改善加工性的一种积极措施。切削时等离子焰装置安放在工件上方，与刀具同步移动，火焰的温度达 1500℃，可根据背吃刀量 a_p 适当调整，使工件表面温度达到 1000℃左右，当背吃刀量 a_p 层软化后就被刀具切去，所以工件并不热，即不影响工件的材质。

5.2.2 切削液的选用

合理选用切削液能有效地减小切削力、降低切削温度、减小加工系统热变形、延长刀具寿命和改善已加工表面质量，此外，选用高性能切削液也是改善难加工材料切削性能的一个重要措施。实际的加工过程，如图 5.10 所示。

图 5.10　桶装切削液及其工作情况

1. 切削液作用

1) 冷却作用

切削液浇注在切削区域内，利用热传导、对流和汽化等方式，降低切削温度和减小加工系统热变形。

2) 润滑作用

切削液渗透到刀具、切屑与加工表面之间，减小了各接触面间摩擦，其中带油脂的极性分子吸附在刀具的前、后面上，形成了物理性吸附膜，若在切削液中添加了化学物质产生了化学反应后，形成了化学性吸附膜，该化学膜可在高温时减小接触面间摩擦，并减少黏结。上述吸附膜起到了减小刀具磨损和提高加工表面质量的作用。

3) 排屑和洗涤作用

在磨削、钻削、深孔加工和自动化生产中利用浇注或高压喷射方法排除切屑或引导切屑流向，并冲洗散落在机床及工具上的细屑与磨粒。

4) 防锈作用

切削液中加入防锈添加剂，使之与金属表面起化学反应形成保护膜，起到防锈、防蚀作用。

此外，切削液应具有抗泡沫性、抗霉变质性、无变质臭味、排放时不污染环境、对人体无害和使用经济性等要求。

2. 切削液的选用

切削液的使用效果除取决于切削液的性能外，还与刀具材料、加工要求、工件材料、加工方法等因素有关，应综合考虑，合理选用。

1) 依据刀具材料、加工要求选用

高速钢刀具耐热性差，粗加工时，切削用量大，切削热多，容易导致刀具磨损，应选用以冷却为主的切削液，如 3%～5%(质量分数)的乳化液或水溶液；精加工时，主要是获得较好的表面质量，可选用润滑性好的极压切削油或高质量分数极压乳化液。

硬质合金刀具可用低质量分数乳化液或水溶液，应连续、充分地浇注，以免高温下刀片冷热不均，产生热应力而导致产生裂纹、损坏等。

2) 依据工件材料选用

加工钢等塑性材料时，需用切削液。加工铸铁等脆性材料时，一般则不用，原因是作用不如钢明显，又易污染机床、工作场地。对于高强度钢、高温合金等，加工时均处于极压润滑摩擦状态，应选用极压切削油或极压乳化液。对于铜、铝及铝合金，为了得到较好的表面质量和精度，可采用 10%～20%(质量分数)的乳化液、煤油或煤油与矿物油的混合液。切削铜时不宜用含硫的切削液，因为硫会腐蚀铜。有的切削液与金属能形成超过金属本身强度的化合物，这将给切削带来相反的效果，如铝的强度低，切铝时就不宜用硫化切削油。

3) 依据加工工种选用

钻孔、攻螺纹、铰孔、拉削等，排屑方式为半封闭、封闭状态，导向部、校正部与已加工表面的摩擦也严重，对硬度高、强度大、韧性大、冷硬严重的难切削材料尤为突出，宜用乳化液、极压乳化液和极压切削油。

成形刀具、齿轮刀具等，要求保持形状、尺寸精度等，也应采用润滑性好的极压切削油或高质量分数极压切削液。

磨削加工温度很高，且细小的磨屑会破坏工件表面质量，要求切削液具有较好的冷却性能和清洗性能，常用半透明的水溶液和普通乳化液。磨削不锈钢、高温合金宜用润滑性能较好的水溶液和极压乳化液。

5.2.3 刀具几何参数的选择

刀具的几何参数是和金属的切削过程密切相连的。不同的几何参数，对于工件材料的弹性和塑性变形、切削力、切削热和切削温度、刀具磨损和耐用度及工件的加工精度和表面粗糙度等，都会产生显著的影响。刀具的几何参数对于刀具的切削性能具有决定性作用。因此，为了合理使用刀具，充分发挥刀具的切削性能，在保证加工质量的前提下，尽可能提高刀具的切削生产率，必须选择合理的刀具几何参数。

1. 前角 γ_o 的选择

前角是刀具最重要的几何角度之一。前角的存在使刀具刃口具有一定的锋利性。增大前角，可以减小切削层的变形，减小切屑与前刀面之间的摩擦，使排屑比较顺利，同时也可以使切削抗力下降，使刀具寿命下降。针对某一加工条件，客观上有个合理的前角取值。

工件材料的强度、硬度较低时，前角应取得大些，反之应取小些。加工塑性材料宜取较大的前角，加工脆性材料宜取较小的前角。刀具材料韧性好时宜取较大前角，反之应取较小的前角，如硬质合金刀具就应取比高速钢刀具较小的前角。粗加工时，为保证切削刃强度，应取小前角；精加工时，为提高表面质量，可取较大前角。工艺系统刚性较差时，应取较大前角。为减小刃形误差，成形刀具的前角应取较小值。

用硬质合金刀具加工中碳钢工件时，通常取 $\gamma_o = 10° \sim 20°$；加工灰铸铁工件时，通常取 $\gamma_o = 8° \sim 12°$。

2. 后角 α_o 的选择

后角的作用是减小刀具后刀面与工件切削表面之间的摩擦；减小刀具后刀面的磨损；提高刀具耐用度和工件表面粗糙度；后角越大、摩擦越小，刀具的摩擦减慢。但是后角太大，楔角就会减小，使刀刃强度降低，散热体积减小，刀具磨损反而加快。所以过大或过小的后角都会使磨损加剧，刀具耐用度降低。

后角的大小主要根据切削厚度来选择。粗加工时，切削厚度大，切削力大，发热多，要求刃口强度和散热能力好，这时应选取较小的后角以加强刀刃。一般粗加工时车刀的后角 $\alpha_o = 4° \sim 6°$，精加工时，切削厚度较薄，刀具磨损主要发生在后刀面上，这时为了减小后刀面的摩擦，保证加工质量，后角应取得大些。精车时，车刀的后角一般取 $\alpha_o = 6° \sim 8°$。

加工塑性大或弹性大的材料，由于工件表面的弹性恢复大，与后刀面的接触面积比较大，故应取大一些的后角，以减小摩擦。例如，加工低碳钢时，粗车取 $\alpha_o = 8° \sim 10°$，精车取 $\alpha_o = 10° \sim 12°$。

工件材料的强度、硬度较高，或断续切削时，为了保证刀刃强度，后角应选小一些。高速钢刀具的后角可比同类型的硬质合金刀具稍大些(加大 $2° \sim 3°$)。

3. 主偏角 K_r、副偏角 K_r' 的选择

减小主偏角和副偏角，可以减小已加工表面上残留面积的高度，使其表面粗糙度减小；

同时又可以提高刀尖强度，改善散热条件，提高刀具寿命；减小主偏角还可使切削厚度减小、切削宽度增加，切削刃单位长度上的负荷下降，对提高刀具寿命有利。另外，主偏角取值还影响各切削分力的大小和比例的分配。例如车外圆时，增大主偏角可使背向力 F_p 减小，进给力 F_f 增大。

工件材料硬度、强度较高时，宜取较小主偏角，以提高刀具寿命。工艺系统刚性较差时，宜取较大的主偏角；反之则宜取较小的主偏角，以提高刀具寿命。

精加工时，宜取较小的副偏角，以减小表面粗糙度；工件强度、硬度较高或刀具做断续切削时，宜取较小副偏角，以增加刀尖强度。在不会产生振动的情况下，一般刀具的副偏角均可选择较小值（ $K_r' = 5° \sim 15°$ ）。

4. 刃倾角 λ_s 的选择

改变刃倾角可以改变切屑流出方向，达到控制排屑方向的目的。负刃倾角的车刀刀头强度好，散热条件也好。增大刃倾角绝对值可使刀具的切削刃实际钝圆半径减小，切削刃变得锋利。刃倾角不为零时，切削刃是逐渐切入和切出工件的，增大刃倾角绝对值可以减小刀具受到的冲击，提高切削的平稳性。

加工中碳钢和灰铸铁工件时，粗车取 $\lambda_s = 0° \sim -5°$ ，精车取 $\lambda_s = 0° \sim +5°$ ，有冲击负荷作用时取 $\lambda_s = -5° \sim -15°$ ，冲击特别大时取 $\lambda_s = -30° \sim -45°$ ；加工高强度钢、淬硬钢时，取 $\lambda_s = -20° \sim -30°$ ；工艺系统刚性不足时，为避免背向力 F_p 过大而导致工艺系统受力变形过大，不宜采用负的刃倾角。

5.2.4 切削用量的选择

切削用量的大小对加工质量、刀具磨损、切削功率和加工成本等均有显著影响。切削用量包括背吃刀量 a_p、进给量 f（或进给速度 v_f）和切削速度 v_c（或主轴转速 n）。

1. 切削用量的选择原则

选择切削用量时，要在保证加工质量和刀具寿命的前提下，充分发挥机床性能和刀具切削性能，使切削效率最高、加工成本最低。合理选择切削用量的原则如下：

1) 粗加工时切削用量的选择原则

首先，选取尽可能大的背吃刀量；其次，要根据机床动力和刚性的限制条件等，选择尽可能大的进给量；最后，根据刀具耐用度确定最佳切削速度。

2) 精加工时切削用量的选择原则

首先，根据粗加工后的余量确定背吃刀量；其次，根据已加工表面的粗糙度要求，选取较小的进给量；最后，在保证刀具寿命的前提下，尽可能选取较高的切削速度。

粗加工时，以提高生产效率为主，但也要考虑经济性和加工成本；而半精加工和精加工时，以保证加工质量为目的，兼顾加工效率、经济性和加工成本。具体数值应根据机床说明书，参考切削用量手册，并结合实践经验而定。

2. 切削用量的选择方法

(1) 背吃刀量 a_p(mm)主要根据机床、工件和刀具的刚性决定。

在刚性允许的情况下，可以使 a_p 与工件加工余量相等，以减少走刀次数，提高加工效率。有时为了保证必要的加工精度和降低表面粗糙度，可留一定的精加工余量，最后进行一次精加工。数控机床的精加工余量可小于普通机床，一般取 0.2～0.5mm。

(2) 切削速度 v 与主轴转速 n 的关系由下式确定：

$$v = \frac{n\pi D}{1000} (\text{m/min}) \tag{5-10}$$

式中　　n——主轴转速，单位为 r/min；

　　　　D——工件或刀具直径，单位为 mm。

确定加工时的切削速度时，除了可借鉴表 5-2 所示的常用切削用量参考表外，还可查阅切削用量手册。

表 5-2　常用切削用量参考表

工件材料	加工内容	背吃刀量 a_p/mm	切削速度 v_c/(m/min)	进给量 f/(mm/r)	刀具材料
碳素钢 $R_m > 600$MPa	粗加工	5～7	60～80	0.2～0.4	YT 类
	粗加工	2～3	80～120	0.2～0.4	
	精加工	2～6	120～150	0.1～0.2	
碳素钢 $R_m > 600$MPa	钻中心孔	—	500～800	—	W18Cr4V
	钻孔		25～30	0.1～0.2	
	切断(宽度<5mm)		70～1100	0.1～0.1	YT 类
碳素钢 $R_m < 200$MPa	粗加工		50～70	0.2～0.4	YG 类
	精加工		70～100	0.1～0.2	
	切断(宽度<5mm)		50～70	0.1～0.2	

除此之外还应考虑以下几点：

(1) 应尽量避开积屑瘤产生的区域。

(2) 断续切削时，为减小冲击和热应力，要适当降低切削速度。

(3) 在易发生振动的情况下，切削速度应避开自激振动的临界速度。

(4) 加工大件、细长件和薄壁件时，应选用较低的切削速度。

(5) 加工带外皮的工件时，应适当降低切削速度。

5.3　刀具材料

为了保证机械加工顺利进行，获得高的加工精度、良好的表面质量及高的生产效率，除了要求刀具具有合理的结构和角度外，还要求刀具材料具有良好的性能。刀具材料是指刀具切削部分的材料。使刀具具有良好的性能，必须合理选用刀具材料，如图 5.11 所示。

1923 年发明的硬质合金(WC-Co)，其后因添加了 TiC、TaC 而改善了耐磨性，1969 年开发了 CVD 技术，使涂层硬质合金快速普及。自 1974 年起，开发了 TiC-TiN 系金属陶瓷。常用刀具材料的硬度和韧性如图 5.12 所示。

图 5.11　不同材料的刀具

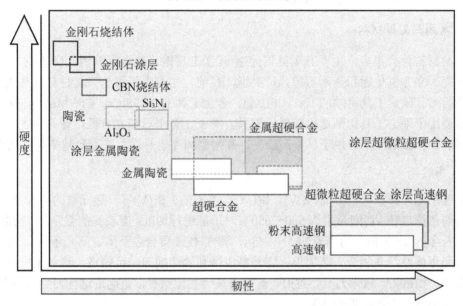

图 5.12　切削刀具材料的硬度和韧性

5.3.1　刀具材料应具备的性能

1. 高的硬度和耐磨性

硬度是刀具材料应具备的基本性能。刀具要从工件上切下切屑，其硬度必须比工件材料的硬度大。切削金属所用刀具的切削刃的硬度，常温硬度在 60HRC 以上。耐磨性表示材料抵抗磨损的能力，一般来说，刀具材料的硬度越高，耐磨性就越好。在切削过程中，刀具要经受剧烈的摩擦，很容易被磨钝。因此刀具材料必须具备良好的耐磨性。

2. 足够的强度和韧性

在切削过程中，刀具要承受很大的切削力、冲击和振动。刀具材料必须具备有足够的抗弯强度和冲击韧性。

3. 高的耐热性(热稳定性)

耐热性是衡量刀具材料切削性能的主要标志。它是指刀具材料在高温下保持硬度、耐磨性、强度和韧性的能力。刀具材料的高温硬度越高，则刀具的切削性能越好，允许的切削速度也越高。除高温硬度外，刀具材料还应具有在高温下抗氧化的能力及良好的抗黏结和抗扩散的能力，即刀具材料应具有良好的化学稳定性。

4. 良好的工艺性

为了便于制造，要求刀具材料有较好的可加工性，如切削加工性、铸造性、锻造性、热处理性等。

5. 良好的经济性

经济性是刀具材料的重要指标之一。性能良好的刀具材料，如成本和价格较低，且立足于国内资源，则有利于推广应用。

5.3.2 常用的刀具材料

刀具材料种类很多，主要有工具钢(包括碳素工具钢、合金工具钢、高速钢)、硬质合金、陶瓷、立方氮化硼和金刚石等几种类型。目前，生产中所用的刀具材料以高速钢和硬质合金居多。碳素工具钢(如 T10A、T12A)、合金工具钢(如 9SiCr、CrWMn)因耐热性差，目前主要用于手工工具切削速度较低的刀具。陶瓷、金刚石和立方氮化硼等超硬度材料目前应用的还不够广泛，但由于其有高硬度、高耐磨和高耐热性，正受到越来越多的重视。

1. 高速钢

高速钢是一种加入较多的钨(W)、钼(Mo)、铬(Cr)、钒(V)等合金元素的高合金工具钢，有较高的热稳定性，切削温度达 $500\sim650℃$ 时仍能进行切削；有较高的强度(抗弯强度为一般硬质合金的 2~3 倍，为陶瓷的 5~6 倍)、韧性(较硬质合金及陶瓷高几十倍)，具有一定的硬度和耐磨性；其制造工艺简单，容易磨成锋利的切削刃，可锻造，这对于一些形状复杂的工具，如钻头、成形刀具、拉刀、齿轮刀具等尤为重要，是制造这些刀具的主要材料。常用高速钢牌号与性能见表 5-3。

表 5-3 常用高速钢的牌号与性能

类别		牌号	常温度/HRC	抗弯强度/GPa	冲击韧性/(MJ/m²)	高温硬度600℃/HRC
通用高速钢		W18Cr4V	63~66	3~3.4	0.18~0.32	48.5
		W6Mo5Cr4V2	63~66	3.5~4	0.3~0.4	47~48
		W14Cr4Mn-Re	64~66	4	0.25	48.5
高性能高速钢	高碳	9W18Cr4V	66~68	3~3.4	0.17~0.22	51
	高钒	W12Cr4V4Mo	63~66	3.2	0.25	51
	超硬	W6Mo5Cr4V2Al	67~69	2.9~3.9	0.23~0.3	55
		W10Mo4Cr4V3Al	67~69	3.1~3.5	0.2~0.28	54
		W2Mo9Cr4VCo8	67~69	2~3.8	0.23~0.3	55

高速钢按用途分为通用型高速钢和高性能高速钢；按制造工艺分为熔炼高速钢和粉末冶金高速钢。

1) 通用型高速钢

按其化学成分，普通高速钢可分为钨系高速钢和钼(或钨钼系)系高速钢。

钨系高速钢典型牌号为 W18Cr4V(简称 W18)，含 W18%、Cr4%、V1%。其优点是：有良好的综合性能，在 600℃时其高温硬度为 48.5HRC，可以制造各种复杂刀具；淬火时过热倾向小；含钒量小，磨加工性好；碳化物含量高，塑性变形抗力大。缺点是：碳化物分布不均匀，影响薄刃刀具或小截面刀具的耐用度；强度和韧性显得不够；热塑性差，很难用作热成形方法制造的刀具(如热轧钻头)。

钼系高速钢它是将钨钢中的一部分钨以钼代替而得的一种高速钢。典型牌号为 W6Mo5Cr4V2(简称 M2)，含 W6%、Mo5%、Cr4%、V2%。其特点是：碳化物分布细小均匀，具有良好的机械性能，抗弯强度比 W18 高 10%～15%，韧性高 50%～60%，可做承受冲击力较大的刀具，热塑性特别好，更适用于制造热轧钻头等；磨削加工性也好，目前各国广为应用。

2) 高性能高速钢

高性能高速钢是在通用高速钢的基础上再增加一些含碳量、含钒量及添加钴、铝等元素。按其耐热性又称高热稳定性高速钢。在 630～650℃时仍可保持 60HRC 的硬度，具有更好的切削性能，耐用度较通用型高速钢高 1.5～3 倍，适合于加工高温合金、钛合金、超高强度钢等难加工材料。典型牌号有高碳高速钢 9W18Cr4V、高钒高速钢 W6Mo5Cr4V3、钴高速钢 W6Mo5Cr4V2C08、铝高速钢 W6Mo5Cr4V2A1、超硬高速钢 W2Mo9Cr4VC08 等。

3) 粉末冶金高速钢

粉末冶金高速钢是将熔融的高速钢液，通过高压惰性气体(氩气或氮气)雾化成细小的高速钢粉末，再将这种粉末在高温下压制成致密的钢坯，而后锻压成材或刀具形状。与熔炼高速钢比，其硬度和韧性较高，热处理变形小，磨削加工性好，材质均匀，质量稳定可靠，刀具寿命长。尤其适合制造各种精密刀具和形状复杂的刀具，如精密螺纹车刀、复杂成形刀具等。

2. 硬质合金

硬质合金是由高硬度、难熔的金属碳化物(如 WC、TiC)的粉末，用 Co、Mo、Ni 等作黏结剂，按一定比例混合，压制成形，在高温下烧结而成的粉末冶金制品。因金属碳化物有熔点高、硬度高、化学稳定性好、热稳定性好等特点，因此硬质合金的硬度、耐磨性和耐热性都很高。硬度可达 89～93HRA，在 800～1000℃还能承担切削，耐用度较高速钢高几十倍。当耐用度相同时，切削速度可提高 4～10 倍，但抗弯强度较高速钢低得多，仅为 $0.9～1.5GPa(90～150kgf/mm^2)$，冲击韧性差，切削时不能承受大的振动和冲击负荷。

硬质合金按其化学成分与使用性能可分为四类：钨钴类 YG(WC＋Co)、钨钛钴类 YT(WC＋Ti＋Co)、添加稀有金属碳化物类 YW(WC＋TiC＋TaC/NbC＋Co)及碳化钛基类等。常用的硬质合金的牌号及性能见表 5-4。

表 5-4 常用的硬质合金的牌号及性能

牌号	物理学性能			使用性能			使用范围		相当于 ISO 牌号
	硬度		抗弯强度 /GPa	耐磨	耐冲击	耐热	材料	加工性质	
	HRA	HRC							
YG3X	91	78	1.08	↑	↑	↑	铸铁、有色金属及其合金	连续切削时精加工、半精加工，不能承受冲击载荷	K05
YG6X	91	78	1.37				铸铁、冷硬铸铁、高温合金	精加工、半精加工	K10
YG6	89.5	75	1.42				铸铁、有色金属及其合金	连续切削粗加工、间断切削半精加工	K20
YG8	89	74	1.47		↓		铸铁、有色金属及其合金	间断切削粗加工	K30
YT5	89.5	75	1.37	↑	↑		碳素钢、合金钢	粗加工，可用间断切削加工	P30
YT14	90.5	77	1.25				碳素钢、合金钢	连续切削粗加工、半精加工，间断切削精加工	P20
YT15	91	78	1.13				碳素钢、合金钢	连续切削粗加工、半精加工，间断切削精加工	P10
YT30	92.5	81	0.88	↓			碳素钢、合金钢	连续切削精加工	P01
YW1	92	80	1.28	较好	较好		难加工材料	精加工、半精加工	M10
YW2	91	78	1.47	好			难加工材料	半精加工、粗加工	M20

(1) K 类硬质合金(相当于我国的 YG 类)，即 WC+Co 类硬质合金。

它由 WC 和 Co 组成。常用牌号有 YG6、YG8、YG3X、YG6X，含钴量分别为 6%、8%、3%、6%，硬度为 89～91.5HRA，抗弯强度为 1.1～1.5GPa(110～150kgf/mm^2)。组织结构有粗晶粒、中晶粒、细晶粒之分。一般(如 YG6、YG8)为中晶粒组织，细晶粒硬质合金如 YG3X、YG6X。

YG 类硬质合金主要含 WC 和 Co 元素。Co 含量低则硬度高、耐热、耐磨性好，但脆性增加。Co 含量高则抗弯强度和冲击韧性好，适合组加工。

(2) P 类硬质合金(相当于我国的 YT 类)，即 WC+TiC+Co 类硬质合金。

YT 类硬质合金的硬质点除 WC 外，还含有 5%～30%的 TiC。常用牌号有 YT5、YT14、YT15、YT30。随着合金成分中 TiC 含量的提高和 Co 含量的降低，硬度和耐磨性提高，但是冲击韧性显著降低。此类合金有较高的硬度和耐磨性，抗黏结扩散能力和抗氧化能力好，但抗弯强度、磨削性能和导热系数下降，低温脆性大，韧性差，适于高速切削钢料。

含钴量增加，抗弯强度和冲击韧性提高，此类合金适于粗加工；含钴量减少，硬度、耐磨性及耐热性增加，适于精加工。

(3) M 类硬质合金(相当于我国的 YW 类)，即 WC+TiC+TaC+Co 类硬质合金。

在 YT 类中加入 TaC(NbC)可提高其抗弯强度、疲劳强度、冲击韧性、高温硬度、高温强度和抗氧化能力、耐磨性等，既可用于加工铸铁，也可用于加工钢，因而又有通用硬质合金之称。常用的牌号有 YW1 和 YW2。

以上三类硬质合金的主要成分均为 WC，所以又称 WC 基硬质合金。

3. 涂层刀具材料

涂层刀具是在韧性较好的硬质合金体，或者高速钢基体上，涂覆一层耐磨性好的难熔金属化合物而获得的。这是解决硬质合金硬度与冲击韧性之间的矛盾的比较经济的办法，使用效果很好，近年发展很快。

常用的涂层材料有 TiC、TiN、Al_2O_3 等，其晶粒尺寸为 $0.5\,\mu m$，涂层厚度为 $5\sim10\,\mu m$。TiC 涂层呈灰色，硬度高，耐磨性好，抗氧化性好，切削时产生氧化钛膜，能减少摩擦和磨损，但较脆，不耐冲击。TiN 涂层呈黄色，硬度稍低于 TiC 涂层，高温时能产生氧化膜，与铁基材料摩擦小，抗黏结性好。Al_2O_3 在高温下具有良好的热稳定性。

4. 其他刀具材料

1) 陶瓷

有纯 Al_2O_3 陶瓷及 Al_2O_3-TiC 混合陶瓷两种，以其微粉在高温下烧结而成。其主要特点如下：

(1) 有很高的硬度(91～95HRA)和耐磨性。

(2) 有很高的耐热性，在高温 1200℃以上仍能进行切削，切削速度比硬质合金高 2～5 倍，而且高温条件下抗弯强度、韧性降低极少。

(3) 有很高的化学稳定性，与金属的亲和力小，抗黏结和抗扩散的能力好。

(4) 有较低的摩擦系数，切屑不易粘刀、不易产生积屑瘤。

(5) 主要缺点是脆性大、抗弯强度低、冲击韧性差、易崩刃，使其使用范围受到限制。陶瓷可用于加工钢、铸铁，车、铣加工也都适用。

2) 金刚石

金刚石是一种碳的同素异形体，是目前自然界中最硬的材料，天然金刚石价格昂贵，使用很少。人造金刚石是在高温、高压和其他条件配合下由石墨转化而成的。金刚石刀具[图 5.13(a)]的特点如下：

(1) 有极高的硬度和耐磨性，硬度高达 10 000HV，耐磨性好，可用于加工硬质合金、陶瓷、高硅铝合金及耐磨塑料等高硬度、高耐磨的材料，刀具耐用度比硬质合金可提高几倍到几百倍。

(2) 有较低的摩擦系数，切屑与刀具不易产生黏结，不产生积屑瘤，能进行高精度切削。

(3) 切削刃锋利，能切下极薄的切屑，加工冷硬现象较少，很适于精密加工。

(4) 有很好的导热性及较低的热膨胀系数。

(5) 主要缺点是：热稳定性差，切削温度不宜超过 800℃；强度低、脆性大、对振动敏感，只宜微量切削；不适于加工铁族金属，因为金刚石中的碳元素和铁族元素有极强的亲和力，碳元素向工件扩散，加快刀具磨损。

金刚石目前主要用于磨具和磨料，对有色金属及非金属材料进行高速精细车削及镗孔；加工铝合金、铜合金时，切削速度可达 800～3800m/min。

3) 立方氮化硼

立方氮化硼是由软的六方氮化硼(俗称白石墨)在高温高压下加入催化剂转变而成的。主要特点如下：

(1) 有很高的硬度(8000～9000HV)及耐磨性，仅次于金刚石。

(2) 有比金刚石高得多的热稳定性(1400℃)，可用来加工高温合金，但在高温时(1000℃以上)与水易起化学反应，故只宜干切削。

(3) 化学惰性大，与铁族金属直至 1300℃时也不易起化学反应，可用于加工淬硬钢及冷硬铸铁。

(4) 有良好的导热性。

(5) 有较低的摩擦系数。

它目前不仅用于磨具，也逐渐用于车、镗、铣、铰。

立方氮化硼有整体聚晶立方氮化硼和立方氮化硼复合片两种类型，如图 5.13(b)所示。整体聚晶立方氮化硼能像硬质合金一样焊接，并可多次重磨；立方氮化硼复合片，即在硬质合金基体上烧结一层厚度为 0.5mm 的立方氮化硼而成。

(a) 金刚石刀具　　　　　　　　　　(b) 立方氮化硼刀具

图 5.13　不同材料的刀具

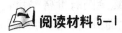 阅读材料 5-1

新型刀具材料发展现状

陶瓷刀具是 20 世纪 50～60 年代出现的，由于种种原因发展比较缓慢，到了 80 年代由于粉末技术、热等压技术、气体加压等技术的发展，开发了氮化硼陶瓷和晶须增强陶瓷及涂层氮化硅材料，改善着陶瓷的脆性和抗热振能力，也提高了耐磨性和韧性，扩大了陶瓷刀具在铸铁、淬火钢等材料的加工范围。

CBN 是一种新型的刀具材料，适用于加工 68HRC 以下的钢铁件和各种喷涂堆焊材料，完全可以实现以车代磨；修复磨具时可略去退火淬火工序；对灰铸铁可进行高速切削，获得高效率高质量。国内不少单位可供商品，前景一片光明。

PCD 刀具在汽车工业里加工硅合金和镁合金，其切削速度可达 2500～3000m/min，而且刀具寿命长达一年。到了 20 世纪 90 年代，金刚石涂层硬质合金刀具问世，替代了部分 PCD 刀具。

关于 PCD 刀具的发展前景，有人预测，如果改善其高温稳定性，将来有可能用于加工钢铁。CBN、PCD 等超硬度材料的发展，其意义不仅在于提高工作效率，而且推动以车代磨的发展，成立高效的精加工新工艺。

资料来源：http://www.doc88.com/p-60987094301.html.

5.4　各种常用刀具

5.4.1　概述

1. 刀具的作用

金属切削加工是现代机械制造工业中应用最广泛的一种加工方法，一般占机械制造总工作量的 50%以上。金属切削刀具直接参与切削过程，是从工件上切除多余金属层的重要工具。无论是普通车床，还是先进的数控机床或是加工中心，以至柔性制造系统，都必须依靠刀具才能完成各种切削过程。

根据刀具在实际工作过程中的应用，刀具的更新可以成倍的提高生产效率。例如，群钻与麻花钻相比，工效可以提高 3～5 倍，而数控机床、加工中心等先进设备效率的发挥，很大程度上取决于刀具的性能。刀具的技术是提高精度的基础，随着新兴业的发展，特种加工、精密加工等技术的出现，使加工精度已超过 0.01 μm，广泛的应用到航天、航空等领域内。

2. 刀具的分类

由于被加工的工件形状、尺寸和技术要求不同，以及使用的机床和加工方法的不同，刀具的名目繁多，形状各异，随着生产的发展还在不断创新。为了综合研究各种刀具的共同特征，以便于刀具的设计、制造和使用，把刀具系统地分类是很重要的。刀具的分类可按许多方法进行，例如，按切削部分材料来分，可分为高速钢刀具和硬质合金刀具等；按刀具结构分，可分为整体式和装配式刀具等。但是较能反映刀具共同特征的是按刀具用途和加工方法分类，如下所示。

1) 切刀

切刀是金属切削加工中应用最广的一类基本刀具，其特点是结构比较简单，只有一条连续的直线刀刃或曲线刀刃，它属于单刃刀具。切刀包括车刀、刨刀、镗刀、成形车刀及自动机床和专用机床用的切刀，而车刀最有代表性。

2) 孔加工刀具

孔加工刀具包括从实体材料上加工出孔的刀具，如钻头，以及对已有孔进行加工的刀具，如扩孔钻、铰刀等。

3) 拉刀

拉刀是一种高生产率的多齿刀具，它可用于加工各种形状的通孔，各种直槽或螺旋槽的内表面，也能加工各种平的或曲线的外表面。

4) 铣刀

铣刀可用于各种铣床上加工各种平面、台肩、沟槽，进行切断及成形表面，铣刀属于多刃刀具，它同时参加切削的刀刃总长度较长，生产效率较高。

5) 齿轮刀具

齿轮刀具是用于加工齿轮齿形的刀具。按加工齿轮的齿形可分为加工渐开线齿形的刀具和加工非渐开线齿形的刀具。这类刀具的共同特点是对齿形有严格要求。

6) 螺纹刀具

螺纹刀具用于加工内、外螺纹。它有两类：一类是利用切削加工方法来加工螺纹的刀具，如螺纹车刀、丝锥、板牙和螺纹切头等；另一类是利用金属塑性变形方法来加工螺纹的刀具，如滚丝轮、搓丝扳等。

7) 磨具

磨具是磨削加工的主要工具，它包括砂轮、砂带、油石等。用磨具加工的工件表面质量较高，是加工淬火钢和硬质合金的主要工具。

8) 锉刀

锉刀是钳工用的主要工具。

5.4.2 车刀

车刀的种类较多。按照用途分类，有外圆车刀、车槽车刀、螺纹车刀、内孔车刀，如图 5.14 所示。按结构分类，有整体车刀、焊接车刀、焊接装配式车刀、机夹车刀和可转位车刀。

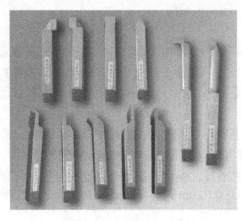

图 5.14 常用车刀的种类

1. 整体车刀

整体车刀主要是高速钢车刀，截面为正方形或矩形，可根据不同用途进行修磨，如图 5.15(a)所示。

2. 焊接车刀

焊接车刀是在普通的碳钢刀柄上镶焊硬质合金刀片，经过刃磨而成的，如图 5.15(b)所示。其优点是结构简单、制造方便、使用灵活，并且可以根据需要进行刃磨，故得到广泛的应用。其缺点是工艺性较差，刀片在焊接和刃磨时会产生内应力，容易引起裂纹；刀柄不能重复使用；刀具互换性较差。

3. 机夹车刀

机夹车刀是用机械加固的方法将硬质合金刀片装在刀柄上的车刀。机夹重磨式车刀刀片磨损后可以卸下重磨刀刃，然后再安装使用。与焊接式相比，刀柄可以重复使用多次，并且可以避免因焊接而引起的刀片裂纹、崩刃和硬度降低等缺点，提高了刀具寿命。如图 5.15(c)所示，它是用螺钉和压板从刀片的上面将刀片加紧，并用可调节螺钉适当调整切削刃的位置，需要时可在压板前段焊上硬质合金作为断屑器。

4. 可转位车刀

可转位车刀是使用可转位刀片的机夹车刀。可转位车刀由刀杆、刀片、刀垫和夹紧元件组成，如图 5.15(d)所示。与普通机夹车刀的不同点在于刀片为多边形，多边形刀片上压制出卷屑槽，用机械夹紧在刀柄上。切削刃用钝后不需要重磨，只要松开夹紧装置，将刀片转过一个位置，重新夹紧后便可以重新使用，当全部刀刃都用钝后可换相同规格的新刀片。

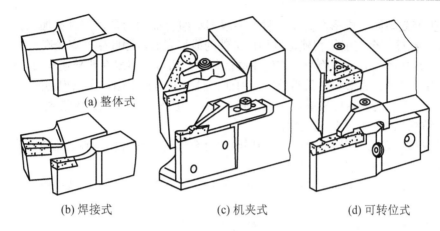

(a) 整体式

(b) 焊接式　　　　　　　　(c) 机夹式　　　　　　　　(d) 可转位式

图 5.15　车刀的结构

可转位车刀与焊接式车刀相比，具有以下优点：

(1) 刀具寿命长：避免了焊接式车刀在焊接、刃磨刀片时产生的热应力，提高了刀具的耐磨及抗破损能力。刀具寿命比一般焊接车刀提高 1 倍以上。

(2) 切削稳定可靠：可转位刀片的几何参数及断屑槽的形状是压制成形的，几何参数合理。只要切削用量选择适当，完全能保证切削性能稳定、断屑可靠。

(3) 生产效率高：可转位车刀刀片转位、更换方便、迅速，并能保证切削刃与工件的相对位置不变，从而减少了辅助时间，提高了生产效率。

(4) 有利于涂层刀片的使用：可转位不需要焊接和刃磨，有利于涂层刀片的使用。涂层刀片耐热性好，可提高切削速度和使用寿命。

(5) 刀具已标准化：可实现一刀多用，减少储备量，便于刀具管理。

车刀结构类型的特点及用途见表 5-5。

表 5-5　车刀结构类型特点及用途

名称	特点	适用场合
整体式	用整体高速钢制造，刃口可磨得较锋利	小型车床或加工有色金属
焊接式	焊接硬质合金或高速刀片，结构紧凑，使用灵活	各类车刀特别是小刀具
机夹式	避免了焊接产生的应力、裂纹等缺陷，刀柄利用率高，刀片集中刃磨获得所需参数	外圆、端面、镗孔、螺纹车刀等
可转位式	避免了焊接刀的缺点，切削刃磨钝刀片后可快速转位，无须刃磨刀具，生产率高，断屑稳定，可使用涂层刀片	大中型车床加工外圆、端面、镗孔，特别适用于自动线、数控机床

5.4.3　成形车刀

成形车刀是一种专用刀具，它的轮廓形状需要根据加工零件的廓形设计。成形车刀主要用在各类普通车床、自动车床上加工回转体零件的内外成形表面。

成形车刀与普通车刀相比有下列特点：

(1) 加工精度稳定。工件成形表面的形状和尺寸由刀具廓形的设计精度和制造精度来保证，而且加工时工件的成形表面由刀具一次成形，所以加工质量稳定。加工精度可达到 IT10～IT9，表面粗糙度 Ra 可为 6.3～3.2μm。

(2) 生产效率高。成形车刀是一种由多段刀刃组合成的刀具,同时参加工作的刀刃总长度较长,经过一个切削行程就可以切出工件的成形表面,因此生产率较高。

(3) 刀具使用寿命长。因为允许的重磨次数多,所以使用寿命比普通车刀长得多。

(4) 刃磨简单。成形车刀只需重磨前刀面,且前刀面是平面,所以刃磨简单。

(5) 成形车刀的制造比较麻烦,成本较高,故一般只用于成批或大量生产中,如汽车、拖拉机、纺织机械、轴承制造业等。

由于成形车刀的刀刃形状复杂,如用硬质合金作为刀具材料,制造比较困难,故大部分成形车刀用高速钢作为刀具材料。

成形车刀按加工时的进刀方向,可分为径向、轴向和切向三类,其中以径向成形车刀使用最为广泛。

径向成形车刀按其结构和形状又可分为如下三大类:

1) 平体成形车刀

图 5.16 所示为平体成形车刀,这种成形车刀除刀刃须根据工件廓形刃磨外,其余结构和装夹方法基本上与普通车刀相同。它的结构简单,使用方便,但重磨次数少,使用寿命短。这种成形车刀主要用于加工宽度不大、成形表面简单的工件,如螺纹车刀及铲齿车刀。

2) 菱形成形车刀

图 5.17 所示为菱形成形车刀,这种成形车刀刀体呈菱形,强度高,重磨次数多,常用于加工各种外成形表面。

3) 圆形成形车刀

图 5.18 所示为圆形成形车刀,这种成形车刀刀体呈圆形旋转体,用钝后重磨前刀面,重磨次数多,寿命长,用于加工各种内外成形表面。这种成形车刀的制造比较方便,故在生产中应用较多。

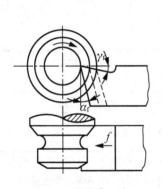   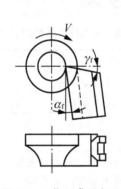   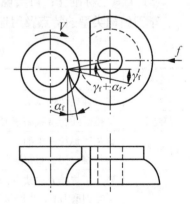

图 5.16　平体成形车刀　　　图 5.17　菱形成形车刀　　　图 5.18　圆形成形车刀

5.4.4　孔加工刀具

金属切削中,孔加工占有很大比例。孔加工刀具的种类很多,按其用途可分为两大类。一类是把实心材料加工出孔的刀具,如麻花钻、扁钻、深孔钻等;另一类是对工件已有孔进行再加工的刀具,如扩孔钻、镗刀、铰刀等。

这些孔加工刀具工艺特点相近,刀具均在工件内表面切削,其工作部分处于加工表面包围之中。

1. 麻花钻

麻花钻是应用最广泛的孔加工刀具，一般用于加工精度较低的孔(孔公差大于 IT10)，或用于加工较高精度孔的预制孔。

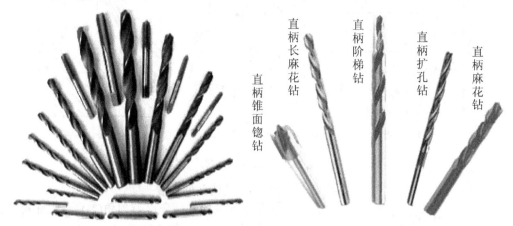

图 5.19　各种不同型号的麻花钻

1) 麻花钻的结构

标准麻花钻由柄部、颈部及工作部分组成，如图 5.20(a)所示。其切削部分如图 5.20(b)所示。

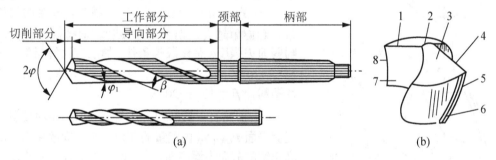

(a)　　　　　　　　　　　　　　(b)

图 5.20　麻花钻的构成

1—前面；2、8—副切削刃(棱边)；3、7—主切削刃；4、6—后面；5—横刃；9—副后面

(1) 柄部：钻头的柄部除供装夹外，还用来传递钻孔时所需转矩。钻柄有圆柱和圆锥形之分。

(2) 颈部：位于钻头的工作部分与柄部之间，磨钻头时颈部供砂轮退刀使用。为制造方便，小直径直柄钻头没有颈部。

(3) 工作部分：是钻头的主要组成部分。该部分可分为切削部分和导向部分。

① 切削部分。麻花钻可看成由两把内孔车刀组成的组合体(图 5.21)。而这两把内孔车刀又必须由一实心部分——钻心将两者连接成一个整体。钻心使两个刀齿的主切削刃不能直接相交，并且钻心本身具有独立的切削刃——横刃。

② 导向部分。导向部分在钻孔时起引导作用，也是切削部分的后备部分。导向部分外径沿长度方向磨出倒锥，即钻头外径从切削部分向后逐渐减小，以形成副偏角，从而减少

钻头棱边与孔壁的摩擦。麻花钻倒锥量每 100mm 长度减少 0.03～0.12mm，大直径钻头取较大值。

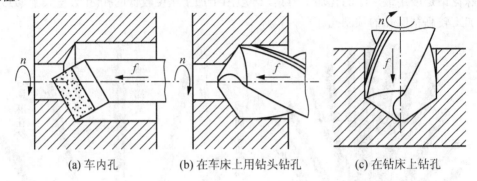

(a) 车内孔   (b) 在车床上用钻头钻孔   (c) 在钻床上钻孔

图 5.21   车内孔与钻孔

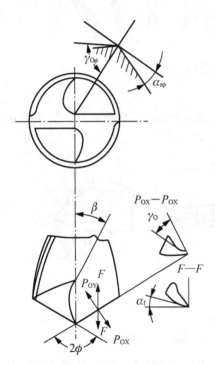

图 5.22   麻花钻的几何角度

2) 麻花钻的几何角度

麻花钻的主要几何角度有顶角(2ϕ)、螺旋角 β、前角 γ_o 和后角 α_f，如图 5.22 所示。

(1) 顶角(2ϕ)。两主切削刃在与其平行的平面上投影之间的夹角。它决定钻刃长度及刀刃负荷情况。加工钢、铸铁时，$2\phi = 118° \pm 2°$；加工热固性塑料时，顶角的大小对加工有很大影响，推荐值为 30°～150°。

(2) 螺旋角 β。螺旋形刃带切线与钻头轴线间的夹角。螺旋角越大，切削刃越锋利。但螺旋角过大，会削弱刀刃强度，恶化散热条件。加工铸铁等材料，$\beta = 25° \sim 30°$(小钻头取小值，大钻头取大值)；加工热固性塑料，$\beta = 10° \sim 20°$。

(3) 前角 γ_o。切削刃上任一点的前角是通过该点的正交平面 P_{ox}-P_{ox} 内测量的前角与基面间的夹角。由于麻花钻的前面为螺旋面，故沿切削刃上各点的前角是变化的，自外缘至横刃，前角由 +30° 减小到 −30°。横刃上的前角 $\gamma_{o\phi}$ 则为 −54°～−60°，所以越接近中心，切削条件越差。

(4) 后角 α_f。为测量方便起见，钻头切削刃上任一点的后角是在轴向剖面(F—F 剖面)内测量的切削平面与后面之间的夹角。

钻削塑料时，在保证刀刃强度和散热性能条件下，应尽量加大和使切削刃锋利，减少摩擦、降低切削温度。一般 $\gamma_o = 10° \sim 15°$，$\alpha_f = 14° \sim 20°$。

2. 扩孔钻

扩孔钻是用于扩大径孔、提高孔质量的刀具，如图 5.23 所示。它用于孔的最终加工或铰孔、磨孔前的预加工。扩孔钻的加工精度为 IT10～IT9，表面粗糙度 Ra 为 6.3～3.2μm。扩孔钻扩孔余量较小，所以扩孔钻无横刃，改善了切削条件。其容屑槽较浅，钻心较厚，故扩孔钻的强度和刚度较高，可选择较大切削用量。

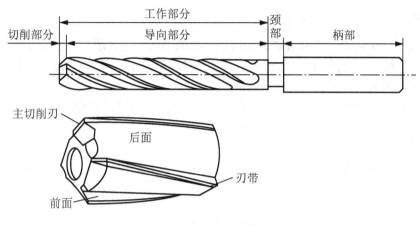

图 5.23 扩孔钻

3. 锪钻

锪钻(图 5.24)用于对孔的端面进行平面、柱面、锥面及其他型面加工。在已加工出的孔上加工圆柱形沉头孔、锥形沉头孔和端面凸台时，都使用锪钻。锪钻分柱形锪钻、锥形锪钻、端面锪钻三种，如图 5.25 所示。

(1) 柱形锪钻。用于锪圆柱形埋头孔，柱形锪钻起主要切削作用的是端面刀刃，螺旋槽的斜角就是它的前角。锪钻前端有导柱，导柱直径与工件已有孔为紧密的间隙配合，以保证良好的定心和导向。这种导柱是可拆的，也可以把导柱和锪钻做成一体。

图 5.24 锪钻实物图

(2) 锥形锪钻。用于锪锥形孔，锥形锪钻的锥角按工件锥形埋头孔要求不同，有 60°、75°、90°、120° 四种，其中 90° 的用得最多。

(3) 端面锪钻。专门用来锪平孔口端面，端面锪钻可以保证孔的端面与孔中心线的垂直度。当已加工的孔径较小时，为了使刀柄保持一定强度，可使刀柄头部的一段直径与已加工孔为间隙配合，以保证良好的导向作用。

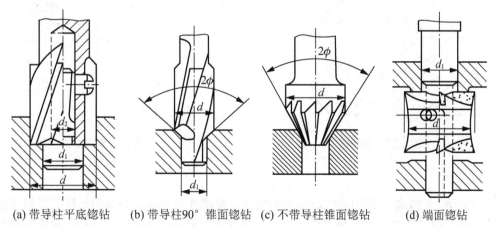

(a) 带导柱平底锪钻　(b) 带导柱90°锥面锪钻　(c) 不带导柱锥面锪钻　(d) 端面锪钻

图 5.25 锪钻

4. 镗刀

镗刀旋转做主运动，工件或镗刀做进给运动的切削加工方法称为镗削加工。镗削加工主要在铣床、镗床上进行。镗孔加工最大的特点是能够修正上道工序所造成的孔轴线歪曲、偏斜等，获得较高的位置精度。

镗床是应用广泛的孔加工刀具，可用于粗镗、半精镗及精镗。精镗时加工精度可达 IT7～IT6，加工表面粗糙度 Ra 为 $6.3～0.8\,\mu\text{m}$。

镗刀的种类很多，一般可分为单刃镗刀及多刃镗刀两大类。

(1) 单刃镗刀(图 5.26)。它实质上是一把车刀，由于结构简单，制造方便，通用性广，所以使用较多。单刃镗刀一般都有尺寸调整装置。为了便于精确地调整尺寸，精镗时可采用微调镗刀，如图 5.27 所示。

(2) 双刃镗刀(图 5.28)。双刃镗刀两边都是切削刃，工作时可以消除径向力对镗杆的影响。镗刀上的两个刀片是可以调整的，因此可以加工一定尺寸范围的孔。目前双刃镗刀多采用浮动联结结构，镗刀块以动配合状态浮动地装在镗杆的方孔中，镗孔时，刀块通过作用在两边刀刃上的切削力自动平衡对中。可浮动镗刀镗孔时，加工精度可达 IT7～IT6，表面粗糙度 Ra 不大于 $0.8\,\mu\text{m}$。

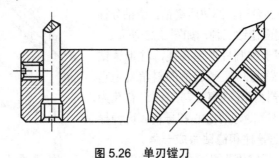

图 5.26　单刃镗刀

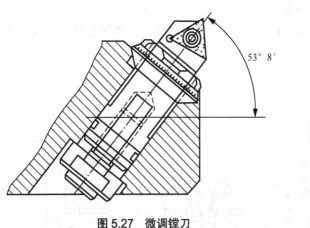

图 5.27　微调镗刀

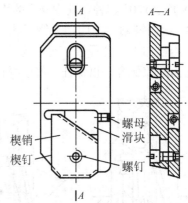

图 5.28　双刃镗刀

5. 铰刀

铰刀(图 5.29)使用范围较广，种类也很多。根据使用方式可分为手用铰刀和机用铰刀两种；根据铰刀的结构可分为整体式铰刀、套式铰刀和可调节式铰刀三种；根据制造材料可分为高速钢铰刀和硬质合金铰刀；根据铰刀的用途可分为圆柱铰刀和锥度铰刀。

图 5.29　铰刀的实物图

　　如图 5.30 所示，铰刀由工作部分、颈部和柄部组成。工作部分包括切削部分和修光部分，切削部分呈锥形，担负主要的切削工作；修光部分用于校准孔径、修光孔壁和导向。为了减小修光部分与已加工孔壁的摩擦，并防止孔径扩大，其后端应加工成倒锥形状，其倒锥量为(0.05～0.006)/100。柄部为夹持和传递转矩的部分，手用铰刀一般为直柄，机用铰刀多为锥柄。

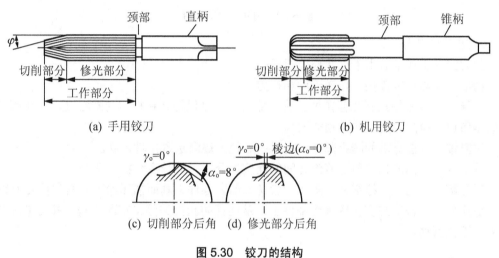

图 5.30　铰刀的结构

6．拉刀

　　以圆拉刀为例，圆孔拉刀(图 5.31)由工作部分和非工作部分组成，如图 5.32 所示。拉刀一般由以下几个部分组成：

图 5.31　拉刀实物图

1) 工作部分

工作部分有很多齿，根据它们在拉削时所起作用的不同分为切削部分和校准部分。

(1) 切削部分。其上刀齿起切削作用。刀齿直径逐齿依次增大，用它切去全部加工余量。

(2) 校准部分。其上刀齿起修光与校准作用。校准部分的齿数较少，各齿直径相同。当切削齿经过刃磨直径变小后，前几个校准齿依次变成切削齿。

相邻两刀齿间的空间是容屑槽。为便于切屑的卷曲与清除，在切削齿的切削刃上磨出分屑槽。

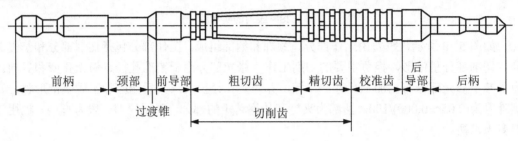

图 5.32　圆孔拉刀结构图

2) 非工作部分

拉刀的非工作部分由下列几部分组成：

柄部——与拉床连接，传递运动和拉力。

前导部——零件预制孔套在拉刀前导部上，用以保持孔和拉刀的同心度，防止因零件安装偏斜造成拉削厚度不均而损坏刀齿。

过渡锥——前导端的圆锥部分，用以引导拉刀逐渐进入工件内孔。

颈部——拉刀的柄部与过渡锥之间的连接部分，它的长度与机床有关。

后导部——用于支撑零件，防止刀齿切离前因零件下垂而损坏加工表面和拉刀刀齿。

后托部——被支撑在拉床承受部件上，从而能防止拉刀因自重而下垂，并可减轻装卸拉刀的繁重劳动。

5.4.5　铣刀

铣刀(图 5.33)是一种应用很广泛的多齿多刃刀具，其每一个刀齿都相当于将一把单刃刀具固定在铣刀的回转表面上。铣削加工时，铣刀绕其轴线转动(主运动)，而工件则做进给运动。

图 5.33　铣刀实物图

1. 分类及应用

铣刀种类很多，按用途可分为以下几种，如图 5.34 所示。

1) 圆柱铣刀

如图 5.34(a)所示，切削刃呈螺旋状分布在圆柱表面上，两端面无切削刃；圆柱铣刀主要用高速钢制造，也可镶焊螺旋形硬质合金刀片；多用于在卧式铣床上粗、精铣削平面；螺旋形的切削刃提高了切削过程的平稳性。

2) 面铣刀

面铣刀又称端铣刀，如图 5.34(b)所示，它用于在立式铣床上加工平面，轴线垂直于被加工表面。面铣刀的主切削刃分布在圆柱表面或圆锥表面上，端部切削刃为副切削刃。端铣刀主要采用硬质合金刀齿，因此有较高的生产率。

3) 盘形铣刀

盘形铣刀包括有槽铣刀、两面刃铣刀和三面刃铣刀。槽铣刀只在圆柱面上有切削齿，只用于加工浅槽；两面刃铣刀在圆柱面和一个侧面上有刀齿，用于加工台阶面；三面刃铣刀在圆柱面和两侧面上都有刀齿，错齿三面刃铣刀[图 5.34(c)]的刀齿左、右旋交错排列，从而改善了端部切削刃的切削条件，常用于加工沟槽和台阶面。

4) 立铣刀

立铣刀如图 5.34(d)所示，用于加工平面、台阶、槽和相互垂直的平面，利用锥柄或直柄紧固在机床主轴中。立铣刀圆柱表面的切削刃是主切削刃，端刃是副切削刃，一般不能做轴向进给。用于加工三维成形表面的立铣刀，端部做成球形，称为球头立铣刀。其球面切削刃从轴心开始，也是主切削刃，可做多向进给，主要用于模具的加工。

5) 键槽铣刀

键槽铣刀如图 5.34(e)、(f)所示，只有两个刃瓣，其圆周和端面上的切削刃都可作为主切削刃，使用时可以先轴向进给切入工件钻孔，然后沿键槽方向进给铣出键槽全长。可以加工平键键槽和半圆键键槽表面。为保证加工键槽的尺寸精度，重磨时只磨端刃。

6) 锯片铣刀

锯片铣刀即薄片键槽铣刀，如图 5.34(g)所示，用于切削窄而深的槽或切断材料，类似于切断车刀，只是齿数更多。

7) 角度铣刀

角度铣刀分单角度铣刀[图 5.34(h)]和双角度铣刀，用于铣削 18°～90° 范围内的各种角度的沟槽和斜面。

8) 成形铣刀

成形铣刀如图 5.34(i)所示，用于加工各种成形表面(如凸、凹半圆角，各种成形表面)，其刀齿廓形要根据加工工件的廓形来确定。

2. 铣削的工艺特点及应用

(1) 铣刀是多齿刀具，铣削过程中多个刀齿同时参加切削，无空行程。硬质合金铣刀可以实现高速切削，所以通常情况下生产率高于刨削。

(2) 铣削加工范围很广。可加工刨削无法加工或难加工的表面。例如，可铣削周围封闭的内凹平面、圆弧形沟槽、具有分度要求的小平面或沟槽等。

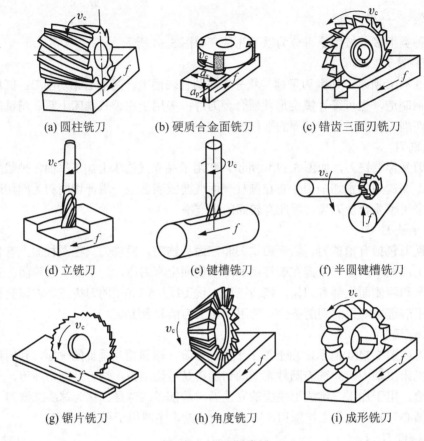

(a) 圆柱铣刀　　　　(b) 硬质合金面铣刀　　　(c) 错齿三面刃铣刀

(d) 立铣刀　　　　　(e) 键槽铣刀　　　　　(f) 半圆键槽铣刀

(g) 锯片铣刀　　　　(h) 角度铣刀　　　　　(i) 成形铣刀

图 5.34　铣刀的类型

(3) 铣削力变动较大，易产生振动，切削不平稳。

(4) 铣床、铣刀比刨床、刨刀结构复杂，且铣刀的制造与刃磨比刨刀困难，所以铣削成本比刨削高。

(5) 铣削与刨削的加工质量大致相当，经粗、精加工后都可达到中等精度，但在加工大平面时，刨削后无明显的接刀痕，而用直径小于工件宽度的端铣刀铣削时，各次走刀间有明显的接刀痕，影响表面质量。铣削的加工精度一般为IT9～IT8，表面粗糙度 Ra 为 6.3～1.6 μm。

3. 铣削方式

1) 圆柱铣刀铣削

圆柱铣刀铣削时，工件的进给方向与铣刀转动方向一致的称为顺铣，方向相反的则称为逆铣，如图 5.35 所示。顺铣和逆铣的切削过程有不同特点。

铣削厚度的变化。逆铣时刀齿的切削厚度是由薄到厚(图 5.35(a))，开始时切削深度几乎等于零，刀齿不能立刻切入工件，而是在已加工表面上滑行，待切削深度达到一定数值后，才真正切入工件，由于刀齿在滑行时对已加工表面的挤压作用，使该表面的硬化现象严重，影响了表面质量，也使刀齿的磨损加剧。顺铣时(图 5.35(b))刀齿切削厚度则是从厚到薄，没有上述缺点，但刀齿切入工件时的冲击力较大，尤其工件待加工表面是毛坯或者有硬皮时。

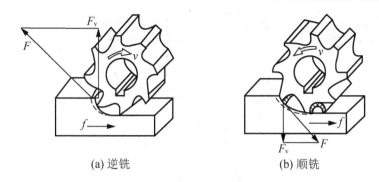

(a) 逆铣　　　　　　　　　　　(b) 顺铣

图 5.35　两种铣削方式

2) 对称铣削与不对称铣削

端铣平面时有以下三种铣削方式。

(1) 对称铣削[图 5.36(a)]：切入、切出时切削厚度相同，具有较大的平均切削厚度，这样可以避免下一个刀齿在前一个刀齿切过的冷硬层上工作。一般端铣多用此类铣削方式，尤其适用于铣削淬硬钢。

(2) 不对称逆铣[图 5.36(b)]：这种铣削在切入时切削厚度最小，切出时切削厚度最大，铣削碳钢和一般合金钢时可减小切入时的冲击，故可提高硬质合金端铣刀使用寿命。

(3) 不对称顺铣[图 5.36(c)]：这种铣削方式切入时切削厚度最大，切出时切削厚度最小。实践证明，不对称顺铣在用于加工不锈钢和耐热合金时，可减少硬质合金的剥落磨损，可提高切削速度 40%～60%。

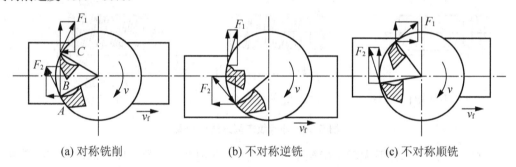

(a) 对称铣削　　　　　　　(b) 不对称逆铣　　　　　　　(c) 不对称顺铣

图 5.36　端铣的三种铣削方式

5.4.6　螺纹车刀

将工件表面车削成螺纹的方法称为车螺纹。车螺纹是螺纹加工的基本方法。其优点是设备和刀具的通用性大，并能获得精度高的螺纹，所以任何类型的螺纹都可以在车床上加工。其缺点是生产率低，要求工人技术水平高。

车螺纹时，螺纹的截面形状由车刀保证。车刀的形状必须与螺纹截面相吻合。螺纹截面的精度取决于螺纹车刀的刃磨精度及其在车床上的正确安装。

安装螺纹车刀时，应使刀尖与工件轴线等高，否则会影响螺纹的截面形状，并且刀尖的平分线要与工件轴线垂直。如果车刀装得左右歪斜，车出的牙形就会偏左或偏右。为了使车刀安装正确，可采用样板对刀，如图 5.37 所示。

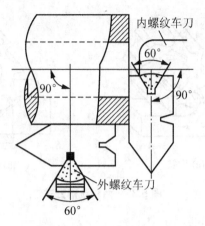

图 5.37　螺纹车刀的形状及对刀

　　车螺纹前要做好准备工作，首先把工件的螺纹外圆直径按要求车好，然后用刀尖在工件上的螺纹终止处刻一条微可见线，以它作为车螺纹的退刀标记，最后将端面处倒角，装夹好螺纹车刀后，就可以按图 5.38 所示的方法与步骤进行车削。

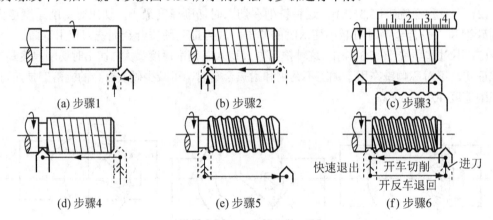

图 5.38　外螺纹车削方法与步骤

　　步骤 1，开车，使刀尖轻微接触工件表面，记下刻度盘读数，向右退出车刀，其切削过程的路线如图 5.38(a)所示。

　　步骤 2，合上开合螺母，在工件表面上车出一条螺旋线，至螺纹终止线处横向退出车刀，停车，其切削过程的路线如图 5.38(b)所示。

　　步骤 3，开反车把车刀退到工件右端，停车，用钢直尺检查螺距是否正确，其切削过程的路线如图 5.38(c)所示。

　　步骤 4，利用刻度盘调整背吃刀量，开车切削，其切削过程的路线如图 5.38(d)所示。

　　步骤 5，车刀将至行程终了时，应做好退刀停车准备，先快速退出车刀，然后开反车退出刀架，其切削过程的路线如图 5.38(e)所示。

　　步骤 6，再次横向切入，继续切削至车出正确的牙型，其切削过程的路线如图 5.37(f)所示。

　　螺纹车削的特点是刀架纵向移动比较快，因此操作时既要胆大心细，又要精力集中，动作迅速协调。

5.5 磨　具

磨削是用带有磨粒的工具(砂轮、砂带、油石等)对工件进行加工的方法。磨具分砂轮、油石、磨头、砂瓦、砂布、砂纸、砂带、研磨膏等几类。最重要的磨削工具是砂轮。

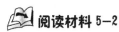阅读材料 5-2

磨具的发展

早在新石器时代，人类就已经开始应用天然的磨石来加工石刀、石斧、骨器、角器和牙器等工具了；1872 年，在美国出现了用天然磨料与黏土相结合烧成的陶瓷砂轮；1900 年前后，人造磨料问世，采用人造磨料制造的各种磨具相继产生，为磨削和磨床的快速发展创造了条件。此后，天然磨具在磨具中所占比例逐渐减少。

磨具(图 5.39)按其原料来源分，有天然磨具和人造磨具两类。机械工业中常用的天然磨具只有油石。人造磨具按基本形状和结构特征区分，有砂轮、磨头、油石、固结磨具(砂瓦以上统称固结磨具)和涂附磨具五类。此外，习惯上也把研磨剂列为磨具的一类。

图 5.39　磨具

资料来源：http://baike.baidu.com/view/71429.htm.

5.5.1 砂轮

砂轮(图 5.40)是由细小而坚硬的磨料加结合剂用烧结的方法制成的疏松的多孔体。砂轮表面上杂乱地排列着许多磨粒，磨粒的每一个棱角都相当于一个切削刃，整个砂轮相当于一把具有无数切削刃的铣刀，磨削时砂轮高速旋转。切下粉末状切屑。砂轮的特性主要由磨料、粒度、结合剂、硬度、组织及形状尺寸等因素所决定。

图 5.40　砂轮

1. 磨料

磨料是制造磨具的主要原料，直接担负着切削工作。它必须具有高的硬度及良好的耐热性，并具有一定的韧性。目前常用的磨料有氧化物系、碳化物系和高硬磨料系三类。氧化物系磨料的主要成分是 Al_2O_3，由于它的纯度不同和加入金属元素不同，而被分为不同的品种。

碳化物系磨料主要以碳化硅、碳化硼等为基体，也是因材料的纯度不同而被分为不同品种。

高硬磨料系中主要有人造金刚石和立方氮化硼。立方氮化硼是近年发展起来的新型磨料。虽然其硬度比金刚石略低，但其耐热性(1400℃)比金刚石(800℃)高出许多，而且对铁元素的化学惰性高，所以特别适合磨削既硬又韧的材料。在加工高速钢、模具钢、耐热钢时，立方氮化硼的工作能力超过金刚石 5～10 倍。同时，立方氮化硼的磨粒切削刃锋利，磨削时可减少加工表面材料的塑性变形。因此，磨出的表面粗糙度比用一般砂轮小。因此，立方氮化硼是一种很有前途的磨料。

2. 粒度

粒度指磨料颗粒的尺寸，其大小用粒度号表示。国家标准规定了磨料和微粉两种粒度号。一般粗磨选用较粗的磨料(粒度号较小)，精磨选用较细的磨料(粒度号较大)；微粉多用于研磨等精密加工和超精密加工。

3. 结合剂

结合剂的作用是将磨料粘合成具有一定强度和形状的砂轮。砂轮的强度、抗冲击性、耐热性及耐蚀性主要取决于结合剂的性能。常用的结合剂有陶瓷结合剂(V)、树脂结合剂(B)、橡胶结合剂(R)和金属结合剂(M)等。陶瓷结合剂应用最广，适用于外圆、内圆、平面、无心磨削和成形磨削的砂轮等；树脂结合剂适用于切断和开槽的薄片砂轮及高速磨削砂轮；橡胶结合剂适用于无心磨削导轮、抛光砂轮；金属结合剂适用于金刚石砂轮等。

4. 硬度

磨具的硬度指磨具在外力作用下磨粒脱落的难易程度(又称结合度)。磨具的硬度反映结合剂固结磨粒的牢固程度，磨粒难脱落则硬度高，反之则硬度低。国家标准中对磨具硬度规定了 16 个级别：D，E，F(超软)；G，H，J(软)；K，L(中软)；M，N(中)；P，Q，R(中硬)；S，T(硬)；Y(超硬)。普通磨削常用 G～N 级硬度的砂轮。

5. 组织

磨具的组织指磨具中磨粒、结合剂、气孔三者体积的比例关系，以磨粒率(磨粒占磨具体积的百分率)表示磨具的组织号。磨料所占的体积比例越大，砂轮的组织越紧密；反之，组织越疏松。国家标准规定了 15 个组织号：0，1，2，…，13，14。0 号组织最紧密，磨粒率最高；14 号组织最疏松，磨粒率最低。普通磨削常用 4～7 号组织的砂轮。

6. 形状与尺寸及代号

根据机床类型和加工需要，将磨具制成各种标准的形状和尺寸。常用的几种砂轮的形状、代号和用途见表 5-6。

表 5-6　常用砂轮的形状、代号和主要用途

砂轮名称	代号	断面简图	主要用途
平行砂轮	1		根据不同尺寸分别用于外圆磨、内圆磨、平圆磨、螺纹磨和砂轮机上

续表

砂轮名称	代号	断面简图	主要用途
筒形砂轮	2		用于立式平面磨床上
碗形砂轮	11		通常用于刃磨刀具，也可用于导轨磨上磨机床导轨
碟形一号砂轮	12a		适用于磨铣刀、铰刀、拉刀等

砂轮的特性代号一般标注在砂轮的断面上，用以表示砂轮的磨料、粒度、硬度、结合剂、组织、形状、尺寸及允许的最高线速度。例如，$1-300\times30\times75-A60L5V-35m/s$，表示该砂轮为平形砂轮(1)，外径为 300mm，厚度为 30mm，内径为 75mm，磨料为棕刚玉(A)，粒度号为 60，硬度为中软(L)，组织号为 5，结合剂为陶瓷(V)，最高圆周速度为 35m/s。

5.5.2 磨削过程

磨削也是一种切削加工。砂轮表面上的每个磨粒相当于一个微小刀齿，磨粒上的每个棱角都相当于一个微小的切削刃，整个砂轮就相当于具有极多刀齿的铣刀，这些刀齿随机地排列在砂轮的表面上。因此，磨削可以看作众多刀齿铣刀的一种超高速铣削。

砂轮表面磨粒形状各异，排列也很不规则，其间距和高低为随机分布。磨粒的切削过程如图 5.41 所示。砂轮表面凸起高度较大和较为锋利的磨粒，可以获得较大的磨削厚度，起切削作用；凸起高度较小和较钝的磨粒，只能在工件表面刻划出细微的沟痕，工件材料则被挤向磨粒的两旁而隆起，此时无明显切屑产生，仅起刻划作用；比较凹下的磨粒，既不切削也不刻划，只是从工件表面滑擦而过，起摩擦抛光作用。

由此可见，磨削过程的实质是切削、刻划和摩擦抛光综合作用的过程。由于各磨粒的工作情况不同，所以磨削除了正常的切屑外，还有金属微尘等。

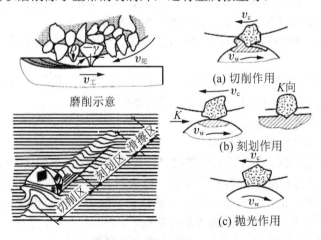

图 5.41 磨粒的磨削过程

5.6　数控刀具及其工具系统

在切削加工中，刀具是保证加工质量、提高生产效率的一个重要因素。本章主要介绍对数控刀具的基本要求，数控刀具快速更换、自动更换、尺寸预调及数控工具系统的使用。随着社会生产和科学技术的发展，机械产品日趋精密复杂，且频繁改型，特别是在宇航、造船、军事领域所需的零件，精度要求高，形状复杂，批量小，普通机床已不能满足这些要求。作为机械工业加工手段现代化的标志，数控机床应运而生。数控机床(图 5.42)包括普通数控机床、加工中心和柔性制造系统以及自动加工线。而这些加工设备，只有配备了高性能的刀具，其性能和功能才能得以发挥。

图 5.42　数控机床

5.6.1　数控刀具要求

数控刀具应适应加工零件品种多、批量小的要求，除应具备普通刀具应有的性能外，还应满足以下基本要求：

(1) 刀具切削性能和寿命要稳定可靠。用数控机床进行加工时，对刀具实行定时强制换刀或由控制系统对刀具寿命进行管理。同一批数控刀具的切削性能和刀具寿命不得有较大差异，以免频繁地停机换刀或造成加工工件大量报废。

(2) 刀具应有较高的寿命。应选用切削性能好、耐磨性高的涂层刀具，以及合理地选择切削用量。

(3) 应确保可靠地断屑、卷屑和排屑。紊乱切屑会给自动化生产带来极大的危害。

(4) 能快速地转位或更换刀片以及换刀或自动换刀。

(5) 能迅速、精确地调整刀具尺寸。

此外，还应尽可能做到以下几点：

(1) 必须从数控加工特点出发来制定数控刀具的标准化、系列化和通用化结构体系。

(2) 应建立完整的数据库及其管理系统。数控刀具的种类多，管理较复杂。既要对所有刀具进行自动识别、记忆其规格尺寸、存放位置、已切削时间和剩余寿命等，又要对刀具的更换、运送、刀具切削尺寸预调等进行管理。

(3) 应有完善的刀具组装、预调、编码标志与识别系统。

(4) 应有刀具磨损和破损在线监测系统。

5.6.2　数控刀具的分类

对于目前的数控加工而言，数控加工刀具有其另外的特点。数控刀具必须适应数控机床高速、高效和自动化程度高的特点，一般应包括通用刀具、通用连接刀柄及少量专用刀柄。刀柄要连接刀具并装在机床动力头上，因此已逐渐标准化和系列化。按照切削工艺可分为车削刀具、铣削刀具、钻削刀具和镗削刀具。

车削刀具：外圆、内孔、螺纹、成形车刀等，如图 5.43 所示。

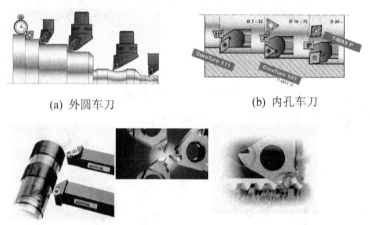

(a) 外圆车刀　　　　　　　　　　(b) 内孔车刀

(c) 螺纹车刀

图 5.43　常用车刀

铣削刀具：面铣刀、立铣刀、螺纹铣刀等，如图 5.44 所示。

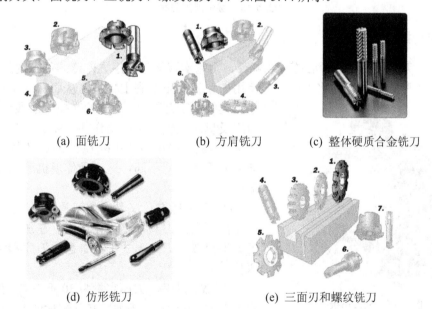

(a) 面铣刀　　　　　(b) 方肩铣刀　　　　　(c) 整体硬质合金铣刀

(d) 仿形铣刀　　　　　　　　　(e) 三面刃和螺纹铣刀

图 5.44　常用铣刀

钻削刀具：钻头、铰刀、丝锥等，如图 5.45 所示。

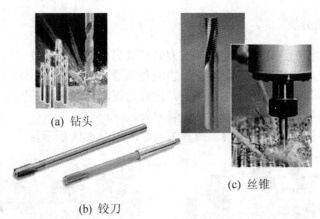

(a) 钻头

(c) 丝锥

(b) 铰刀

图 5.45　常用钻削刀具

镗削刀具：粗镗刀、精镗刀等，如图 5.46 所示。

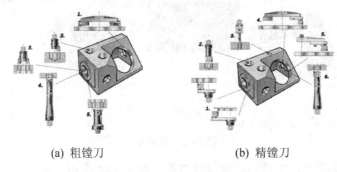

(a) 粗镗刀　　　　　　　　　　(b) 精镗刀

图 5.46　常用镗削刀具

5.6.3　自动换刀系统

　　自动换刀系统是加工中心的重要部件，由它实现零件工序之间连续加工的换刀要求，即在每一工序完成后自动将下一工序所用的新刀具更换到主轴上，从而保证了加工中心工艺集中的工艺特点，刀具的交换一般通过机械手、刀库及机床主轴的协调动作共同完成。自动换刀系统(图 5.47)一般由刀库和机械手组成。不同机床的自动换刀系统可能不同，这正是体现机床独具特色的部分。

　　(1) 刀库顾名思义是存放刀具的仓库，就是把加工零件所用的刀具都存放在这里，在加工过程中由机械手抓取。刀库形式主要有盘式刀库和链式刀库两种。

　　① 盘式刀库。刀库容量为 30 把左右。如果刀库容量太大，就会造成刀库的转动惯量过大。一般中小型加工中心使用盘式刀库的较多。

图 5.47　换刀系统

　　② 链式刀库。刀库容量较大，可以装载 100 把刀具，甚至更多。链式刀库容量较大，主要是因为箱体类零件加工内容多，使用刀具的数量也就相应增加。

(2) 机械手形式有单臂、双臂等多种，有的加工中心甚至没有机械手，而通过刀库和主轴的相对运动实现换刀。

(3) 选刀方式一般有固定位置选刀和任意位置选刀两种。

① 固定位置选刀。每把刀具放在刀库中的刀套位置是确定的。例如 T5 是 3mm 的钻头，加工前放在 5 号刀套位置，那么，机械手将 3mm 的钻头换到主轴上，使用完毕后，机械手会将其还回到 5 号刀套位置。对于固定位置换刀方式，在刀具放置时，应注意将较重的一些刀具分开放置，从而避免长时间的不均匀负重，导致链条拉长，从而加大换刀位置刀套的定位误差。

② 任意位置选刀。它是记忆式的任意换刀方式，即将刀具号和刀库中的刀套位置对应记忆在数控系统的 PLC 中，刀具更换位置后，PLC 跟踪记忆。例如 T5 是 13mm 的钻头，加工前放在 5 号刀套位置，那么，机械手将 13mm 的钻头换到主轴上，使用完毕后，机械手可能会将其还回到 8 号刀套位置，那么 PLC 也会随之更改原来的记忆。每次选刀时，刀库旋转遵循"近路原则"，即刀库是沿换刀最近的方向旋转，因此每次选刀时刀库的最大转角为 180°。

习　题

5-1　什么是切削用量三要素？怎样定义各参数？

5-2　"三面"、"两刃"、"一尖"指的是什么？

5-3　切削液的作用有哪些？

5-4　刀具材料具有哪些性能？

5-5　立方氮化硼主要特点有哪些？

5-6　金属切削中，孔加工按其用途分为哪几类？列举说明。

5-7　麻花钻的结构包括哪几部分？

5-8　精镗加工过程中，加工精度和表面粗糙度在什么范围？

5-9　简述圆孔拉刀的组成和各部分作用。

5-10　周铣和端铣各有几种铣削方式？试述各种铣削方式的特点。

5-11　什么是自动换刀系统？

第 6 章
工业机器人

 本章教学要点

知识要点	掌握程度	相关知识
工业机器人概述	掌握工业机器人的定义； 熟悉工业机器人的组成和分类； 了解工业机器人的技术参数	工业机器人的基本组成及按机械结构的分类； 工业机器人的相关技术参数
工业机器人传动机构设计	掌握工业机器人传动系统中不同的运动机构设计	直线运动机构设计； 旋转运动机构设计
工业机器人本体结构设计	熟悉工业机器人本体结构设计的要求； 掌握工业机器人机械结构设计及应用	机身和臂部设计； 腕部和手部设计； 行走机构设计

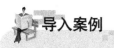 导入案例

工业机器人产业现状与发展

1961 年，美国的 Consolided Control Corp 和 AMF 公司联合制造了第一台实用的示教再现型工业机器人。到目前为止，世界上各国对工业机器人的研究已经历经四十几年的历程，日本、美国、法国、德国的机器人产业日趋完善，逐渐形成了一批在国际上较有影响力的、知名的工业机器人公司。我国的工业机器人有计划的研究工作是从 20 世纪 80 年代的"七五"科技攻关开始起步的，在国家各政府的科技攻关项目和基金项目的支持下，特别是在国家攻关计划和"863"计划的支持下，我国的机器人产业从无到有，历经三十多年几代人的研究心血，取得了不少突破性的进展。

根据联合国欧洲经济委员会(UNECE)和国际机器人联合会(IFR)的统计，2002 年至 2004 年世界工业机器人市场年增长率平均在 10%左右。2005 年增长率达到创纪录的 30%，其中亚洲工业机器人市场年增长幅度最为突出，高达 45%。2007 年，全球新安装工业机器人的数量超过十万套。世界各国主要行业对工业机器人的需求如图 6.1 所示。

我国是世界制造业大国，近年来，随着我国经济的迅速发展，劳动密集型的生产方式向技术创新型的生产方式转移，对工业自动化水平的需求日益提高，中国工业机器人市场潜力巨大。据专家预测，到 2015 年，我国的工业机器人市场需求将达到 10 000 台，具体数字如图 6.2 所示。

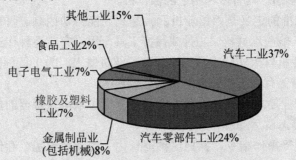

图 6.1 世界各主要行业对工业机器人的需求

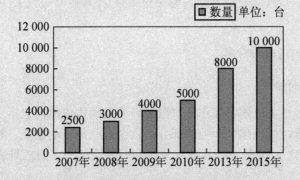

图 6.2 中国工业机器人市场销售量

资料来源：徐方. 工业机器人产业现状与发展. 机器人技术与应用，2007(5)2-4.

6.1 概　　述

6.1.1　工业机器人的定义

工业机器人由操作机(机械本体)、控制器、伺服驱动系统及检测传感装置等构成，是一种仿人操作、自动控制、可重复编程、能在三维空间完成各种作业的集成度非常高的机电一体化设备，涉及机械、电子、控制、计算机、人工智能、传感器、通信、网络与仿生学等多个学科知识，对工业机器人的定义，不同的国家有不同的看法。

(1) 美国机器人工业协会的定义为"一种可编程序的多功能操作机构，用以按照预先编制的能完成多种作业的动作程序运送材料、零件、工具或专用设备。"

(2) 日本工业机器人协会的定义是"工业机器人是一种装备有记忆装置和末端执行装置的，能够完成各种移动来代替人类劳动的通用机器。"它又分以下两种情况来定义：①工业机器人是"一种能够执行与人的上肢类似动作的多功能机器。"②智能机器人是"一种具有感觉和识别能力，并能够控制自身行为的机器。"

(3) 国际标准化组织的定义是"工业机器人是一种自动的、位置可控的、具有编程能力的多功能操作机，这种操作机具有几个轴，能够借助可编程操作来处理各种材料、零件、工具和专用装置，以执行各种任务。"

(4) 国际机器人联合会的定义是"工业机器人是一种自动控制的、可重复编程的(至少具有三个可重复编程轴)、具有多种用途的操作机。"

(5) 我国国家标准的定义是"工业机器人是一种能自动控制、可重复编程、多功能、多自由度的操作机，能搬运材料、工件或操持工具，用以完成各种作业。"

以上定义的工业机器人实际上均指操作型工业机器人。为了达到其功能要求，工业机器人的功能组成中应该有以下部分：

(1) 为了完成作业要求，工业机器人应该具有操作末端执行器的能力，并能正确控制其空间位置、工作姿态及运动程序和轨迹。

(2) 能理解和接受操作指令，并把这种信息化了的指令记忆、存储，并通过其操作臂各关节的相应运动复现出来。

(3) 能和末端执行器(如夹持器或其他操作工具)及其他周边设备(加工设备、工位器具等)协调工作。

6.1.2　工业机器人的组成和分类

1. 工业机器人的组成

工业机器人系统是由机器人和作业对象及环境共同构成的，包括三大部分六个系统。三大部分是机械部分、传感部分和控制部分；六个系统是驱动系统、机械结构系统、感受系统、机器人-环境交互系统、人-机交互系统和控制系统，它们之间的关系如图 6.3 所示。

1) 驱动系统

要使工业机器人运行起来，就需给各个关节即每个运动自由度安置传动装置，这就是驱动系统。驱动系统可以是液压传动、气动传动、电动传动，或者把它们结合起来应用的综合系统；可以直接驱动或者通过同步带、链条、轮系、谐波齿轮等机械传动机构进行间接驱动。

2) 机械结构系统

工业机器人的机械结构系统由机身、手臂、末端操作器三大件组成，如图 6.4 所示。每一大件都有若干自由度，构成一个多自由度的机械系统。若机身具备行走机构便构成行走机器人；若机身不具备行走及腰转机构，则构成单机器人臂。手臂一般由上臂、下臂和手腕组成。末端操作器是直接装在手腕上的一个重要部件，它可以是二手指或多手指的手爪，也可以是喷漆枪、焊具等作业工具。

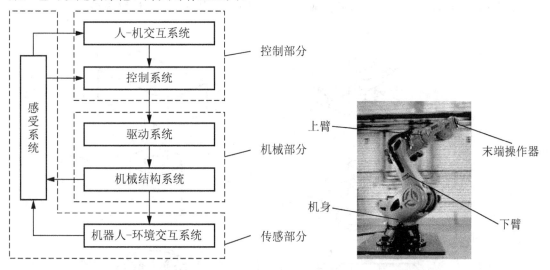

图6.3　工业机器人的基本组成　　　图6.4　工业机器人机械结构系统

3) 感受系统

感受系统由内部传感器模块和外部传感器模块组成，以获取内部和外部环境状态中有意义的信息。智能传感器的使用提高了机器人的机动性、适应性和智能化的水准。人类的感受系统对感知外部世界信息是极其灵巧的。然而，对于一些特殊的信息，传感器比人类的感受系统更有效。

4) 机器人-环境交互系统

工业机器人-环境交互系统是实现工业机器人与外部环境中的设备相互联系和协调的系统。工业机器人与外部设备集成为一个功能单元，如加工制造单元、焊接单元、装配单元等。当然，也可以是多台机器人、多台机床或设备、多个零件存储装置等集成一个系统去执行复杂任务的功能单元。

5) 人-机交互系统

人-机交互系统是使操作人员参与机器人控制，与机器人进行联系的装置，如计算机的标准终端、指令控制台、信息显示板、危险信号报警器等。归纳起来为两大类：指令给定装置和信息显示装置。

6) 控制系统

控制系统的任务是根据机器人的作业指令程序及从传感器反馈回来的信号支配机器人的执行机构去完成规定的运动和功能。假如工业机器人不具备信息反馈特征，则为开环控

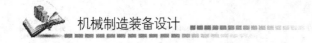

制系统；若具备信息反馈特征，则为闭环控制系统。根据控制原理可分为程序控制系统、适应性控制系统和人工智能控制系统。根据控制运动的形式可分为点位控制和轨迹控制。

2. 工业机器人的分类

工业机器人按机械结构可分为以下五类，如图 6.5 所示。

1) 直角坐标型机器人

直角坐标型机器人由三个互相垂直的直线移动关节分别作为 X 向、Y 向和 Z 向移动关节组成。这三个方向的直线运动的复合就决定了机器人手部在工作空间内的位置。这一结构方案的优点是各轴线位移分辨率在操作容积内任一点均为恒定，计算容易。

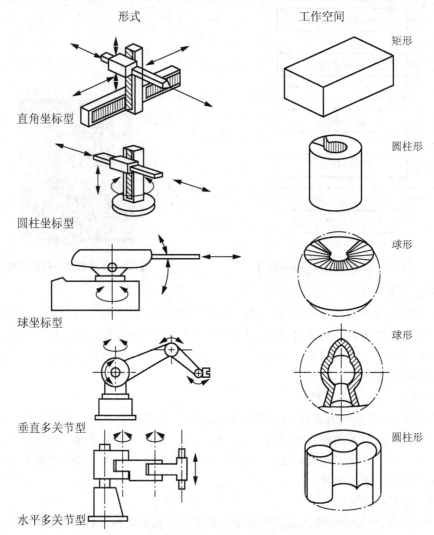

图 6.5　工业机器人的机械结构类型及其工作空间

2) 圆柱坐标型机器人

圆柱坐标型机器人由一个升降直线运动关节(轴向)、一个圆周旋转运动关节(周向)和一个径向直线运动关节组合而成。这种结构方案的优点是终端效应器可获得较高速度，缺点是终端效应器外伸离柱轴心越远,其线位移分辨精度越低。

3) 球坐标型机器人

球坐标型机器人也称为极坐标型机器人,其由两个回转运动关节和一个直线运动关节分别作为方位旋转关节、俯仰旋转关节和径向直线运动关节组合而成。和圆柱坐标结构相比较,这种结构更为灵活,但采用同一分辨率码盘测量角位移时,伸缩关节的线位移分辨率恒定,但转动关节反映在终端效应器上的线位移分辨率则是个变量。

4) 垂直多关节型机器人

垂直多关节型机器人是由一个回转运动关节做方位运动,加上由两个回转轴线相互平行且平行于水平面的回转运动关节组成一个能在垂直平面上做平面运动的连杆机构组合而成的多关节机器人。这种结构占地面积小,操作容积较大,可获得较高的末端执行器线速度,且操作灵活性较好,能绕过障碍。目前中小型机器人多采用这种结构,它的空间线位移分辨率取决于机器人手臂姿态,要获得高精度运动较为困难。

5) 水平多关节型机器人

水平多关节型机器人是由两个回转轴线垂直于水平面的回转运动关节组成一个能在水平面上做平面运动的连杆机构,加上一个直线运动关节做垂直升降运动组合而成的多关节机器人。这种机器人也称为 SCARA 机器人,主要用于装配作业。

工业机器人按执行机构运动的控制机能,又可分为点位型和连续轨迹型。点位型只控制执行机械由一点到另一点的准确定位,适用于机床上下料、点焊和一般搬运、装卸等作业;连续轨迹型可控制执行机构按给定轨迹运动,适用于连续焊接和涂装等作业。

6.1.3　工业机器人的技术参数

技术参数是机器人制造商在产品供货时所提供的技术数据。技术参数反映了机器人可胜任的工作、具有的最高操作性能等情况,是选择、设计、应用机器人时必须考虑的数据。机器人的主要技术参数一般有自由度、定位精度和重复定位精度、工作空间、最大工作速度及承载能力等。

1. 自由度

自由度指机器人所具有的独立坐标轴运行的数目,不包括末端操作器的开合自由度。机器人的一个自由度对应一个关节,所以自由度与关节的概念是相等的。自由度是表示机器人动作灵活程度的参数,自由度越多越灵活,但结构也越复杂,控制难度越大,所以机器人的自由度要根据其用途设计,一般在 3~6 个。

2. 定位精度和重复定位精度

定位精度和重复定位精度是机器人的两个精度指标。定位精度是指机器人末端操作器的实际位置与目标位置之间的偏差,由机械误差、控制算法误差与系统分辨率等部分组成。重复定位精度是指在同一环境、同一条件、同一目标动作、同一命令之下,机器人连续重复运动若干次时,其位置的分散情况,是关于精度的统计数据。因重复定位精度不受工作载荷变化的影响,通常用重复定位精度这一指标作为衡量示教-再现方式工业机器人水平的重要指标。

3. 工作空间

工作空间表示机器人的工作范围，它是机器人运行时手臂末端或手腕中心所能到达的所有点的集合，也称为工作区域。由于末端操作器的形状和尺寸是多种多样的，为真实反映机器人的特征参数，工作空间是指不安装末端操作器时的工作区域。工作空间的大小不仅与机器人各连杆尺寸有关，而且与机器人的总体结构形式有关。图6.6所示为ABB公司IRB 4400工业机器人工作范围和载荷图。

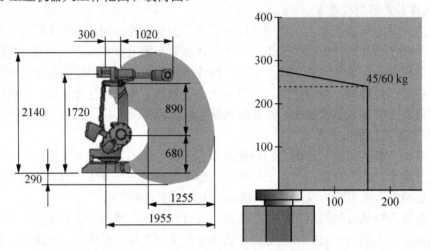

图 6.6　ABB IRB4400 工业机器人工作空间和载荷图

4. 最大工作速度

生产机器人的厂家不同，其所指的最大工作速度也有不同，有的厂家指工业机器人主要自由度上最大的稳定速度，有的厂家指手臂末端最大的合成速度，通常都会在技术参数中加以说明。最大工作速度愈高，工作效率愈高。但是，工作速度愈高就要花费更多的时间加速或减速，或者对工业机器人的最大加速率或最大减速率的要求更高。

5. 承载能力

承载能力指机器人在工作范围内的任何位姿上所能承受的最大质量。承载能力不仅取决于负载的质量，而且与机器人运行的速度和加速度的大小和方向有关。为保证安全起见，将承载能力这一技术指标确定为高速运行时的承载能力。通常，承载能力不仅指负载质量，且包括机器人末端操作器的质量。

6.2　传动机构设计

6.2.1　传动方式

传动机构用于把驱动元件的运动传递到机器人的关节和动作部分，传动可以通过机械传动、液压传动、气压传动和电传动等形式来实现。每种不同的传动形式都是通过一定的介质来传递能量和运动的，而由于传递介质的不同，形成了不同的传动特点，以及不同的适用范围。

1. 机械传动

机械传动利用带轮、齿轮、链轮、轴、蜗杆与蜗轮、螺母与螺杆等机械零件作为介质来进行功率和运动的传递，即采用带传动、链传动、齿轮传动、蜗杆传动和螺旋传动等装置来进行功率和运动的传递。机械传动是最常见的传动方式，它具有传动准确可靠、操纵简单、容易掌握、受环境影响小等优点，但也存在传动装置笨重、效率低、远距离布置和操纵困难、安装位置自由度小等缺点。

2. 液压传动

液压传动采用液压元件，利用处于密封容积内的液体(油或水)作为工作介质，以其压力进行功率和运动的传递。液压传动由于自身所具有的特点，在现代工业中得到广泛的应用。

3. 气压传动

气压传动采用气动元件，利用压缩空气作为工作介质，以其压力进行运动和功率的传递。气压传动近年来在国内外都发展很快，这是因为它不仅可以实现单机自动化，而且可以控制流水线和自动线的生产过程，是实现自动控制的一种重要方法。

4. 电传动

电传动利用电动机直接或通过机械传动装置来驱动执行机构，其所用能源简单，机构速度变化范围大，效率高，速度和位置精度都很高，且具有使用方便、噪声低和控制灵活的特点，在工业机器人中得到了广泛应用。

6.2.2 直线运动机构

机器人采用的直线驱动方式包括直角坐标结构的 x、y、z 三个方向的驱动，圆柱坐标结构的径向驱动和垂直升降驱动，以及球坐标结构的径向伸缩驱动。直线运动可以直接由气缸或液压缸和活塞产生，也可以采用齿轮齿条、丝杠、螺母等传动元件把旋转运动转换为直线运动。

1. 螺旋传动

螺旋传动是利用由带螺纹的零件构成的螺旋副将回转运动转变为直线运动的一种机械传动方式，螺旋传动主要由螺杆、螺母和机架组成。

螺旋机构按螺旋副中的摩擦性质，可分为滑动螺旋、滚动螺旋两种类型。滑动螺旋的螺杆与螺母直接接触，处于滑动摩擦状态，如图 6.7 所示。滑动螺旋具有以下特点：螺杆与螺母之间的摩擦大，易磨损，且传动效率低；可设计成自锁特性的传动；结构简单、制造方便。

若将螺旋副的内、外螺纹改成内、外螺旋状的滚道，并在其间放入滚动体，便是滚动螺旋，如图 6.8 所示。滚动体多用滚珠，当螺杆或螺母转动时，滚珠不仅可以沿螺旋槽滚道滚动，将螺杆与螺母分开，形成滚动摩擦，而且在螺母和丝杠之间传递动力和运动。滚珠经中间导向装置可返回滚道中初始位置，形成封闭式的反复循环。循环方式分为内循环和外循环两类，分别如图 6.8(a)、6.8(b)所示。内循环中螺母的每一圈螺纹装一个反向器，滚珠在同一圈滚道内形成封闭循环回路。内循环滚珠流动性好，摩擦损失较少，传动效率高，径向尺寸小，但反向装置加工精度高。外循环是滚珠在回程时脱离螺杆的滚道，而在螺旋滚道外进行循环。外循环加工方便，但径向尺寸较大。滚动螺旋由于用滚动摩擦代替了滑动摩擦，所以大大减小了摩擦阻力，改善了螺旋传动条件，起动转矩小，传动平稳、轻便，效率高；但结构复杂，制造困难。

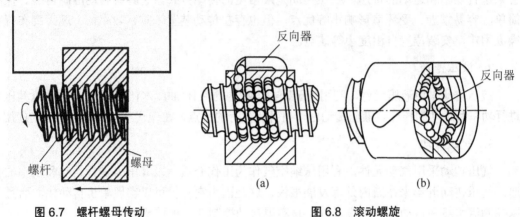

图 6.7　螺杆螺母传动　　　　　　　　　　图 6.8　滚动螺旋

2. 液压(气压)缸

　　液压(气压)缸是将液压泵(空气压缩机)输出的压力能转换为机械能、做直线往复运动的执行元件，使用液压(气压)缸可以很容易地实现直线运动。液压(气压)缸主要由缸筒、缸盖、活塞、活塞杆和密封装置等部件构成，活塞和缸筒采用精密滑动配合，压力油(压缩空气)从液压(气压)缸的一端进入，把活塞推向液压(气压)缸的另一端，从而实现直线运动。

　　许多早期的机器人采用的都是由伺服阀控制的液压缸，用以产生直线运动。液压缸功率大，结构紧凑。虽然高性能的伺服阀价格较贵，但采用伺服阀时不需要把旋转运动转换成直线运动，可以节省转换装置的费用。美国 Unimation 公司生产的 Unimate 型机器人采用直线液压缸作为径向驱动源。Versatran 机器人也使用直线液压缸作为圆柱坐标式机器人的垂直驱动源和径向驱动源。目前高效专用设备和自动线大多采用液压驱动，因此配合其作业的机器人可直接使用主设备的动力源。

6.2.3　旋转运动机构

　　多数普通电动机和伺服电动机都能够直接产生旋转运动，但其输出力矩比所要求的力矩小，转速比所要求的转速高，因此需要采用带传动、齿轮传动装置或其他运动传动机构，把较高的转速转换成较低的转速，并获得较大的力矩。有时也采用液压缸或气缸作为动力源，这就需要把直线运动转换成旋转运动。运动的传递和转换必须高效率地完成，并且不能有损于机器人系统所需要的特性，特别是定位精度、重复定位精度和可靠性。

1. 带传动

　　带传动是一种应用很广泛的机械传动装置，它是利用传动带作为中间的挠性件，依靠传动带与带轮之间的摩擦力来传递运动和动力。在实际使用中，由于使用场合和转动方向不同，有不同的传动形式。根据两轴在空间的相互位置和转动方向的不同，带传动主要有开口传动、交叉传动和半交叉传动三种传动形式，见表 6-1。

表 6-1　常用带的传动形式

传动简图	开口传动	交叉传动	半交叉传动
	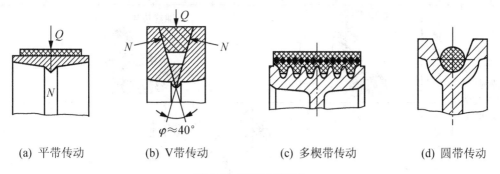		

(1) 开口传动。开口传动用于两轴平行并且旋转方向相同的场合。两轴保持平行，两带轮的中间平面应重合。开口传动的性能较好，可以传递较大的功率。

(2) 交叉传动。交叉传动用于两轴平行但旋转方向相反的场合。由于交叉处传动带有摩擦和扭转，因此传动带的寿命和载荷容量都较低，允许的工作速度也较小，线速度一般在 11m/s 以下。交叉传动不宜用于传递大功率，载荷容量不应超过开口传动的 80%，传动比可到 6。为了减少磨损，轴间距离不应小于 20 倍的带轮宽度。

(3) 半交叉传动。半交叉传动用于空间的两交叉轴之间的传动，交角通常为 90°。传动带在进入主动轮和从动轮时，方向必须对准该轮的中间平面，否则，传动带会从带轮上掉下来。半交叉传动的线速度一般不宜超过 11m/s，传动比一般不超过 3，载荷容量为开口传动的 70%～80%，并且只能单向传动，不能逆转。

根据传动原理，带传动可分为摩擦型带传动和啮合型带传动两类。

(1) 摩擦型带传动。带传动的主要类型是摩擦型带传动。这种带传动中，由于带紧套在两个带轮上，带与带轮接触面间产生压力，当主动轮回转时，依靠带与带轮接触面间的摩擦力，拖动从动轮一起回转而传递一定的运动和动力。根据带的截面形状，常用的摩擦型带传动可分为平带传动、V 带传动、多楔带传动和圆带传动，如图 6.9 所示。

(a) 平带传动　(b) V带传动　(c) 多楔带传动　(d) 圆带传动

图 6.9　摩擦型带传动

(2) 啮合型带传动。啮合型带传动依靠带上的齿与带轮轮齿的相互啮合传递运动和动力，比较典型的是图 6.10 所示的同步带传动，它除保持了摩擦带传动的优点外，还具有传递功率大，传动比准确等优点，故多用于要求传动平稳、传动精度较高的场合。

2. 齿轮传动

齿轮传动的类型很多，按照一对齿轮轴线间的相互位置不同，可分为两轴平行的齿轮传动，如圆柱齿轮传动；两轴相交的齿轮传动，如圆锥齿轮传动；两轴交错的齿轮传动，如螺旋圆柱齿轮传动。按照轮齿的方向，可分为直齿、斜齿、人字齿、圆弧齿等齿轮传动。按啮合情况不同，又可分为外啮合齿轮传动、内啮合齿轮传动、齿轮与齿条啮合传动。齿轮传动的分类可参见表 6-2。

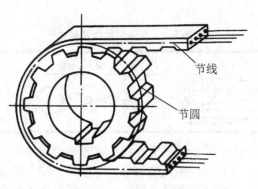

节线

节圆

图 6.10　同步带传动

表 6-2　齿轮传动类型

		外啮合圆柱直齿轮传动	内啮合传动	齿轮齿条传动	外啮合圆柱斜齿轮传动
轴线互相平行	轴侧图				
	运动简图		内齿轮	齿条	

		直齿锥齿轮		曲线齿锥齿轮	
轴线相交(特例:轴线交角为Σ90°)	轴侧图				
	运动简图				

		交错轴斜齿轮($\Sigma\neq$90°)		蜗杆传动(Σ=90°)	
轴线相错	轴侧图				
	运动简图				

由一对齿轮组成的机构是齿轮传动的最简单形式,但在应用过程中,为了将输入轴的

一种转速变换为输出轴的多种转速，或为了获得大的传动比等，常采用一系列互相啮合的齿轮来达到此要求。这种由一系列齿轮组成的传动系统称为齿轮系，简称轮系。

通常根据轮系运动时齿轮轴线位置是否固定，将细分为定轴轮系和周转轮系两种。传动时，所有齿轮轴线的位置都是固定不变的轮系称为定轴轮系。图6.11所示为两级圆柱齿轮减速器中的定轴轮系。

至少有一个齿轮的轴线可绕另一齿轮的固定轴线转动的轮系称为周转轮系。如图6.12所示，齿轮2的轴线围绕齿轮1的固定轴线转动。

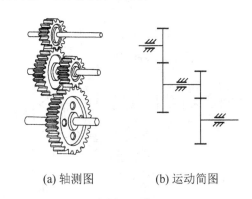

(a) 轴测图   (b) 运动简图

图6.11   定轴轮系

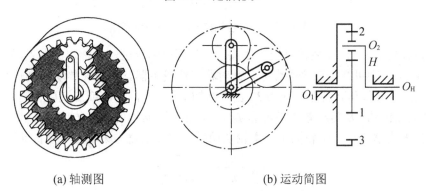

(a) 轴测图   (b) 运动简图

图6.12   周转轮系

3. 谐波齿轮

虽然谐波齿轮已问世多年，但直到最近人们才开始广泛地使用它。目前，工业机器人的旋转关节有60%～70%都是使用的谐波齿轮传动。

谐波齿轮传动装置是由三个基本构件组成的，即具有内齿的刚轮G、具有外齿容易变形的薄壁圆筒状柔轮R和波发生器H，如图6.13所示。刚轮和柔轮上轮齿的齿形和齿距相同(齿形多用渐开线或三角形)，但柔轮比刚轮少两个或几个齿。波发生器由一个转臂和几个滚子组成，通常波发生器为主动件，柔轮和刚轮之一为从动件，另一为固定件。

谐波齿轮传动的工作原理如图6.13所示，若刚轮G为固定件，波发生器H为主动件，柔轮R为从动件，则当将波发生器装入柔轮内孔时，由于波发生器两滚子外侧之间的距离略大于柔轮内孔直径，会使原为圆形的柔轮产生弹性变形成为椭圆，使其长轴两端的齿与刚轮齿完全啮合。同时，变形后柔轮短轴两端的齿则与刚轮齿完全脱开，其余各处的齿则视回转方向不同分别处于"啮入"或"啮出"状态。当波发生器连续回转时，啮入区啮出区将随着椭圆长短轴相位的变化而依次变化。于是柔轮就相对于不动的刚轮沿与波发生器转向相反的方向做低速回转。柔轮长轴和短轴相位的连续变化，使柔轮的变形在其圆周上是连续的简谐波形，因此这种传动称为谐波传动。若柔轮固定、刚轮从动，其工作过程完全相同，只是刚轮的转向与波发生器转向相同。

图 6.13 谐波齿轮传动啮合过程示意图

如图 6.13 所示，波发生器有两个触头，产生两个啮合区，故称双波发生器。若波发生器有三个触头，则可产生三个啮合区，此时称三波发生器。对双波传动，刚轮和柔轮的齿数差应为 2，三波传动其齿数差应为 3。由于结构上的原因，单波或三波以上的传动很少用，常用的是双波传动。从传动效率考虑和实际应用需要，常用的谐波传动可分以下两种情况：

(1) 波发生器主动、刚轮固定、柔轮从动时，波发生器与柔轮的减速传动比为

$$i_{HR}^G = \frac{n_H}{n_R} = -\frac{z_R}{z_G - z_R} \tag{6-1}$$

式中　z_G、z_R——分别为刚轮与柔轮的齿数；

　　　n_H、n_R——分别为波发生器柔轮的转速。

(2) 波发生器主动、柔轮固定、刚轮从动时，波发生器和刚轮的减速传动比为

$$i_{HG}^R = \frac{n_H}{n_G} = \frac{z_G}{z_G - z_R} \tag{6-2}$$

式中　n_G——刚轮的转速，其余同式(6-1)。

波发生器固定时，若刚轮主动而柔轮从动，其传动比略小于 1；反之，柔轮主动而刚轮从动时，其传动比略大于 1。而当波发生器从动时，无论是刚轮固定、柔轮主动，还是柔轮固定、刚轮主动，均具有较大的增速传动比。但这几种方式在实际中很少使用。

由于谐波减速传动装置具有传动比大(一级谐波齿轮减速比可为 50～500，采用多级或复波式传动时，传动比可以更大)、承载能力强、传动精度高、传动平稳、效率高(一般可达 0.70～0.90)、体积小、质量小等优点，已广泛用于工业机器人中。

6.3 机身和臂部设计

6.3.1 机身设计

机身是直接连接、支承和传动手臂及行走机构的部件。它由臂部运动(升降、平移、回转和俯仰)机构及有关的导向装置、支承件等组成。由于机器人的运动形式、使用条件、负荷能力各不相同,所采用的驱动装置、传动机构、导向装置也不同,致使机身结构有很大差异。

1. 机身设计的基本要求

工业机器人要完成特定的任务,就需要有一定的灵活性和准确性。机身需支承机器人的臂部、手部及所拿持物体的重量,设计时需满足以下要求:

(1) 要有足够大的安装基面,以保证机器人工作时的稳定性。

(2) 机座承受机器人全部重力和工作载荷,应保证足够的强度、刚度和承载能力。

(3) 机床轴承系及传动链的精度和刚度对末端执行器的运动精度影响最大。因此,机座与手臂的连接要有可靠的定位基准面,要有调整轴承间隙和传动间隙的调整机构。

2. 机身的典型结构

一般情况下,实现臂部的升降、回转或俯仰等运动的驱动装置或传动件都安装在机身上。臂部的运动愈多,机身的结构和受力愈复杂。机身既可以是固定式的,也可以是行走式的,即在它们的下部装有能行走的机构,可沿地面或架空轨道运行。常用的机身结构有:①升降回转型机身;②俯仰型机身;③直移型机身;④类人机器人机身。

1) 升降回转型机身

升降回转型机器人的机身主要由实现臂部的回转和升降运动的机构组成。机身的回转运动可采用:①回转轴液压(气)缸驱动;②直线液压(气)缸驱动的传动链;③蜗轮蜗杆机械传动等。机身的升降运动可以采用:①直线缸驱动;②丝杆-螺母机构驱动;③直线缸驱动的连杆式升降台。图 6.14(a)所示为采用单杆活塞气缸驱动链条链轮传动机构实现机身回转运动的原理图,此外,也有用双杆活塞气缸驱动链条链轮传动机构的,如图 6.14(b)所示。

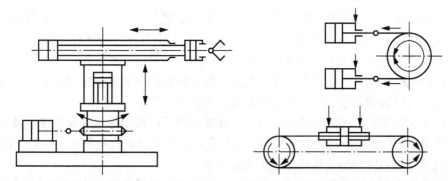

(a) 单杆活塞气缸驱动链条链轮传动机构　　　(b) 双杆活塞气缸驱动链条链轮传动机构

图 6.14　利用链条链轮传动机构实现机身回转运动

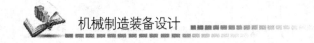
2) 俯仰型机身

机器人手臂的俯仰运动一般采用液压(气)缸与连杆机构来实现。手臂俯仰运动用的液压缸位于手臂的下方,其活塞杆和手臂用铰链连接,缸体采用尾部耳环或中部销轴等方式与立柱连接,如图 6.15 所示。

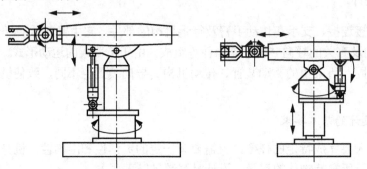

图 6.15　俯仰型机身结构

3) 直线型机身

直线型机器人多为悬挂式的,其机身实际上就是悬挂手臂的横梁。为使手臂能沿横梁平移,除了要有驱动和传动机构外,导轨是一个重要的构件。

4) 类人机器人机身

类人机器人的机身上除装有驱动臂部的运动装置外,还应装有驱动腿部运动的装置和腰部关节。靠腿部和腰部的屈伸运动来实现升降,腰部关节实现左右和前后的俯仰和人身轴线方向的回转运动。

6.3.2　臂部设计

工业机器人的臂部由大臂、小臂(或多臂)所组成,一般具有 2～3 个自由度,即伸缩、回转、俯仰或升降。臂部总质量较大,受力一般较复杂。在运动时,直接承受腕部、手部和工件(或工具)的静、动载荷,尤其高速运动时,将产生较大的惯性力(或惯性力矩),引起冲击,影响定位的准确性。

1. 臂部设计的基本要求

臂部的结构形式必须要根据机器人的运动形式、抓取动作自由度、运动精度等因素来确定。同时,设计时必须考虑到手臂的受力情况,液压(气)缸及导向装置的布置、内部管路与手腕的连接形式等因素。因此设计臂部时一般要注意下述要求:

(1) 手臂的结构和尺寸应满足机器人完成作业任务提出的工作空间要求。工作空间的形状和大小与手臂的长度、手臂关节的转角范围密切相关。

(2) 根据手臂所受载荷和结构的特点,合理选择手臂截面形状和高强度轻质材料。例如,常采用空心的薄壁矩形框体或圆管,以提高其抗弯刚度和抗扭刚度,减小自身的质量。空心结构内部可以方便地安置机器人的驱动系统。

(3) 尽量减小手臂质量和相对其关节回转轴的转动惯量和偏心力矩,以减小驱动装置的负荷,减少运转的动载荷与冲击,提高手臂运动的响应速度。

(4) 要设法减小机械间隙引起的运动误差，提高运动的精确性和运动刚度。采用缓冲和限位装置提高定位精度。

2. 臂部的典型结构

臂部是机器人的主要执行部件，它的作用是支承腕部和手部，并带动他们在空间运动。机器人的臂部主要包括臂杆及与其伸缩、屈伸或自转等运动有关的构件，如传动机构、驱动装置、定向定位装置、支承连接等。此外，还有与腕部或手臂的运动和连接支承等有关的构件、配管配线等。

根据臂部的驱动方式、布局、传动和导向装置的不同，可分为：①伸缩型臂部结构；②转动伸缩型臂部结构；③屈伸型臂部结构；④其他专用的机械传动臂部结构。伸缩型臂部结构可由液压(气)缸驱动或直线电动机驱动；转动伸缩型臂部结构除了臂部做伸缩运动，还绕自身轴线转动，以使手部获得旋转运动。转动可用液压(气)缸驱动或机械传动。

图 6.16 所示为 PUMA 机器人手臂的结构，驱动大臂的传动机构如图 6.16(a)所示，大臂 1 的驱动电动机 7 安置在臂的后端，运动经电动机轴上的小锥齿轮 6、大锥齿轮 5 和一对圆柱齿轮 2、3，驱动大臂轴做转动 θ_2。偏心套 4 用来调整齿轮传动间隙。图 6.16(b)所示为小臂 17 的驱动机构。驱动装置安装在大臂 10 的框形臂架上，驱动电动机 11 安置在大臂的后端，经驱动轴 12，锥齿轮 9、8，圆柱齿轮 14、15，驱动小臂轴做转动 θ_3。偏心套 13 和 16 分别用来调整锥齿轮传动和圆柱齿轮传动间隙。

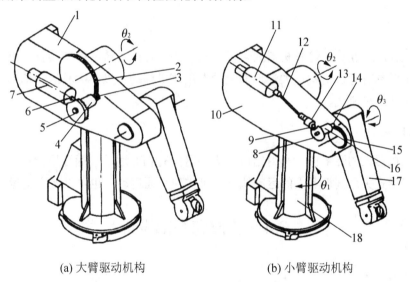

(a) 大臂驱动机构　　　　　　　　(b) 小臂驱动机构

图 6.16　PUMA 机器人手臂的结构

1、10—大臂；2、3、14、15—齿轮；4、13、16—偏心套；5—大锥齿轮；6—小锥齿轮；
7、11—驱动电动机；8、9—锥齿轮；12—驱动轴；17—小臂；18—机座

6.3.3　机身和臂部的配置形式

机身和臂部的配置形式基本上反映了机器人的总体布局。由于机器人的运动要求、工作对象、作业环境和场地等因素的不同，出现了各种不同的配置形式。目前常用的有如下几种形式：

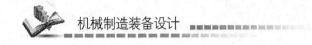

1. 横梁式

机身设计成横梁式，用于悬挂手臂部件，这类机器人的运动形式大多为移动式。它具有占地面积小、能有效的利用空间、直观等优点。横梁可设计成固定的后行走的，一般横梁安装在厂房原有建筑的柱梁或有关设备上，也可从地面架设。

横梁上配置多个悬伸臂为多臂悬挂式，适用于刚性连接的自动生产线，用于工位间传送工件。

2. 立柱式

立柱式机器人多采用回转型、俯仰型或屈伸型的运动形式，是一种常见的配置形式。一般臂部都可以在水平面内回转，具有占地面积小而工作范围大的特点。立柱可固定安装在空地上，也可以固定在床身上。立柱式结构简单，服务于某种主机，承担上、下料或转动等工作。臂的配置形式可分为单臂配置和双臂配置。

单臂配置是在固定的立柱上配置单个臂，一般臂部可水平、垂直或倾斜安装于立柱顶端。

立柱式双臂配置的机器人多用于一只手实现上料，另一只手承担下料。双臂对称布置，较平稳。两个悬挂臂的伸缩运动采用分别驱动方式，用来完成较大行程的提升与转位工作。

3. 机座式

机身设计成机座式，这种机器人可以是独立的、自成系统的完整装置，可随意安放和搬动，也可以具有行走机构，如沿地面上的专用轨道移动，以扩大其活动范围。各种运动形式均可设计成机座式。

4. 屈伸式

屈伸式机器人的臂部由大小臂组成，大小臂间有相对运动，简称屈伸臂。屈伸臂与机身间的配置形式关系到机器人的运动轨迹，可实现平面运动，也可以做空间运动。

6.4 腕部和手部设计

6.4.1 腕部设计

工业机器人的腕部是连接手部与臂部的部件，它的主要作用是确定手部的作业方向。因此它具有独立的自由度，以满足机器人手部完成复杂的姿态。为了使手部能处于空间任意方向，要求腕部能实现对空间三个坐标轴 x、y、z 的转动，即具有回转、俯仰和偏转三个自由度，如图 6.17 所示。通常把手腕的回转称为 Roll，用 R 表示；把手腕的俯仰称为 Pitch，用 P 表示；把手腕的偏转称为 Yaw，用 Y 表示。

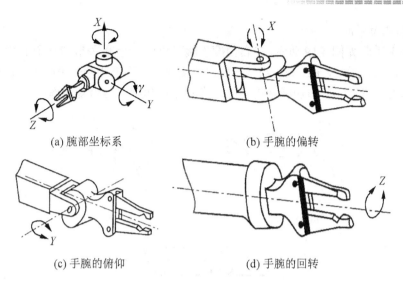

(a) 腕部坐标系   (b) 手腕的偏转

(c) 手腕的俯仰   (d) 手腕的回转

图 6.17　手腕的自由度

1. 腕部设计的基本要求

对工业机器人腕部设计的要求有：

(1) 由于手腕处于手臂末端，为减轻手臂的载荷，应力求手腕部件的结构紧凑，减小其质量和体积。为此腕部机构的驱动装置多采用分离传动，将驱动安置在手臂的后端。

(2) 手腕部件的自由度愈多，各关节角的运动范围愈大，其动作的灵活性愈高，机器人对作业的适应能力也愈强，但增加手腕自由度，会使手腕结构复杂，运动控制难度加大。因此，设计时，不应盲目增加手腕的自由度。

(3) 为提高手腕动作的精确性，应提高传动的刚度，应尽量减少机械传动系统中由于间隙产生的反转回差。

(4) 对手腕回转各关节轴上要设置限位开关和机械挡块，以防止关节超限造成事故。

2. 手腕的分类

手腕按自由度数目可分为单自由度手腕、二自由度手腕和三自由度手腕等。

1) 单自由度手腕

手腕在空间可具有三个自由度，也可以具备以下单一功能，如图 6.18 所示。其中，图(a)所示手腕的关节轴线与手臂的纵轴线共线，回转角度不受结构限制，可以回转 360°，该运动用翻转关节(R 关节)实现；图(b)、(c)所示为手腕关节轴线与手臂及手的轴线相互垂直，R 转角度受结构限制，通常小于 360°，该运动用弯曲关节(B 关节)实现；图(d)所示为移动关节，也称为 T 关节。

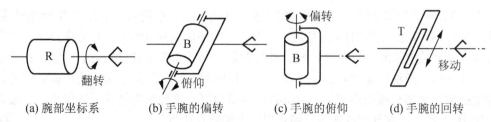

(a) 腕部坐标系   (b) 手腕的偏转   (c) 手腕的俯仰   (d) 手腕的回转

图 6.18　单自由度手腕

2) 二自由度手腕

二自由度手腕如图 6.19 所示。二自由度手腕可以由一个 R 关节和一个 B 关节联合构成 BR 关节实现，或由两个 BB 关节组成 BB 关节实现，但不能由两个 RR 关节构成二自由度手腕，因为两个 RR 关节的功能是重复的，实际上只起到单自由度的作用。

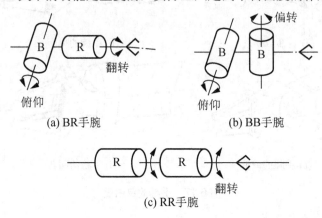

图 6.19　二自由度手腕

3) 三自由度手腕

三自由度手腕可以是由 B 关节和 R 关节组成的多种形式的手腕，实现翻转、俯仰和偏转功能，常用的有 BBR、RRR、BRR、RBR 和 RBB 等形式，如图 6.20 所示。

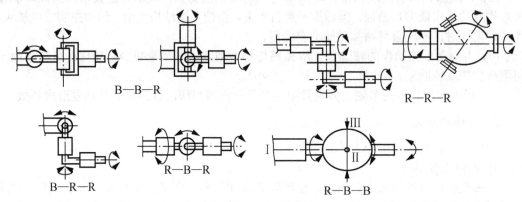

图 6.20　三自由度手腕

由于作业要求的不同，手腕的自由度数及其配置也会有不同，在拟定手腕驱动装置的结构方面也会有差异，因此手腕的结构形式繁多。

图 6.21 所示为摆动液压马达驱动的手腕，压力油从手腕的右下部经管道(两条)分别由进(排)油孔 3 和 7 进入(排出)液压马达，进入的压力油驱动片 6 做正、反方向回转。当定片 5 与动片 6 侧面接触时，即停止回转。动片的最大回转角度由其接触位置决定。夹持器的夹持动作，则由经油路 2 进入的压力油驱动单作用液压缸的活塞 1 来完成。腕部回转运动的位置控制可采用机械挡块定位，用位置检测器检测。这种结构紧凑、体积小，但最大回转角度小于 360°，这种腕部结构只能实现一个腕部自由度。

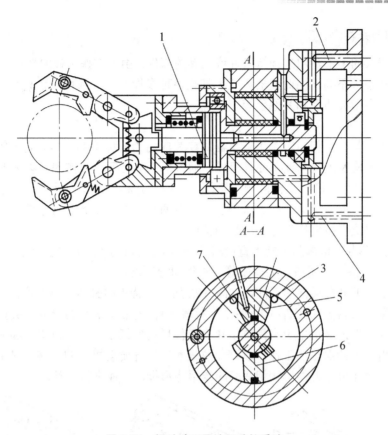

图 6.21 摆动液压马达驱动的手腕

1—活塞；2、4—油路；3、7—进、排油孔；5—定片；6—动片

6.4.2 手部设计

工业机器人的手部是装在机器人手腕上直接抓握工件或执行作业的部件。它具有模仿人手动作的功能，并安装于机器人手臂的前端。

1. 手部的特点

(1) 手部与手腕相连处可拆卸。手部与手腕有机械接口，也可能有电、气、液接头，当工业机器人作业对象不同时，可以方便地拆卸和更换手部。

(2) 手部是工业机器人的末端操作器。它可以像人手那样具有手指，也可以不具备手指；可以是类人的手爪，也可以是进行专业作业的工具，如装在机器人手腕上的喷漆枪、焊接工具等。

(3) 手部的通用性比较差。工业机器人的手部通常是专用的装置，一种手爪往往只能抓握一种工件或几种在形状、尺寸、质量等方面相近似的工件，只能执行一种作业任务。

(4) 手部是一个独立的部件，假如把手腕归属于臂部，那么工业机器人机械系统的三大件就是机身、臂部和手部。手部是决定整个工业机器人作业完成好坏、作业柔性好坏的关键部件之一。

2. 手部的分类

工业机器人的手部是用来握持工件或工具的部件，由于被握工件的形状、尺寸、质量、材质及表面状态等不同，因此机器人的手部是多种多样的，大致可分为夹钳式手部、吸附式手部、仿生多指灵巧手和其他手等。

1) 夹钳式手部

夹钳式手部与人手相似，是工业机器人广为应用的一种手部形式。它一般由手指和驱动机构、传动机构及连接与支承元件组成，通过手爪的开闭动作实现对物体的夹持。

(1) 手指。它是直接与工件接触的构件。手部松开和夹紧工件就是通过手指的张开和闭合来实现的。一般情况下，机器人的手部只有两个手指，少数有三个或多个手指。它们的结构形式常取决于被夹持工件的形状和特性。

① 指端的形状。指端是手指上直接与工件接触的部位，它的结构形状取决于工件的形状。类型有 V 形指、平面指、尖指或薄、长指和特形指。

V 形指适用于夹持圆柱形工件，如图 6.22 所示，特点是夹紧平稳可靠，夹持误差小；平面指一般用于夹持方形工件(具有两个平行表面)、板形或细小的棒料；尖指一般用于夹持小型或柔性工件；薄指用于夹持位于狭窄工作场地的细小工件，以避免和周围障碍物相碰；长指可用于夹持炽热的工件，以避免热辐射对手部传动机构的影响。对于形状不规则的工件，必须设计出与工件形状相适应的专用特形指，才能夹持工件。

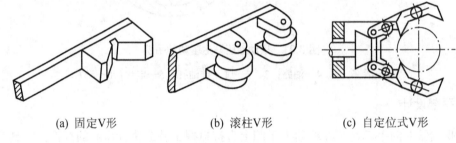

(a) 固定V形　　　　　(b) 滚柱V形　　　　　(c) 自定位式V形

图 6.22　V 形指端形状

② 指面形式。根据工件形状、大小及其被夹持部位材质软硬、表面性质等的不同，手指的指面有光滑指面、齿型指面和柔性指面三种形式。

光滑指面，其指面平整光滑，用来夹持已加工表面，避免已加工的光滑表面损伤；齿型指面，其指面刻有齿纹，可增加与被夹持工件间的摩擦力，以确保夹紧可靠，多用来夹持表面粗糙的毛坯或半成品；柔性指面，其指面镶衬橡胶、泡沫、石棉等物，有增加摩擦力、保护工件表面、隔热等作用，一般用来夹持已加工表面、炽热件，也适用于夹持薄壁件和脆性工件。

③ 手指的材料。手指材料选用恰当与否，对机器人的使用效果有很大影响。对于夹钳式手部，其手指材料可选用一般碳素钢和合金结构钢。

为使手指经久耐用，指面可镶嵌硬质合金；高温作业的手指，可选用耐热钢；在腐蚀性气体环境下工作的手指，可镀铬或进行陶瓷处理，也可以选用耐腐蚀的玻璃钢或聚四氟乙烯。

(2) 传动机构。它是向手指传递运动和动力，以实现夹紧和松开运动的机构。该机构根据手指开合的动作特点分为回转型和平移型。回转型又分为一支点回转和多支点回转。根据手爪夹紧是摆动还是平动，又可分为摆动回转型和平动回转型。

　　① 回转型传动机构。夹钳式手部中较多的是回转型手部，其手指是一对(或几对)杠杆，由同斜楔、滑槽、连杆、齿轮、蜗轮蜗杆或螺杆等机构组成复合式杠杆传动机构，来改变传力比、传动比及运动方向。图 6.23 为齿条齿轮杠杆式手部的结构。驱动杆 2 末端制成双面齿条，与扇齿轮 4 相啮合，而扇齿轮 4 与手指 5 固连在一起，可绕支点回转。驱动力推动齿条做直线往复运动，即可带动扇齿轮回转，从而使手指松开或闭合。

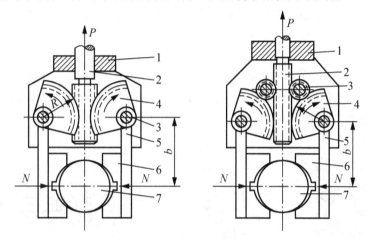

图 6.23　齿条齿轮杠杆式手部

1—壳体；2—驱动杆；3—中间齿轮；4—扇齿轮；5—手指；6—V 形指；7—工件

　　② 平移型传动机构。平移型夹钳式手部是通过手指的指面做直线往复运动或平面移动来实现张开或闭合动作的，常用于夹持具有平行平面的工件(如箱体等)。其结构较复杂，不如回转型应用广泛。平移型传动机构根据其结构，大致分为平面平行移动机构和直线往复移动机构两种类型。

　　(3) 驱动装置。它是向传动机构提供动力的装置。按驱动方式不同，有气动、液动、电动和电磁驱动之分。

　　(4) 支架。它使手部与机器人的腕或臂相连接。

　　此外，还有连接和支承元件，它们将上述有关部分连成一个整体。

　　2) 吸附式手部

　　吸附式手部靠吸附力取料。根据吸附力的不同有气吸附式和磁吸附式两种。吸附式手部适用于大平面(单面接触无法抓取)、易碎(玻璃、磁盘)、微小(不易抓取)的物体，因此使用面也较大。

　　(1) 气吸附式。气吸附式手部是工业机器人常用的一种吸持工件的装置。它由吸盘(一个或几个)、吸盘架及进排气系统组成，具有结构简单、质量小、使用方便可靠等优点，广泛用于非金属材料(如板材、纸张、玻璃等物体)或不可有剩磁的材料的吸附。

　　气吸附式手部的另一个特点是对工件表面没有损伤，且对被吸工件预定的位置精度要求不高；但要求工件上与吸盘接触部位光滑平整、清洁，被吸附工件材质致密，没有透气空隙。

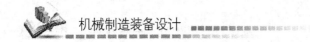

气吸附式手部是利用吸盘内的压力和大气压之间的压力差而工作的。按形成压力差的方法，可分为挤压排气式、真空气吸式和气流负压式三种，如图 6.24 所示。

① 挤压排气式。如图 6.24(a)所示，挤压排气式手部靠向下的挤压力将吸盘 3 内的空气排出，使其内部形成负压，将工件 4 吸住；靠挡块(或外力 F_p 作用)碰撞压盖 1 的上部，使密封垫 2 抬起，进入空气，释放工件。这种吸盘有结构简单、质量小、成本低的优点，但吸力不大，多用于吸取尺寸不大、薄而轻的物体。

② 真空气吸式。如图 6.24(b)所示，手部利用电磁控制阀将吸盘与真空泵相连，当抽气时，吸盘腔内的空气被抽出，形成负压而吸住物体。反之，控制阀将吸盘与大气相连时，吸盘即失去吸力而松开工件。这种吸盘工作可靠，吸力大，但需配备真空泵及其控制系统，费用较高。

③ 气流负压式。如图 6.24(c)所示，控制阀将来自气泵的压缩空气自喷嘴通入，形成高速射流，将吸盘内腔中的空气带走而形成负压，使吸盘吸住物体。若作业现场有压缩空气供应，这种吸盘比较方便，且成本低。

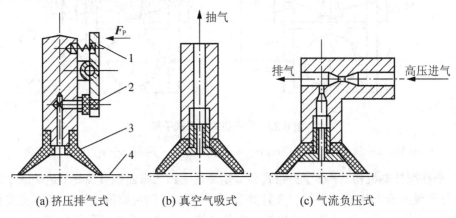

(a) 挤压排气式   (b) 真空气吸式   (c) 气流负压式

图 6.24   气吸式手部

1—压盖；2—密封盖；3—吸盘；4—工件

(2) 磁吸附式。磁吸附式手部是利用永久磁铁或电磁铁通电后产生的磁力来吸附工件的，其应用较广。磁吸附式手部与气吸附式手部相同，不会破坏被吸件表面质量。

磁吸附式手部比气吸附式手部优越的方面：有较大的单位面积吸力，对工件表面粗糙度及通孔、沟槽等无特殊要求。磁吸附式手部的不足之处：被吸工件存在剩磁，吸附头上常吸附磁性屑(如铁屑等)，影响正常工作。因此对那些不允许有剩磁的零件要禁止使用。对钢、铁等材料制品，温度超过 723℃就会失去磁性，故在高温下无法使用磁吸附式手部。磁吸附式手部按磁力来源可分为永久磁铁手部和电磁铁手部。电磁铁手部由于供电不同又可分为交流电磁铁和直流电磁铁手部。

3) 仿生多指灵巧手

目前，大部分工业机器人的手部只有两个手指，而且手指上一般没有关节。因此取料不能适应物体外形的变化，不能使物体表面承受比较均匀的支持力，因此无法满足对复杂形状、不同材质的物体实施夹持和操作。为了提高机器人手部和腕部的操作能力、灵活性和快速反应能力，让机器人能像人手一样进行各种复杂的作业，如装配作业、维修作业、设备操作等，就必须有一个运动灵活、动作多样的灵巧手，即仿生多指灵巧手。

仿生多指灵巧手的开创性工作是 ETL 手，它的出色的机构设计为以后所开发的许多多指灵巧手所采用。图 6.25 分别为 ETL 手部的外形和各部分的详细结构图。手指自由度是这样构成的，相当于人手拇指的手指有三个自由度，其余的两个手指和人的手指一样有 4 个自由度。各关节通过柔管-钢丝绳动力传递系统和带减速器的 22W 直流伺服电动机驱动，减速器的减速比为 1/94.3。这里每个关节只有一个驱动器，所以预先必须使钢丝绳有足够的初始张力。

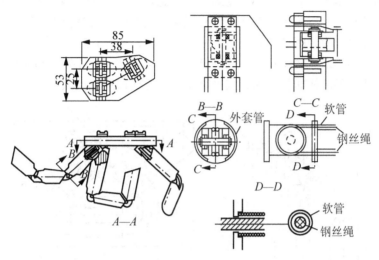

图 6.25 ETL 手部

如图 6.26 所示，分别为 Stanford/JPL 三指灵巧手和 Utah/MIT 四指灵巧手。它们的每一个手指有三个回转关节，每一个关节自由度都是独立控制的。这样，几乎人手能完成的各种复杂动作它都能模仿。

Stanford/JPL 三指灵巧手的每个手指有三个自由度，而每个手指用多台电动机驱动，各电动机根据安装在手腕部分的张力传感器和电动机侧的位置传感器的输出同时控制钢丝绳的张力和位置。它与一个电动机控制一个关节的方法相比，电动机的数量多了一个。但它却没有必要担心钢丝绳会松弛。该手部不需要进行很麻烦的初始张力的调节，但是它也有缺点，那就是各个轴的运动相互之间存在耦合。

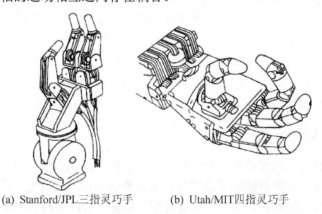

(a) Stanford/JPL三指灵巧手   (b) Utah/MIT四指灵巧手

图 6.26 多指灵巧手

4) 其他手

(1) 弹簧式手部。弹簧式手部靠弹簧力的作用将工件夹紧,手部不需要专用的驱动装置,结构简单。它的使用特点是工件进入手指和从手指中取下工件都是强制进行的。由于弹簧力有限,故只适用于夹持轻小工件。

(2) 钩托式手部。钩托式手部并不靠夹紧力来夹持工件,而是利用工件本身的重量,通过手指对工件的勾、托、捧等动作来托持工件。应用钩托方式可降低对驱动力的要求,简化手部结构,甚至可以省略手部驱动装置。它适用于在水平面内和垂直面内做低速移动的搬运工作,尤其对大型笨重的工件或结构粗大而质量较轻且易变形的工件更为有利。

钩托式手部可分为无驱动装置型和有驱动装置型,如图 6.27 所示。无驱动装置型的钩托式手部,手指动作通过传动机构,借助臂部的运动来实现,手部无单独的驱动装置。有驱动装置的钩托式手部依靠机构内力来平衡工件重力而保持托持状态。

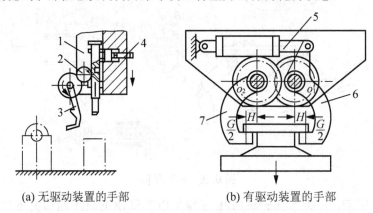

(a) 无驱动装置的手部　　　　　(b) 有驱动装置的手部

图 6.27　钩托式手部

1—齿条；2—齿轮；3—手指；4—销子；5—驱动油缸；6、7—杠杆手指

6.5　行走机构设计

行走机构是行走机器人的重要执行部件,它由驱动装置、传动机构、位置检测元件、传感器、电缆及管路等组成。它一方面支承机器人的机身、臂部和手部,另一方面还根据工作任务的要求,带动机器人实现在更广阔的空间内运动。

行走机构按其行走运动轨迹可分为固定轨迹式和无固定轨迹式。工业机器人大多采用固定轨迹式行走机构。对于无固定轨迹式行走机构,根据其结构特点可分为车轮式行走机构、履带式行走机构和足式行走机构。

6.5.1　固定轨迹式行走机构

该类机器人机身底座安装在一个可移动的拖板座上,靠丝杠螺母驱动,整个机器人沿丝杠纵向移动。除了这种直线驱动方式外,还有类似起重机梁行走方式等,这种可移动机主要用在作业区域大的场合,如大型设备装配、立体化仓库中材料搬运等。

6.5.2 无固定轨迹式行走机构

1. 车轮式行走机构

车轮式行走机构是机器人中应用最多的一种行走机构。其优点是能高速稳定地移动、能量利用率高、机构简单、控制方便等，缺点是移动场所限于平面。目前机器人的工作环境，如果不考虑核电站等特殊环境和山体等凹凸不平地面等自然环境，几乎都是人工建造的较为平坦的地面，所以轮式机构的利用价值非常高。

1) 车轮的形式

车轮的形状或结构形式取决于地面的性质和车辆的承载能力。在轨道上运行的多采用钢轮，室外路面行驶的采用充气轮胎，室内平坦地面上可采用实心轮胎。图 6.28 所示为不同地面上采用的不同车轮形式。其中，充气球轮适用于沙丘地形；半球形轮为火星表面移动车辆开发；传统车轮适用于平坦的坚硬路面；无缘轮适用于爬越阶梯和在水田中行驶。

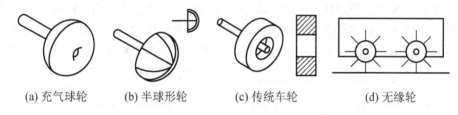

(a) 充气球轮   (b) 半球形轮   (c) 传统车轮   (d) 无缘轮

图 6.28 车轮的形式

2) 车轮的配置和转向机构

车轮式行走机构依据车轮的多少分为一轮、二轮、三轮、四轮及多轮机构。一轮和二轮行走机构在实现上的主要障碍是稳定性问题，实际应用的车轮式行走机构多为三轮和四轮。

三轮式具有最基本的稳定性，其主要问题是如何实现移动方向的控制。典型车轮的配置方法是一个前轮、两个后轮，前轮作为操纵舵，用来改变方向，后轮用来驱动；另一种是用后两轮独立驱动，另一个轮仅起支撑作用，并靠两轮的转速差或转向来改变移动方向，从而实现整体灵活的、小范围的移动。

四轮行走机构的应用最为广泛，四轮机构采用不同的方式实现驱动和转向。图 6.29(a)为两轮独立驱动，前后带有辅助轮的方式，与图 6.29(b)相比，当旋转半径为 0 时，由于能绕车体中心旋转，因此有利于在狭窄场所改变方向。图 6.29(b)所示汽车方式，适合高速行走。

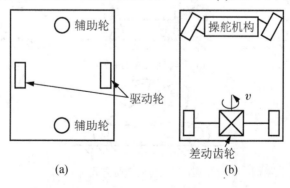

(a)   (b)

图 6.29 四转车的驱动机构和运动

3) 越障轮式机构

普通车轮行走机构对崎岖不平地面适应性很差，为了提高轮式车辆的地面适应能力，研发了越障轮式机构。

2. 履带式行走机构

履带式行走机构适合在未加工的天然路面行走，它是车轮式行走机构的拓展，履带本身起着给车轮连续铺路的作用。

履带式行走机构与车轮式行走机构相比，有如下特点：①支承面积大，接地比压小。适合在松软或泥泞场地进行作业，下陷度小，滚动阻力小；②越野机动性好，爬坡、越沟等性能均优于车轮式行走机构；③履带支承面上有履齿，不易打滑，牵引附着性能好，有利于发挥较大的牵引力；④结构复杂，质量大，运动惯性大，减振功能差，零件易损坏。

履带行走机构的形状，如图 6.30 所示。图 6.30(a)中驱动轮及导向轮兼作支承轮，增大支承地面面积，改善了稳定性，此时驱动轮和导向轮只微量高于地面。图 6.30(b)中不作支承轮的驱动轮与导向轮装得高于地面，链条引入引出时角度达 50°，其好处是适合于穿越障碍，另外因为减少了泥土夹入引起的磨损和失效，可以提高驱动轮和导向轮的寿命。

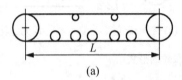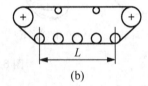

(a)　　　　(b)

图 6.30　履带行走机构的形状

通过进一步采用适应地形的履带，可产生更有效的利用履带特性的方法，如图 6.31 所示。

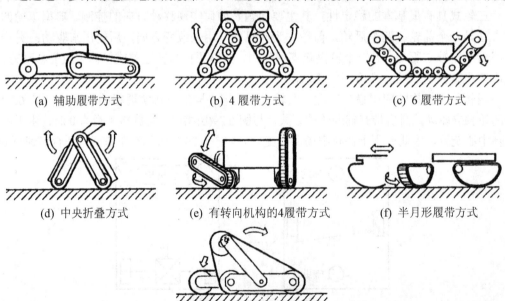

(a) 辅助履带方式　　(b) 4履带方式　　(c) 6履带方式

(d) 中央折叠方式　　(e) 有转向机构的4履带方式　　(f) 半月形履带方式

(g) 形状可变履带方式

图 6.31　适应地形的履带

阅读材料 6-1

履带式机器人的机构特点

可变履带机器人，是指该机器人所用履带的构形可以根据地形条件和作业要求进行适当变化。图6.32 所示为一种形状可变履带机器人的外形示意图。该机器人的主体部分是两条形状可变的履带，分别由两个主电动机驱动。当两条履带的速度相同时，机器人实现前进或后退移动；当两条履带的速度不同时，机器人实现转向运动。当主臂杆绕履带架上的轴旋转时，带动行星轮转动，从而实现履带的不同构形，以适应不同的运动和作业环境。

图6.33 所示为变形履带传动机构示意图。主电动机带动驱动轮运动，使履带转动。主臂电动机通过与电动机同轴的小齿轮与齿轮1啮合，一方面带动主臂杆转动；另一方面通过齿轮2、齿轮3和齿轮4的啮合，带动链轮旋转；链轮通过链条进一步使安装行星轮的曲柄回转。因为齿轮1和齿轮4，齿轮2和齿轮3的齿数分别相同，因此齿轮1和齿轮4的转速一致，而方向相反。加上链条两端的链轮齿数相等，使得主臂电动机工作时，主臂杆转过的角度与曲柄的绝对转角大小相等、方向相反。

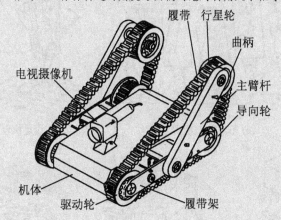

图 6.32 形状可变履带机器人外形示意图

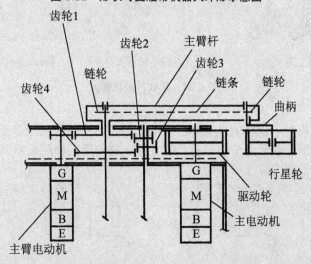

图 6.33 变形履带传动机构示意图

资料来源：罗庆生. 光机电一体化系统常用机构. 北京：机械工业出版社，2009.

3. 足式行走机构

履带式行走机构虽然可以在高低不平的地面上运动，但它的适应性不够，行走时晃动太大，在软地面上行驶运动效率低。面对崎岖的路面，车轮式和履带式行走工具必须面临最坏的地形上几乎所有的点，相比之下，足式运动方式则优越得多。首先，因为足式运动方式的立足点是离散的点，它可以在可能达到的地面上选择最优的支撑点；其次，足式运动方式具有主动隔振能力，尽管高低不平，机身的运动仍然可以相当平稳；再次，足式行走在不平地面和松软地面上的运动速度较高、能耗较少。

1) 足的数目

足式行走机构有单足、双足、三足、四足、六足等，足的数目越多，承载能力越强，但是运动速度越慢，双足和四足具有良好的适应性和灵活性，最接近人类和动物。图 6.34 所示为单足、双足、三足、四足和六足行走机构。

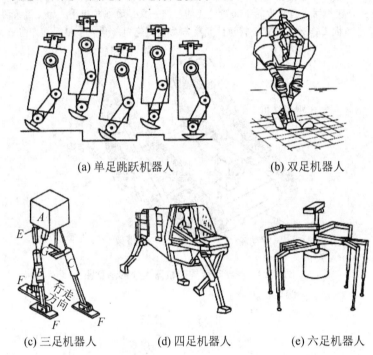

(a) 单足跳跃机器人　　　　　　　　(b) 双足机器人

(c) 三足机器人　　　　(d) 四足机器人　　　　(e) 六足机器人

图 6.34　足式行走机器人

2) 足的配置

足的配置指足相对于机体的位置和方位的安排，这个问题对于多于两足时尤为重要。就双足而言，足的配置或者是一左一右，或者是一前一后，如图 6.35 所示。后一种配置因容易引起腿间的干涉而实际上很少用到。

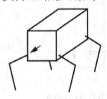
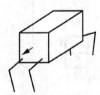

(a) 正向对称分布　　　　　　　(b) 前后向对称分布

图 6.35　足的主平面的安排

3) 足式行走机构的平衡和稳定性

(1) 静态稳定的多足机。其机身的稳定通过足够数量的足支撑来保证。在行走过程中，机身重心的垂直投影始终落在支撑足着落地点的垂直投影所形成的凸多边形内。这样，即使在运动中的某一瞬时将运动"凝固"，机体也不会有倾覆的危险。这类行走机构的速度较慢，它的步态为爬行或步行。

(2) 动态稳定。在动态稳定中，机体重心有时不在支撑图形中，利用这种重心超出面积外而向前产生倾倒的分力作为行走的动力并不停地调整平衡点以保证不会跌倒。这类机构一般运动速度较快，消耗能量小。其步态可以是小跑和跳跃。

通过对比不同足数对行走能力的评价，见表6-3。

表6-3 不同足数对行走能力的评价

足数评价指标	1	2	3	4	5	6	7	8
保持稳定姿态的能力	无	无	好	最好	最好	最好	最好	最好
静态稳定行走的能力	无	无	无	好	最好	最好	最好	最好
高速静稳定行走能力	无	无	无	有	好	最好	最好	最好
动态稳定行走的能力	有	有	最好	最好	最好	好	好	好
用自由度数衡量的机械结构之简单性	最好	最好	好	好	好	有	有	有

6.6 工业机器人在制造业中的应用

自从20世纪60年代初人类创造了第一台工业机器人以后，机器人就显示出它极强的生命力，在短短四十多年的时间中，机器人技术得到了迅速的发展，工业机器人已在工业发达国家的生产中得到了广泛的应用。目前，工业机器人已广泛应用于汽车及汽车零部件制造业、机械加工行业、电子电气行业、橡胶及塑料工业、食品工业、木材与家具制造业等领域中。

6.6.1 工业机器人的应用准则

在设计和应用工业机器人时，应全面和均衡考虑机器人的通用性、环境的适应性、耐久性、可靠性和经济性等因素，具体遵循的准则如下：

1) 在恶劣的工作环境中应用机器人

机器人可以在有毒、风尘、噪声、振动、高温、易燃、易爆等危险或有害的环境中长期稳定地工件。在技术、经济合理的情况下，可采用机器人逐步把人从这些工作岗位上替代下来，以改善工人的劳动条件，降低工人的劳动强度。

2) 在生产率和生产质量落后的部门应用机器人

现代化生产的分工越来越细，操作越来越简单，劳动强度越来越大，可以用机器人高效地完成一些简单、重复性的工件，以提高生产效率和生产质量。

3) 从长远考虑需要机器人

一般来说，人的寿命要比机械的寿命长，不过，如果经常对机械进行保养和维修，对易换件进行补充和更换，有可能使机械的寿命超过人类。另外，工人会由于其自身的意志而放弃工作、停工或辞职，而工业机器人没有自己的意愿，它不会在工作中途因故障以外的原因而停止工作，能够持续地工作，直至其机械寿命完结。

与只能完成单一特定作业的设备不同，机器人不受产品性能、所执行任务的类型或具体行业的限制。若产品更新换代频繁，通常只需要重新编制机器人程序，并换装不同类型的末端操作器来完成部分改装就可以了。

4）机器人的使用成本

虽然使用机器人可以减轻工人的劳动强度，但是人们往往更为关心使用机器人的经济性，要从劳动力、材料、生产率、能源、设备等方面比较人和机器人的使用成本。如果使用机器人能够带来更大的效益，则可优先选用机器人。

5）应用机器人时需要人

在应用机器人代替工人操作时，要考虑工业机器人的实际工作能力，用现有的机器人完全取代工人显然是不可能的，机器人只能在人的控制下完成一些特定的工作。

6.6.2 工业机器人在制造业中的应用

在众多制造业领域中，应用工业机器人最广泛的领域是汽车及汽车零部件制造业。2005年美洲地区汽车及汽车零部件制造业对工业机器人的需求占该地区所有对工业机器人需求的比例高达 61%，未来几年工业机器人的需求将会呈现出高速增长趋势。在工业生产中，点焊机器人、弧焊机器人、装配机器人、喷涂机器人及搬运机器人等工业机器人都已被大量采用。

1. 焊接机器人

焊接机器人是从事焊接的工业机器人。根据国际标准化组织工业机器人术语标准焊接机器人的定义，工业机器人是一种多用途的、可重复编程的自动控制操作机，具备一个或更多可编程的轴，并能将焊接工具按要求送到预定空间位置，按要求轨迹及速度移动焊接工具的机器。用于工业自动化领域，为了适应不同的用途，机器人最后一个轴的机械接口，通常是一个连接法兰，可接装不同工具或称末端执行器。焊接机器人就是在工业机器人的末轴法兰装接焊钳或焊(割)枪，使之能进行焊接、切割或热喷涂的机器人。

焊接机器人具有性能稳定、工作空间大、运动速度快和负荷能力强等特点，焊接质量明显优于人工焊接，大大提高了点焊作业的生产率。焊接机器人按照使用类型分为点焊机器人及弧焊机器人等。

1）点焊机器人

点焊机器人主要用于汽车整车的焊接工作，生产过程由各大汽车主机厂负责完成。国际工业机器人企业凭借与各大汽车企业的长期合作关系，向各大型汽车生产企业提供各类点焊机器人单元产品并以焊接机器人与整车生产线配套形式进入中国，在该领域占据市场主导地位。

随着汽车工业的发展，焊接生产线要求焊钳一体化，质量越来越大，165kg 点焊机器人是目前汽车焊接中最常用的一种机器人。2008 年 9 月，机器人研究所研制完成国内首台165kg 级点焊机器人，并成功应用于奇瑞汽车焊接车间，如图 6.36 所示。2009 年 9 月，经过优化和性能提升的第二台机器人完成并顺利通过验收，该机器人整体技术指标已经达到国外同类机器人水平。

图 6.36　165kg 级点焊机器人

2) 弧焊机器人

弧焊机器人是可以进行自动弧焊的工业机器人。一般的弧焊机器人由示教盒、控制盘、机器人本体及自动送丝装置、焊接电源等部分组成，可以在计算机的控制下实现连续轨迹控制和点位控制，还可以利用直线插补和圆弧插补功能，焊接由直线及圆弧所组成的空间焊缝。弧焊机器人主要有熔化极焊接作业和非熔化极焊接作业两种类型，具有可长期进行焊接作业、保证焊接作业的高生产率、高质量和高稳定性等特点。

随着技术的发展，弧焊机器人正向着智能化的方向发展，采用激光传感器实现焊接过程中的焊缝跟踪，提升焊接机器人对复杂工件进行焊接的柔性和适应性，结合视觉传感器离线观察获得焊缝跟踪的残余偏差，基于偏差统计获得补偿数据并进行机器人运动轨迹的修正，在各种工况下都能获得最佳的焊接质量。

2. 装配机器人

装配机器人是柔性自动化装配系统的核心设备，由机器人操作机、控制器、末端执行器和传感系统组成。其中操作机的结构类型有水平关节型、直角坐标型、多关节型和圆柱坐标型等；控制器一般采用多 CPU 或多级计算机系统，实现运动控制和运动编程；末端执行器为适应不同的装配对象而设计成各种手爪和手腕等；传感系统用来获取装配机器人与环境和装配对象之间相互作用的信息。常用的装配机器人主要有可编程通用装配机器人和平面双关节型机器人两种类型。

与一般工业机器人相比，装配机器人具有精度高、柔顺性好、工作范围小、能与其他系统配套使用等特点，主要用于各种电器的制造行业。现阶段汽车上要求安装的精度和速度也越来越高，且小配件越来越多，人工安装已经很难满足装配需求。用于装配作业的机器人，在小到车门、仪表盘、前后挡板、车灯、电池、座椅的安装，大到发动机的装配等，发挥了越来越重要的作用，大大提高了汽车装配的效率。图 6.37 所示为汽车厂内的装配机器人正在装配汽车的各个部件。

图 6.37　装配机器人

3. 喷涂机器人

喷涂机器人是可进行自动喷漆或喷涂其他涂料的工业机器人,如图 6.38 所示。其优点是:①柔性大,工作范围大;②能提高喷涂质量和材料的使用率;③易于操作和维护,可离线编程,大大地缩短现场调试时间;④设备利用率高,喷涂机器人的利用率可达 90%～95%。

图 6.38　喷涂机器人

喷涂机器人分为液压喷涂机器人和电动喷涂机器人。

最早的喷涂机器人一般为液压驱动方式,它由本体、控制柜、液压系统组成。液压喷涂机器人的结构为六轴多关节型,工作空间大,腰回转采用液压马达驱动,手臂采用油缸驱动,手部采用柔性腕结构,能喷涂形态复杂的工件并具有很高的生产效率。

电动喷涂机器人一般也有六个轴,但工作空间大。在设计手臂时注意了减轻重量和简化结构,结果降低了惯性负荷,提高了高速动作的轨迹精度。

在汽车领域大量应用了喷涂机器人是因为喷漆工序中雾状漆料对人体危害严重,且喷漆环境各方面条件都很差。另外还可以提高产品质量和产品的产量,降低成本。随着国内汽车生产向着大规模、高质量和低成本的方向发展,传统的手工喷涂已经无法满足大多数整车厂车身涂装的要求,因此喷涂机器人技术在整车涂装领域的运用越来越广泛。

4. 搬运机器人

搬运机器人是可以进行自动化搬运作业的工业机器人。搬运机器人可安装不同的末端执行器以完成各种不同形状和状态的工件搬运工作,大大减轻了人类繁重的体力劳动。目前世界上使用的搬运机器人 10 万余台,被广泛应用于机床上下料、冲压机自动化生产线、自动装配流水线、码垛搬运、集装箱等的自动搬运。部分发达国家已制定出人工搬运的最大限度，超过限度的必须由搬运机器人来完成。搬运机器人的最大负载可以达到 500kg。图 6.39 为重载搬运机器人正在安装汽车的前后轴。

搬运机器人是实现精细化、柔性化、信息化，缩短流程、降低物料损耗，减少占地面积，降低投资等的高新技术装备。搬运需要和生产环节紧密结合，且最大限度地避免搬运中对于加工零部件的损害，而且节省了大量的人力劳动，提高生产效率。

图 6.39　重载搬运机器人

6.6.3　工业机器人的发展趋势

工业机器人在许多生产领域的使用实践证明，它在提高生产自动化水平，提高劳动生产率和产品质量及经济效益，改善工人劳动条件等方面，有着令世人瞩目的作用，引起了世界各国和社会各层人士的广泛兴趣。在新的世纪，工业机器人必将得到更加快速的发展和更加广泛的应用。从近几年世界机器人推出的产品来看，未来工业机器人具有如下的发展趋势：

1. 高级智能化

未来机器人与今天的相比最突出的特点在于其具有更高的智能。随着计算机技术、模糊控制技术、专家系统技术、人工神经网络技术和智能工程技术等高新技术的不断发展，必将大大提高工业机器人学习知识和运用知识解决问题的能力，并具有视觉、力觉、感觉等功能，能感知环境的变化，做出相应反应，有很高的自适应能力，几乎能像人一样去干更多的工作。

2. 结构一体化

工业机器人的本体采用杆臂结构或细长臂轴向式腕关节，并与关节机构、电动机、减速器、编码器等有机结合，全部电、管、线不外露，形成十分完整的防尘、防漏、防水全封闭的一体化结构。

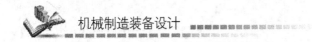

3. 应用广泛化

在 21 世纪，机器人不再局限于工业生产，而是向服务领域扩展。社会的各个领域都可由机器人工作，从而使人类进入机器人时代。据专家预测，用于家庭的"个人机器人"必将在 21 世纪得到推广和普及，人类生活将变得更加美好舒适；模仿生物且从事生物特点工作的仿生机器人将备受社会青睐，警备和军事用机器人也将在保卫国家安全方面发挥重要作用。

4. 产品微型化

微机械电子技术和精密加工技术的发展为机器人微型化创造了条件，以功能材料、智能材料为基础的微驱动器、微移动机构及高度自治的控制系统的开发使微型化成为可能。微型机器人可以代替人进入人不能到达的领域进行工作，帮助人类进行微观领域的研究。

5. 组件、构件通用化、标准化和模块化

机器人是一种高科技产品，其制造、使用维护成本比较高，操作机和控制器采用通用元器件，让机器人组件、构件实现标准化、模块化是降低成本的重要途径之一。大力制订和推广"三化"，将使机器人产品更能适应国际市场价格竞争的环境。

6. 高精度、高可靠性

随着人类对产品和服务质量的要求越来越高，对从事制造业或服务业的机器人的要求也相应提高，开发高精度、高可靠性机器人是必然的发展结果。采用最新交流伺服电动机或直驱(Direct Driver, DD)电动机直接驱动，以进一步改善机器人的动态特性，提高可靠性；采用 64 位数字伺服驱动单元和主机采用 32 位以上 CPU 控制，不仅可使机器人精度大为提高，也可以提高插补运算和坐标变换的速度。

习 题

6-1 工业机器人有哪几部分组成？

6-2 工业机器人的工作空间的含义是什么？

6-3 工业机器人三种传动方式的优缺点是什么？

6-4 谐波减速器的工作原理是什么？有什么特点？

6-5 了解工业机器人机身和臂部的主要配置形式。

6-6 工业机器人腕部设计的基本要求是什么？

6-7 了解一些典型的工业机器人手部的结构及特点。

6-8 工业机器人无固定轨迹式行走机构有哪几类？各种类型的特点如何？

6-9 简述工业机器人在制造业中的应用。

第 7 章
生产物流系统设计

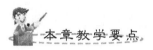 本章教学要点

知识要点	掌握程度	相关知识
物流系统基础知识	了解生产物流的定义及特点； 掌握生产物流系统的结构及组织形式	生产物流系统的水平及垂直结构； 生产物流系统的布置方式
机床上下料装置的设计	了解机床上下料装置的类型； 掌握料仓式上料装置和料斗式上料装置的设计	料仓式上料装置的结构设计； 料斗式上料装置的分类及组成
物料运输装置的设计	熟悉输送机及辅助装置的结构及特点； 了解自动运输小车的分类及应用	输送机的结构特点； 有轨和无轨自动运输小车的特点； 物料运输辅助装置的应用
自动化仓库设计	了解自动化仓库的分类及工作过程； 熟悉仓库自动化系统的设计	自动化仓库的组成及机械设备； 仓库自动化系统的设计

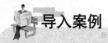

自动化物流系统在化纤行业的应用

该自动化物流系统是采用先进的计算机和网络技术，通信技术和物流信息管理技术，将化纤成品(纱团)进行自动输送、分拣、分级、判色、立体仓库存放、包装、码垛、仓储等进行一体化管理的生产活动，如图7.1所示。该系统的使用减少了原企业的一线工人数量，工人数量仅为原来的一半，极大地降低了工人的劳动强度，由原来的人工装箱、码垛全部变成自动化设备运行，最大化节约了人工成本，并且年总产量有了质的提高，提高了生产效率，实现企业经营成本节约的创造增值活动。

图7.1　自动化物流系统

该自动化物流系统系在国内首次使用，填补了化纤行业的空白，并且系统已经经过三次升级完善。该系统的自动化程度达到了国际领先水平，具有良好的环境、经济和社会效益，应用前景广阔。该系统实时监控与状态仿真，人员操作非常方便、直观、快捷。系统运行三年来，稳定可靠，客户反映良好。

资料来源：http://www.soo56.com/News/545302013-5-13_0.htm，2013.

7.1　物流系统基础知识

7.1.1　物流系统的意义

物流指物资实体的物理流动过程。物流一词是第二次世界大战期间从军事后勤学(Logistics)的含义演变来的，最早源于美国，后被日本引进。物流作为"供"、"需"间有机衔接的桥梁，逐渐发展为一门学科。物流的基本任务是完成物资(包括原材料、燃料、动力工具、半成品、零配件、成品等)的储存和运输。2001年4月，中华人民共和国国家标准《物流术语》正式颁布，在充分吸收国内外物流研究成果的基础上，《物流术语》标准将物流定义为"物品从供应地向接收地的实体流动过程。根据实际需要，将运输、储存、装卸、搬运、包装、流通加工、配送、信息处理等基本功能实现有机结合。"

物流按其业务目的可以分为供应物流、生产物流、销售物流、回收物流和废弃物流。根据物流活动的规模和范围，又可分为社会宏观物流和企业物流。一般地说将社会物质的包装、储运、调配(如物资调配、港口运输等系统)称为"大物流"，而将工厂布置和物料搬运等企业内活动发展而来的物流系统称为"小物流"。生产系统物流担负运输、储存、装卸物料等任务，物流系统与生产制造的关系密切，是生产制造各环节组成的有机整体的纽带，又是生产过程维持延续的基础。

生产物流指原材料、燃料、外购件投入生产后，经过下料、发料、运送到各加工点和存储点。就在制品的形态而言，从一个生产单位(仓库)流入另一个生产单位，按照规定的工艺过程进行加工、储存，借助一定的运输装置，在某个点流入，又从某个点内流出，直至成品仓库，贯穿生产全过程，始终体现着物料实体形态的流转过程，如图 7.2 所示。

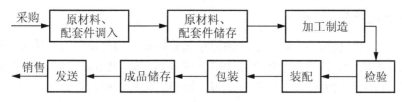

图 7.2　生产企业的物流过程

一般来说，工件在制造系统的"通过时间"主要由四部分构成：加工准备时间、加工时间、排队时间和运输时间。其中加工时间只占很小一部分，即工件在生产系统中大量无效的通过时间是导致在制品库存增加，从而引起系统效益降低的根本原因之一。据统计，在产品生产的整个过程中，物料仅有 5%的时间用于加工、检验，而其余 95%的时间处于储存、装卸、输送和待加工状态；产品成本的 20%～40%直接与物流相关。随着生产制造系统规模不断扩大、生产的柔性化水平和自动化水平日益提高，要求生产物流也要相应地发展，使之与现代生产制造系统相适应。传统的生产物流，设备极其落后，是以手工、半机械化或机械化为主的，效率低、工人劳动强度大；物流信息管理也十分落后，信息分散、不准确、传送速度慢，制约了生产的发展。因此，科学合理的物流系统是企业技术先进程度的标志之一，其目的是通过车间优化布局，规划或调整生产组织结构，加强管理，实现文明生产，从技术和企业挖潜入手，充分利用原有厂房、设备、能源和人力资源，获得良好的经济效益。

7.1.2　物流系统的结构

1.　物流系统的水平结构

生产物流是企业内部各工序间、各车间内、仓库内、厂内及它们之间的物料流动过程。制造企业的物流系统由三个子系统组成：①从物料供应商外采购原材料和部分成品、半成品的物料供应系统；②发生在制造企业内部的生产过程物料搬运系统；③将成品送往消费者手中的成品运送系统，另外还有产品用后回收处理。图 7.3 所示是生产企业物流的水平结构。

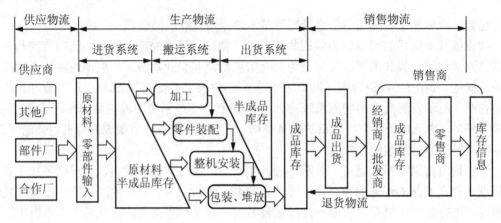

图 7.3　生产企业物流的水平结构

2. 物流系统的垂直结构

从物流系统的层次结构来看，生产物流系统的体系结构可以分为决策层、管理层和控制层，如图 7.4 所示。决策层指生产系统的物流规划，如供应链构建、工厂选址、车间规划等；管理层指生产物流调度、库存管理等；控制层指具体的动作管理研究，如物流装备调度、物料搬运等。

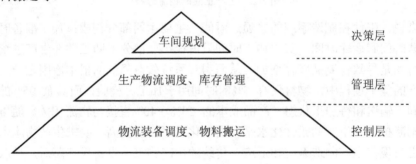

图 7.4　生产物流系统的垂直结构

7.1.3　物流系统的组织形式

1. 制造业生产物流系统布置方式

制造业企业总体布置和各种生产设施、辅助设施的合理配置是企业物流合理化的前提，根据不同的生产要求，生产制造系统的物流布置采用不同的布置方式。常用的布置方式：按工艺原则布置、按成组原则布置、按产品原则布置和按项目布置。

1) 按工艺原则布置

按工艺原则布置将具有相同或类似工艺能力的机床集中在一起，例如，将所有的车床放在一起组成车工车间或车工班组，将所有的铣床放在一起组成铣工车间或铣工班组等，这类布局方式中，机床大多采用通用型的，以适应不同零件的要求。一个零件的加工按照工艺要求进入不同的功能车间或功能班组，物流线路根据零部件不同变化较大，物流装备只能选用一些通用的工具，如叉车、手推车、行车等，物流运行的效率较低，导致零件在整个生产系统中停留较长的时间和需要大的仓库。

2) 按成组原则布置

依据成组技术原理，机床按照成组工艺分组，每一组设备可以用来生产一个零件族的零件，对于一个采用成组布局的生产系统，工艺路径通常限制在一个组内，使工艺规划和生产调度可以针对特定成组布局子系统独立考虑，从而简化管理工作，一个零件的加工过程物流在组内进行。与功能布置相比，成组布置物流路线较短，生产率高。

3) 按产品原则布置

这类方式中，机床按照工艺要求的顺序排列，一个零件的生产过程被分解成若干个工序安排到每台机床上，工件在机床之间的移动通常依靠运输系统，也可通过手工搬运，主要是看生产批量的大小和投资规模，一般适宜于大批大量方式。按照流水线的柔性来分，可以将其分为三种类型，它们的物流路线比成组布置还要短，效率更高。

(1) 单一产品线，在线上只能生产一种产品或零件，适用于单一产品的企业。

(2) 成批产品线，一次只能生产一种产品，当一种产品的任务完成后，可通过调整生产线(若需要)，生产其他种类的产品，对于中等批量的产品，从经济性考虑，人们不希望建立多条生产线，而是用一条生产线生产多种产品。

(3) 混合产品线，同时在一条生产线上生产多种产品，不同产品混合间隙地流出生产线，而不是一批一批地按不同产品流出。不需要调整生产线就可以生产不同种类的产品，只是所用工具有差别，该生产线柔性好，但生产组织与规划较复杂。

4) 按项目布置

这类布局中，产品位置是固定不动的，所有的装备、材料、人员等都围绕产品进行布局，如飞机生产是采用这种布局，原因是产品太大或太重。这类布置的物料移动少、人员和设备的移动增加。

上述四种布置方式的特点比较见表 7-1。每种布置方式均有适宜的应用条件。

表 7-1　不同布置类型特点比较

布置类型	按工艺原则布置	按成组原则布置	按产品原则布置	按项目布置
物流时间	长	短	短	中
在制品库存量	高	低	低	中
产品柔性	高	中—高	低	高
机器利用率	中—低	中—高	高	中
加工对象路径	不固定	固定	固定	无路径
单位产品成本	高	较低	低	高
设备投资规模	小	中	大	—

2. 精益生产方式物流系统布置

精益生产模式一般采用联合大厂房，厂房之间平行布置、紧密排列且距离很近，节省生产占地，缩短物流距离且使物流顺畅。丰田公司的工厂布置采用不设在制品中间库的策略，因而无法存放超量生产的在制品，有效地控制了库存。少量的在制品置于生产现场的固定位置并用货架摆放，严格限定其占地范围，既便于目视管理，又有效地防止了超量生产和生产不足等问题的产生。

1) U 形布置的加工生产线

丰田公司改变了传统的设备布置方式，采用了 U 形布置方式，如图 7.5 所示。这种布置，是按照零部件工艺的要求，将所需要的机器设备串联在一起，布置成 U 形生产单元，并在此基础上，将几个 U 形生产单元结合在一起，连接成一个整合的生产线。

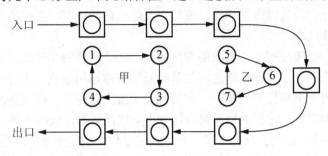

图 7.5　U 形生产线

2) 总装配线布置

机电产品本身的装配关系呈树状结构，称为产品结构树。与此相适应，对于整个工厂物流布局而言，总装配生产线与其他部装生产线、零部件加工在布局上呈"河流水系"状分布，如图 7.6 所示。即由于全企业实行同步化均衡生产，各工艺流程按照统一的节拍或节拍的倍数组织生产，所以各生产线间及内部不存在大量过剩的在制品，加上拉动方式使物流畅通，如同一条河流，最终流入总装配。这种布局，物流路线短、物流顺畅，没有停滞，物流和生产流相一致，所以减少了物流成本和周转时间，易于达到准时生产和提高利润的目的。

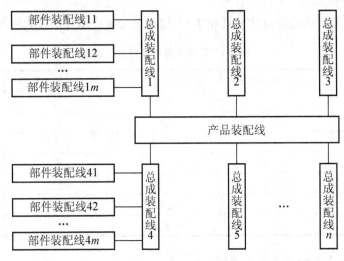

图 7.6　总装配线布置

7.1.4　生产物流的特点

(1) 生产物流是生产工艺的一个组成部分。物流过程和生产工艺过程几乎是密不可分的，它们之间的关系有许多种，有的是在物流过程中实现生产工艺所要求的加工和制造；有的是在加工制造过程中同时完成物流；有的是通过物流对不同的加工制造环节进行链接。

它们之间有非常强的一体化的特点，几乎不可能出现像"商物分离"那样物流活动完全独立分离和运行的状况。

(2) 生产物流有非常强的"成本中心"的作用。在生产中，物流对资源的占用和消耗，是生产成本的一个重要组成部分，由于在生产中，物流活动频繁，所以对成本的影响很大，生产物流的观念，应当主要是一个成本观念。

(3) 生产物流是专业化很强的"定制"物流。它必须完全适应生产专业化的要求，面对的是特定的物流需求，而不是面对社会上的、普遍的物流需求。因此，生产物流具有专门的适应性而不是普遍实用性，可以通过"定制"，取得较高的效率。

(4) 生产物流是小规模的精益物流。生产物流的规模，由于只面对特定对象，因此，物流规模取决于生产企业的规模，这和社会上千百家企业所形成的物流规模的集约比较起来，相差甚远。由于规模有限，并且在一定时间内规模固定不变，这就可以实行准确、精密的策划，可以运用资源管理系统等有效的手段，使生产过程中的物流"无缝衔接"，实现物流的精益化。

7.2 机床上下料装置的设计

机床上下料装置是将待加工工件送到机床上的加工位置和将已加工工件从加工位置取下的自动或半自动机械装置，又称工件自动装卸装置。大部分机床上下料装置的下料机构比较简单，或上料机构兼有下料功能，所以机床的上下料装置也常简称为上料装置。

7.2.1 机床上下料装置类型

根据毛坯形式的不同，上下料装置一般可分为三种类型。

1) 带状料上料装置

将线状和带状的材料预先绕成卷状，加工时将卷料装在上料机构上，毛坯料由卷中拉出，经过自动校直后送到加工位置。在一卷料用完之前，送料和加工是连续进行的。

2) 棒状料上料装置

采用棒料毛坯时，将一定长度的棒料装到机床上，然后按每一工件所需长度进行自动送料。当一根棒料用完后，需再次手工装料。

3) 单件毛坯上料装置

采用锻件或预制棒料的毛坯时，机床上需设置单件毛坯上料装置。

按照毛坯形状、大小及其工作特点的不同，上料装置又可分为料仓式、料斗式及机械手上料等不同类型。

7.2.2 料仓式上料装置

当工件毛坯的尺寸较大，而且形状复杂难以自动定向时，可采用料仓式上料装置。这时需工人或专门的定向装置不断地将单件毛坯以一定方位装入料仓，然后再由料仓送料机构自动地将单件毛坯从料仓取出送到机床上。料仓式上料装置主要应用于大批量生产，所运送的毛坯可以是锻件、铸件或由棒料加工成的毛坯件及半成品。由于料仓式上料装置需要手工加料，对于加工时间较短的工件，人工加料将影响劳动生产率，因此料仓式上料装置适用于加工时间较长的工件，便于实现单人多机床操作，提高生产效率。

料仓式上料装置主要由料仓、上料器、隔料器、分路器和合路器组成。

1. 料仓

料仓的作用是储存毛坯，由于工件传送方式的不同，可分为靠工件自重送料和用外力强制送料的料仓。

1) 靠工件自重送料的料仓

这类料仓不需要动力装置，结构简单紧凑，但送料速度不能调节，不能向上送料，送料距离较短。它分为槽式、斗式和管式料仓三种。

(1) 槽式料仓的基本类型。按工件运动特性可分为滑动式和滚动式；按料仓形状可分为直线型和曲线型；按料仓结构又可分为开式和闭式。

(2) 斗式料仓。槽式料仓的一个缺点是储料数量有限，而斗式料仓占地较小，储料较多，因此得到广泛应用。工件在斗式料仓中整齐排列堆积时，常常会在内部互相挤住而形成"拱桥"，使得工件被卡住不能下落。为了保证上料装置能够连续地正常工作，常在这种料仓中设置搅动器，用以破坏"拱挤"。图7.7所示为斗式料仓常见形式。

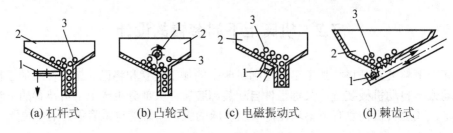

(a) 杠杆式　　(b) 凸轮式　　(c) 电磁振动式　　(d) 棘齿式

图 7.7　斗式料仓

1—消除器；2—料仓；3—工件

(3) 管式料仓。管式料仓有柔性和刚性之分，柔性管式料仓用弹簧钢丝绕成，可以弯曲变形，用于连接有相对运动的部件。根据需要，管式料仓可以设置成直立管式，也可以设置成弯管形式。

在设计或选用管子时，应使料管内径大于工件的外径，弯曲管道的最小曲率半径要保证不卡住工件。此外，直径较大的管式料仓，可在管壁开观察槽，以观察工件下落情况，及时排除卡住、挤塞等故障。

2) 用外力强制送料的料仓

这类料仓的送料速度可以根据需要确定，能向任何方向送料，送料距离可以较长。但它需要专门的动力装置，结构复杂，体积大。图7.8所示为这类常用料仓的示意图。

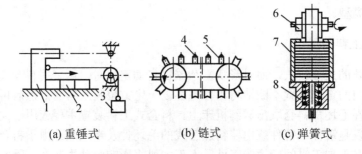

(a) 重锤式　　(b) 链式　　(c) 弹簧式

图 7.8　用外力送料的料仓类型

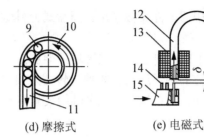

(d) 摩擦式　　　(e) 电磁式

图 7.8　用外力送料的料仓类型(续)

1—滑块；2—料盒；3—重锤；4，7，9，14—工件；5—装料机构；6—橡皮滚子；
8—弹簧；10—转盘；11—料道；12—输料管；13—线圈；15—料仓

图 7.8(a)所示为重锤送料。重锤 3 拉动滑块 1，使工件或料盒 2 移动进行送料。

图 7.8(b)所示为链条送料。它可以做连续传送或间歇传送。装料机构 5 应根据工件 4 的形状设计。它适用于复杂的轴类工件。

图 7.8(c)所示为弹簧力送料。工件 7 靠弹簧 8 向上顶起，靠旋转的橡皮滚子 6(虚线所示)的摩擦使工件沿水平方向送出。它适于厚度小于 1mm 的片状工件。

图 7.8(d)所示为摩擦力送料。它是靠工件 9 与转盘 10 之间的摩擦力，将工件送出料道 11 的。

图 7.8(e)为用电磁力送料。插在料仓 15 内的工件 14，在驱动机构的作用下，按箭头方向做步进运动，被送至输料管 12 下方。这时，电气线路在凸轮控制下向线圈 13 通脉冲电流而产生磁场，将工件吸入输料管内。断电后，工件在惯性力作用下，继续运动而送出输料管，进行上料。它适用于小而轻的磁性材料工件。

2. 上料器

上料器是把毛坯从料仓送到机床加工位置的装置。图 7.9 所示为几种典型的上料器。

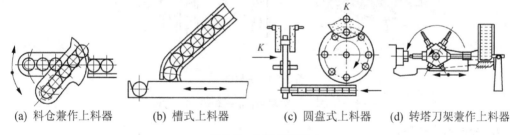

(a) 料仓兼作上料器　　(b) 槽式上料器　　(c) 圆盘式上料器　　(d) 转塔刀架兼作上料器

图 7.9　上料器的形式

图 7.9(a)所示料仓本身就起了上料器的作用。当料仓自水平位置摆动到倾斜位置时，其外弧面起隔料的作用，挡住料槽中的毛坯，而料仓中最下部的毛坯的轴线正好和主轴中心线重合，由顶料杆将其顶出料仓，放到机床主轴的夹具中。待顶料杆退回后，料仓即摆回原来的水平位置，料槽中的毛坯即往料仓补充。这类料仓上料器往复运动，因惯性较大，生产率受到一定限制。

图 7.9(b)所示的上料器有容纳毛坯的槽，接受从料仓落下的毛坯。当上料器往左运动时，该毛坯即被送到机床加工位置。此时料仓中其他毛坯被上料器的上表面隔住。由于槽式上料器做往复运动，生产率也受到一定限制。

图 7.9(c)所示的上料器中的圆盘朝一个方向连续旋转，毛坯从料仓送入圆盘的孔中，由

圆盘带到加工位置，加工完毕后工件又被推出。圆盘式上料器的生产率较前两种高，广泛地应用于磨床上料。

图 7.9(d)所示转塔自动车床，料仓固定在转塔刀架右方。转塔刀架的一个刀具孔中装有接收器。顶杆将料仓最下方的毛坯送给接收器，转塔刀架转位 180°，便将毛坯对准主轴轴线，转塔刀架再向左移动，即将毛坯送入主轴的夹紧筒夹孔内。

3. 隔料器

隔料器用来控制从输料槽进入送料器的工件数量。比较简单的上料装置中，隔料的作用兼由送料器完成。当工件较重或垂直料槽中工件数量较多时，为了避免工件的全部重量都压在送料器上，要设置独立的隔料器。图 7.10(a)利用直线往复式送料器的外圆柱表面进行隔料。图 7.10(b)是由气缸 1、弹簧 4 及隔料销 2、3 组成的隔料器。气缸驱动销 2，销 2在弹簧 4 的作用下，插入料槽将工件挡住。当气缸 1 驱动销 2 插入料槽将第二个工件挡住时，销 2 的前端顶在方铁 5 上，推动销 3 退出料槽，放行第一个工件。图 7.10(c)是边杆往复销式隔料器。图 7.10(d)是牙轮旋转式隔料器。

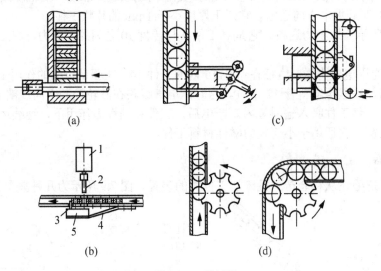

图 7.10　隔料器

1—气缸；2，3—隔料销；4—弹簧；5—方铁

4. 分路器和合路器

分路器是当一台上料机构需向两个以上工位或两台以上机床供料时，将一路工件交替地分为几路的装置，合路器则反之。

7.2.3　料斗式上料装置

料斗式上料装置主要用于形状简单、尺寸较小的毛坯件的上料，广泛应用于各种标准件厂、工具厂、钟表厂等大批量生产厂家。料斗式上料装置与料仓式上料装置的主要不同点在于，后者只是将已定向整理好的工件由储料器向机床供料，而前者则可对储料器中杂乱的工件进行自动定向整理再送给机床。

料斗式上料装置可分为机械传动式料斗装置和振动式料斗装置两大类。

1. 机械传动式料斗装置

机械传动式料斗装置形式多样，按定向机构的运动特征可分为回转式、摆动式和直线往复式等。所采用的定向机构主要有钩式、销式、圆盘式、管式和链带式等。

工件定向方法主要有抓取法、槽隙定向法、型孔选取法和重心偏移法。抓取法是用定向钩子抓取工件的某些表面，如孔、凹槽等，使之从杂乱的工件堆中分离出来并定向排列。槽隙定向法是用专门的定向机构搅动工件，使工件在不停的运动中落进沟槽或缝隙，从而实现定向。型孔选取法是利用定向机构上具有一定形状和尺寸的空穴对工件进行筛选，只有位置和截面相应于型孔的工件，才能落入孔中而获得定向。重心偏移法是对一些在轴线方向重心偏移的工件，使其重端倒向一个方向实现定向的。

1) 回转式料斗装置

回转式料斗有叶轮式、盘式和旋转管式等多种形式。图 7.11 是一种利用叶轮排放工件的料斗。这种装置不宜用于易变形工件，而适用于只有一个布置特性、形状简单而尺寸较大的工件。叶轮 2 主动面的上侧面须根据工件的几何形状设计。叶轮转动时，其主动面随机性接触料斗 1 中位置正确的工件 3，然后通过转动将工件带到释放滑轨。料斗的容量取决于填料高度、叶轮转速和主动面的大小。

2) 摆动式料斗装置

摆动式料斗有中心摆动式和扇形块摆动式等。中心摆动式料斗如图 7.12 所示，摆板 2 围绕支点 3 的摆动过程中，姿势正确的工件被摆板上的料铲引入到输料槽 4 中，不正确排列的工件回落到锥形料仓 1 中，摆板的摆动由凸轮或曲柄驱动。该料斗适用于球形、圆柱、螺栓和销钉等工件的定向上料。

为了提高摆动式料斗上料的效率，可在同一转轴上安装多个摆板与输料管。当摆动式料斗以恒定的频率摆动时，随着料仓中工件的减少，料斗的送料效率将降低。

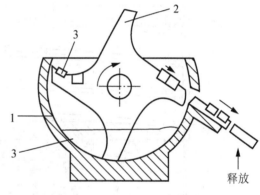

图 7.11　叶轮式料斗装置

1—料斗；2—叶轮；3—工件

3) 直线往复式料斗装置

直线往复式料斗多为带式传送，如图 7.13 所示。传送带主动轮 7 安装于料斗中，传送带 4 上的运送及分类条 3 带有一定的斜度并用铆钉连接在传送带上。从料斗 2 中提取一批工件，在移出料斗时，位置不当的工件重新落入料斗中。这种装置适用于简单圆形平面件的大量输送。

2. 振动式料斗装置

振动式料斗装置在仪器仪表和电子元件等行业中应用较多。振动料斗工件比较平稳，适用于已经过部分精加工的各类小型工件。振动料斗具有一定的通用性，当用于尺寸、质量相近的不同工件时，只需要更换定向机构。图 7.14 为一种典型的振动式料斗自动上料装置。圆筒形料斗由内壁带螺旋送料槽的圆筒 1 和底部呈倒锥形的筒底 2 组成。筒底呈锥形是为了使工件向四周移动，便于进入筒壁上的螺旋送料槽。料斗底部用三个连接块 3 分别与三个板弹簧 4 相接，板弹簧呈倾斜安装。

当整个圆筒做扭转振动时，工件将沿着螺旋形的送料槽逐渐上升，并在上升过程中进行定向，自动剔除位置不正确的工件。上升的工件最后从料斗上部的出口进入送料槽。

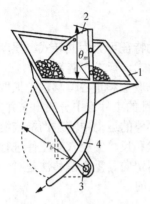

图 7.12　中心摆动式料斗

1—料仓；2—摆板；3—支点；4—输料槽

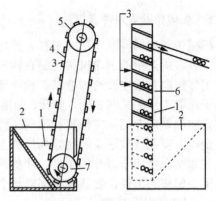

图 7.13　直线往复式料斗

1—工件；2—料斗；3—运送及分类条；4—传送带；
5—输送轮；6—限制面；7—主动轮

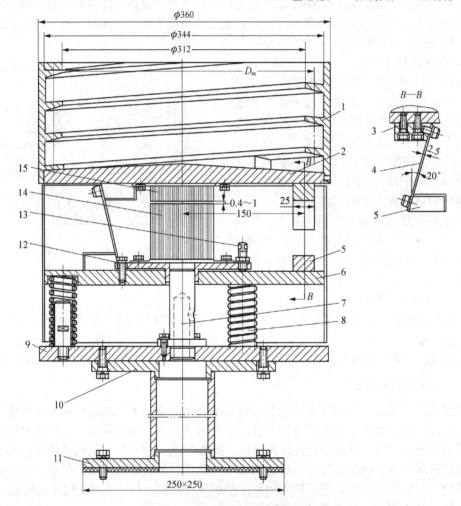

图 7.14　振动式料斗自动上料装置

1—圆筒；2—筒底；3、5—连接块；4—板弹簧；6—底盘；7—导向轴；8—弹簧；9—支座；
10、11—支架；12—支承盘；13—调节螺钉；14—铁心线圈；15—衔铁

为了防止振动式料斗对机床的影响，底盘 6 和支座 9 之间有三个弹簧进行隔振，并用导向轴 7 使料斗围绕自身的轴线扭转振动。

振动式料斗是以剔除法进行定向的。一般在螺旋料道的最上一层，根据工件的形状特性和定向要求，安装一些剔除构件，或将某一段料道开出缺口、槽子或做出斜面等，将不符合定向要求的工件剔除，使之重新落入料斗底部，而让正确定向的工件通过。图 7.15 所示为某些定向方法。图中只表示出料斗最上一层接近出料口的一段料道。

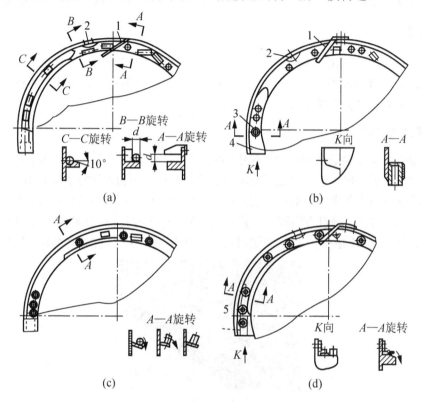

图 7.15 振动式料斗定向方法

1—挡板；2、4—挡料块；3—进料管；5—凸块

图 7.15(a)为要求长度大于直径($L>D$)的工件沿轴心线排列的定向方法。沿料道向前运动的工件具有各种不同的姿势，前进到挡板 1 时，只有卧倒的工件能够通过，直立的工件则沿挡板的斜面运动，最后落入料斗底部。挡料块 2 使工件成单行通过，然后落进圆弧槽里，从这里移出料口。

对于长度小于直径($L<D$)的圆柱体，可采用图 7.15(b)所示方法。挡板 1 只让直立的工件通过，横卧的工件则滚落料斗中。以单行通过挡料块 2 的工件，顺次落进料管 3，没能落进料管的工件被挡料块 4 的斜面推落料斗中。

图 7.15(c)用于杯形或罩形工件，定向后底部朝下。将料道中的一段做成带卷边的倾斜面，平卧和底部朝上的工件均翻落料斗中，只有底部朝下的工件能够通过。

图 7.15(d)为具有头部的工件的定向方法。在料斗侧壁上装有凸块 5，头部向下的工件可从凸块下面通过，头部向上的工件被凸块挡住，从斜面上翻入料斗。

7.3 物料运输装置设计

物料运输装置是机械加工生产线的一个重要组成部分，用于实现物料在加工设备之间或加工设备与仓储装备之间的传输。在生产线设计过程中，可根据工件或刀具等被传输物料的特征参数和生产线的生产方式、类型及布局形式等因素，进行运输装置的设计或选择。

7.3.1 输送机

输送机系统中多采用带式输送机、滚道式输送机、链式输送机及悬挂式输送机，具有能连续输送和单位时间输送量大的优点。但输送机占地面积较大，设置后再改变布置较困难。输送机的布置方式多根据工艺安排而定。

1. 带式输送机

带式输送机是靠输送带的运动来输送物料的传送机。输送带既是承载货物的构件，又是传递牵引力的牵引构件，依靠输送带与滚筒之间的摩擦力平稳地进行驱动。带式输送机输送距离大；输送能力大、生产率高；结构简单、基建投资少、营运费用低；输送线路可以呈倾斜布置或在水平方向、垂直方向弯曲布置，受地形条件限制较小；工作平衡可靠；操作简单、安全可靠、易实现自动控制。带式输送机如图 7.16 所示，主要结构部件如图 7.17 所示。

图 7.16 带式输送机

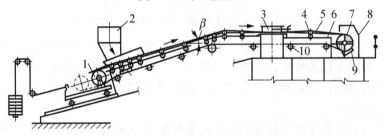

图 7.17 带式输送机主要结构部件

1—张紧滚筒；2—装载装置；3—卸料挡板；4—上托辊；5—输送带；
6—机架；7—驱动滚筒；8—卸载罩；9—清扫装置；10—支承托辊

带式输送机主要结构部件：① 输送带用于传递牵引力和承载被运货物；② 支承托辊用来支承输送带及带上的物料，减少输送带的垂度；③ 驱动装置用于驱动输送带运动，实现货物运送；④ 制动装置用来防止满载停机时输送带在货重的作用下发生反向运动，引起物料逆流；⑤ 张紧装置用于输送带保持必要的初张力，以免在驱动滚筒上打滑；⑥ 改向装置用来改变输送带的运动方向；⑦ 装载装置对输送带均匀装载，防止物料在装载时洒落在输送机外面，并尽量减少物料对输送带的冲击和磨损；⑧ 卸载装置；⑨ 清扫装置。

2. 滚道式输送机

滚道式输送机是利用转动的圆柱形滚子或圆盘输送物料。按照输送方向及生产工艺要求，输送机可以布置成各种线路，如直线的、转弯的和具有各种过渡装置的交叉线路等，如图 7.18 所示。为了将工件从一个输送机转移到另一个输送机上，需要在输送机的交叉处设置滚子转盘结构，即转向机构，如图 7.19 所示。

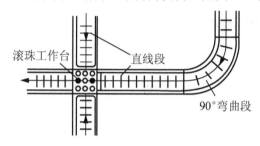

图 7.18　输送机布置线路

图 7.19　滚子转盘结构

滚道式输送机的驱动装置可以是牵引式或机械传动式的。牵引式驱动装置一般适用于轻型的工件条件，可以采用链条、胶带或绳索。对于繁重的工件类型，可采用刚性的机械传动式驱动装置，可分为单个驱动和分组驱动两种。单个驱动装置可降低机械部分的造价，易于起动、工作可靠且便于拆装和维修。

3. 链式输送机

链式输送机用环绕若干链轮的无端链条作牵引件，由驱动链轮通过轮齿和链节的啮合将圆周牵引力传递给链条，在链条上固定着一定的工作物件以输送货物，如图 7.20 所示。

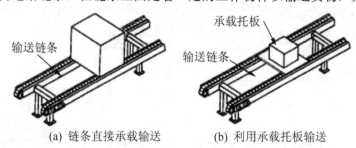

(a) 链条直接承载输送　　　　　(b) 利用承载托板输送

图 7.20　链式输送机

4. 悬挂式输送机

悬挂式输送机是利用连接在牵引链上的滑架在架空轨道上运行以带动承载件输送成件物品的输送机(图 7.21)。架空轨道可在车间内根据生产需要灵活布置，构成复杂的输送线路。输送的物品悬挂在空中，可节省生产面积，能耗也小，在输送的同时还可进行多种工艺操作。由于连续运转，物件接踵送到，经必要的工艺操作后再相继离去，可实现有节奏的流水生产，因此悬挂式输送机是实现企业物料搬运系统综合机械化和自动化的重要设备。

图 7.21　悬挂式输送机

7.3.2　步伐式输送装置

步伐式输送装置一般用于箱体类工件的输送，常用的有移动步伐式、抬起步伐式两种主要类型，其中移动步伐式主要有棘爪式和摆杆式两种。

1.　棘爪式移动步伐输送带

如图 7.22 所示，输送杆 2 在支承滚轮 12 上做往复运动，输送杆前进时通过棘爪 5 推动工件 10(或随行夹具)在支承板 14 上向前移动，移动一个步距后，输送杆返回，棘爪可绕棘爪销 6 转动而被后续工件压下，到达工件的推动面后在弹簧 4 的作用下又复位抬起。输送杆由两侧板构成，分成若干节，通过连接板 8 连成输送带，由传动装置 9 通过拉架 3 被驱动。输送带根据情况可布置在工件上方、下方或侧面。对于短宽的工件可采用两条传送带并行驱动。

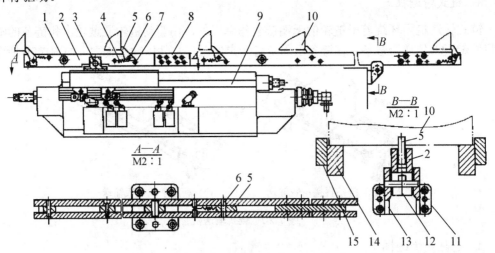

图 7.22　棘爪移动步伐输送带

1—垫圈；2—输送杆；3—拉架；4—弹簧；5—棘爪；6—棘爪销；7—支销；8—连接板；
9—传动装置；10—工件；11—滚子轴；12—滚轮；13—支承滚架；14—支撑板；15—侧限位板

棘爪输送带结构简单、动作单一、通用性强，同一输送带也可安排几种不同的输送步距。但这种输送带是刚性连接，运动速度过高时，由于惯性作用会影响工件定位精度，因此速度一般不高于 16m/min，在工件到达定位点 30～40mm 时，最好进行减速控制。棘爪式输送带的驱动装置，一般多采用组合机床的机械动力滑台或液压动力滑台。

2. 摆杆式移动步伐输送带

摆杆式输送带采用圆柱形输送杆和前后两个方向限位的刚性拨爪，工件输送到位后，输送杆必须做回转摆动，使刚性拨爪转离工件后再做返回运动，如图 7.23 所示。

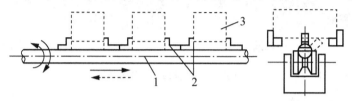

图 7.23 摆杆式移动步伐输送带

1—输送带；2—拨爪；3—工件

摆杆式输送带可提高输送速度及定位精度，但由于增加了输送杆的回转运动，其结构及控制都较棘爪式复杂。

3. 抬起步伐式输送装置

输送板上装有对工件限位用的定位销或 V 形架，输送开始前，输送板首先抬起，将工件从固定夹具上托起并带动工件向前移动一个步距；然后输送板下降，不仅将工件重新安放在固定夹具上，同时下降到最低位置，以便输送板返回。输送板的抬起可由齿轮齿条机构、拨爪杠杆机构、凸轮顶杆或抬起液压缸等机构来完成。抬起式步伐输送装置可直接输送外观不规则的畸形、细长轴类或软质材料工件等，以使节省随行夹具。

7.3.3 自动运输小车

自动运输小车是现代生产系统中机床间传送物料的重要设备，它分为有轨和无轨两大类。

1. 有轨自动运输小车

有轨自动运输小车(Railing Guided Vehicle，RGV)沿直线轨道运动，机床和辅助设备在导轨一侧，安放托盘或随行夹具的台架在导轨的另一侧，如图 7.24 所示。RGV 采用直流或交流伺服电动机驱动，由生产系统的中央计算机控制。当 RGV 接近指定位置时，由光电传感器、接近开关或限位开关等识别减速点和准停点，向控制系统发出减速和停车信号，使小车准确地停靠在指定位置上。小车上的传动装置将托盘台架或机床上的托盘和随行夹具拉上车，或将小车上的托盘或随行夹具送给托盘台架或机床。

RGV 适用于运送尺寸和质量均较大的托盘、随行夹具或工件，而且传送速度快、控制系统简单、成本低廉、可靠性高。其缺点是一旦将导轨铺设好，就不便改动；另外转换的角度不能太大，一般宜采用直线布置。

(a) 地面轨道

(b) 空间轨道

图 7.24　有轨自动运输小车

2. 无轨自动运输小车

无轨自动运输小车,又称为自动导向小车(Automated Guided Vehicle,AGV)是装备有电磁或光学自动导引装置,能够沿规定的导引路径行驶,具有小车编程与停车选择装置、安全保护及各种移载功能的运输小车(图 7.25)。AGV 是现代物流系统的关键装备,它能够沿规定的导向路径行驶在某一位置并自动进行货物的装载,自动行走到另一位置,自动完成货物的卸载,且具有安全保护及各种移载功能的全自动运输装置。

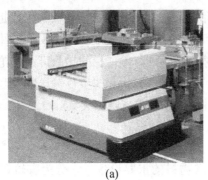
(a)

(b)

图 7.25　AGV

AGV 主要由车体、电源和充电装置、驱动装置、转向装置、控制装置、通信装置、安全装置等组成。图 7.26 为一种 AGV 的结构示意图。

(1) 车体。由车架、减速器、车轮等组成。车架由钢板焊接而成,车体内主要安装有电源、驱动和转向等装置,以降低车体重心。车轮由支撑轮和方向轮组成。

(2) 电源和充电装置。通常采用 24V 或 48V 的工业蓄电池作为电源,并配有充电装置。

(3) 驱动装置。由电动机、减速器、制动器、车轮、速度控制器等部分组成。制动器的制动力由弹簧产生,制动力的松开由电磁力实现。

(4) 转向装置。AGV 的转向装置的方式通常有铰轴转向式和差动转向式两种。

(5) 控制装置。可以实现小车的监控,通过通信系统接受指令和报告运况,并可以实现小车编程。

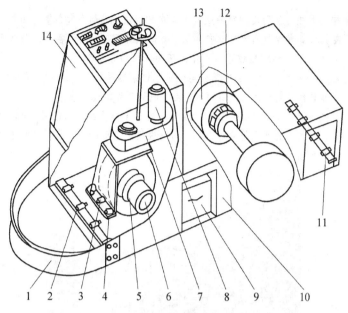

图 7.26 AGV 结构示意图

1—安全挡圈；2、11—认址线圈；3—失灵控制线圈；4—导向探测线圈；5—驱动轴；
6—驱动电动机；7—转向机构；8—转向伺服电动机；9—蓄电池箱；
10—车架；12—制动用电磁离合器；13—后轮；14—操纵台

(6) 通信装置。一般有两类通信方式，即连续方式和分散方式。连续方式是通过射频
或通信电缆收发信号。分散方式是在预定地点通过感应或光学的方法进行通信。

(7) 安全装置。有接触式和非接触式两类保护装置。

AGV 按照导引方式可以分为电磁导引、光学导引、磁带导引、超声导引、激光导引和视
觉导引等方式，各导引方式的比较见表 7-2。

表 7-2 AGV 导引方式一般比较

技术名称	成熟度	技术难度	成本	应用	先进性	前景
电磁导引	成熟	中	低	广	一般	较好
光学导引	成熟	中低	低	较广	一般	较好
磁带导引	成熟	低	低	较广	一般	好
超声导引	较成熟	高	中	少	一般	一般
激光导引	较成熟	高	高	广	较先进	好
视觉导引	不成熟	高	高	少	很先进	很好

阅读材料 7—1

惯性导航 AGV 在电子行业的应用

惯性导航系统(INS，以下简称惯导)是一种不依赖于外部信息、不易受到干扰的自主式导航系统。
惯导通过测量载体在惯性参考系的加速度，自动进行积分运算，获得载体的瞬时速度和瞬时位置数据，

且把它变换到导航坐标系中，从而得到在导航坐标系中的速度、偏航角和位置等信息。其优势在于给定了初始条件后，不需要外部参照就可确定当前位置、方向及速度，适用于各种复杂地理环境和外界干扰下的精确定位和定向，且能不断测量位置的变化，精确保持动态姿态基准。

以下是惯性导航 AGV 在某大型电极箔公司运输电极箔的原料、半成品及成品的实例，如图 7.27 所示。电极箔是铝电解电容器制造的关键原材料，由于电子产业的迅速发展，尤其是通信产品、计算机、家电等整机产品市场的急剧扩大，对铝电极箔产业的发展起了推波助澜的作用。同时由于铝电解电容器的小型化、高性能化、片式化的要求越来越迫切，对电极箔制造业的技术和质量提出了很高的要求，同时也对高效、正确的仓储管理提出了很高的需求。

图 7.27　某电极箔公司 AGV 车体

资料来源：http://www.soo56.com/News/538702013-3-18_0.htm，2013.

7.3.4　辅助装置

物料输送系统中的主要辅助装置有托盘、托盘交换器及随行夹具等。

1. 托盘

托盘是实现工件和夹具系统、输送设备及加工设备之间连接的工艺装备，是柔性制造系统中物料输送的重要辅助装置。托盘按其结构形式可分为箱式和板式两种，如图 7.28 所示。

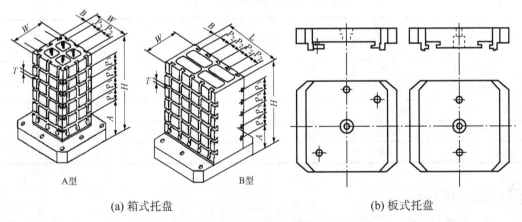

(a) 箱式托盘　　　　　　　　　　　　　(b) 板式托盘

图 7.28　托盘

箱式托盘不进入机床工作空间，主要用于小型工件及回转体工件，主要功能是起输送和储存载体的作用。为了保证工件在箱中的位置和姿态，箱中设有保持架。为了节约储存空间，箱式托盘可叠层堆放。

板式托盘主要用于较大型非回转体工件，工件在托盘上通常是单件安装。它不仅是工件的输送和储存载体，而且还需进入机床的工作空间，在加工过程中起定位和夹持工件，承受切削力、切削液、切屑、热变形、振动诸因素的作用。托盘的形状通常为正方形，也可以是长方形，根据具体需要也可做成圆形或多角形。为了安装储装构件，托盘顶面应有T 形槽或矩阵螺孔，托盘还应具有输送基面及与机床工作台相连接的定位夹压基面，其输送基面在结构上应与系统的输送方式、操作方式相适应。此外，托盘要满足交换精度、刚度、抗振性、切削力承受和传递、防止切屑划伤和冷却侵蚀等要求。

2. 托盘交换器

托盘交换器，也称为自动托盘交换装置，是机床和传送装置之间的桥梁和接口，不仅起连接作用，而且可以有暂时存储工件、防止物流系统阻塞等作用。图 7.29 是八工位回转式托盘交换器。工人在装卸工位从托盘上卸去已加工的工件，装上待加工的工件，由液压或电动推拉机构将托盘推到回转式托盘交换器上，经单独电动机拖动按顺时针方向做间歇回转运动，不断将装有待加工工件的托盘送到加工中心工作台左端，由液压或电动推拉机构将其与加工中心工作台上托盘进行交换。装有已加工工件的托盘由回转工作台带回装卸工位，如此反复不断进行工件的传送。

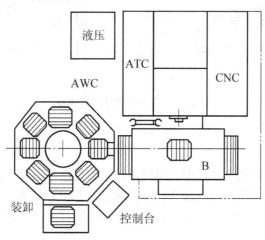

图 7.29　八工位回转式托盘交换器

3. 随行夹具

对于结构形状比较复杂且缺少可靠运输基面的工件或质地较软的有色金属工件，常将工件预先定位夹紧在随行夹具上，然后与随行夹具一起转运、定位和夹紧在机床上，因此从装载工件开始，工件就始终定位夹紧在随行夹具上，随行夹具伴随工件加工的全过程。

随行夹具在生产线上循环使用，流水线上随行夹具的返回方式通常有上方返回、下方返回、水平返回三种。

1) 上方返回式

如图 7.30 所示，随行夹具 2 在自动线的末端用提升机构 3 升到机床上方后，经一条倾斜滚道 4 靠自重返回自动线的始端，然后用下降机构 5 降至主输送带 1 上。这种方式结构简单紧凑、占地面积小，但这种方式不适宜于较长自动线，也不宜布置立式机床。

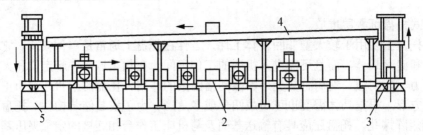

图 7.30　上方返回的随行夹具

1—输送带；2—随行夹具；3—提升机构；4—滚道；5—下降机构

2) 下方返回式

下方返回式与上方返回式正好相反，随行夹具通过地下输送系统返回，如图 7.31 所示。下方返回方式结构紧凑，占地面积小，但维修调整不便，同时会影响机床底座的刚性和排屑装置的布置。这种方式多用于工位数少，精度不高的由小型组合机床织成的自动线上。

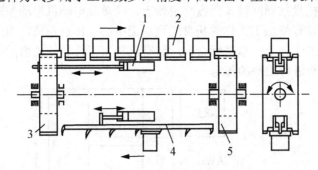

图 7.31　下方返回的随行夹具

1—液压缸；2—随行夹具；3、5—回转鼓轮；4—步伐式输送带

3) 水平返回式

水平返回式的随行夹具在水平面内可通过输送带返回，图 7.32(a)所示的返回装置由三条步伐式输送带 1、2、3 所组成。图 7.32(b)所示为采用三条链条式输送带。水平返回方式占地面积大，但结构简单，敞开性好，适用于工件及随行夹具比较重、比较大的情况。

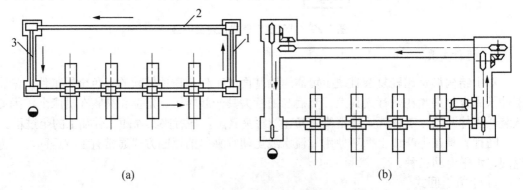

(a)　　　　　　　　　　(b)

图 7.32　水平返回的随行夹具

1、2、3—步伐式输送带

7.4　自动化仓库设计

自动化仓库又称立体仓库(图 7.33)，是一种设置有高层货架，并配有仓储机械、自动控制和计算机管理系统，实现搬运、存取机械化，管理现代化的新型仓库，具有占地面积小、储存量大、周期快等优点，在现代生产系统中得到了广泛应用。

7.4.1　自动化仓库的机械设备

自动化仓库的机械设备一般包括存储机械、搬运机械、输送机械、货架、托盘和货箱等设备。

1. 货架

在自动化仓库中，货架指专门用于存放成件物品的保管设备。按货架形式可分为通道式、密

图 7.33　自动化仓库示意图

集型、旋转式；按货架高度不同可分为为高层($>$15m)、中层($5\sim$15m)、低层($<$5m)货架；按货架载重量不同可分为轻型货架(每层货架的载重量小于 150kg)、中型货架(每层货架的载重量在 $150\sim$500kg)和重型货架。以下分别简要介绍几种典型的货架。

(1) 重力式货架。利用存储货物的自动重力达到在储存深度方向上使货物运动的存储系统，较多用于拣选系统中，如图 7.34(a)所示。

(2) 贯通式货架。采用货格货架，必须为作业机械安排工作巷道，因而降低了仓库单位面积的库容量，如图 7.34(b)所示。

(3) 悬臂式货架。又称树枝形货架，由中间立柱向单侧或双侧伸出悬臂而成。一般用于储存长、大件货物和不规则货物，如图 7.34(c)所示。

(4) 阁楼式货架。该货架可充分利用仓储空间，适用于库房较高、货物较轻、人工存取且储货量大的情况，特别适用于现有旧仓库的技术改造，提高仓库的空间利用率，如图 7.34(d)所示。

(5) 移动式货架。将货架本体放置在轨道上，在底部设有行走轮或驱动装置，靠动力或人力驱动使货架沿轨道横向移动，如图 7.34(e)所示。

(6) 旋转式货架。将货架上的货物送到拣货点，再由人或机械将所需货物取出，所以拣货路线短，操作效率高，如图 7.34(f)所示。

作为一种承重结构，货架必须具有足够的强度和稳定性。在正常工作条件下和在特殊的非工作条件下，都不至于被破坏。同时，作为一种设备，货架还必须具有一定的精度和在最大工作载荷下的有限弹性变形。

(a) 重力式货架　　　　(b) 贯通式货架　　　　(c) 悬臂式货架

(d) 阁楼式货架　　　　(e) 移动式货架　　　　(f) 旋转式货架

图 7.34　典型货架

2. 托盘和货箱

托盘和货箱用于承载货物的器具，亦称工位器具。托盘或货箱基本功能是装物料，同时还要便于叉车各堆垛机的叉取和存放。托盘多为钢制、木制或塑料制成。常用托盘包括平托盘、柱式托盘、箱式托盘及轮式托盘等。

(1) 平托盘。平托盘是托盘中使用最大的一种，常见平托盘结构形式如图 7.35 所示。

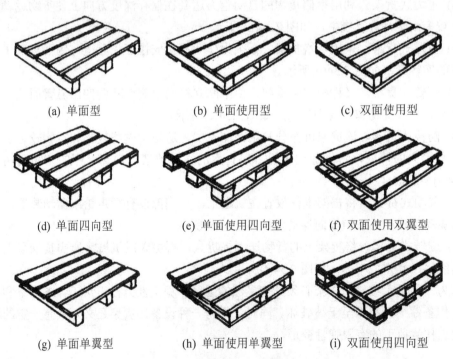

(a) 单面型　　　　　(b) 单面使用型　　　　(c) 双面使用型

(d) 单面四向型　　　(e) 单面使用四向型　　(f) 双面使用双翼型

(g) 单面单翼型　　　(h) 单面使用单翼型　　(i) 双面使用四向型

图 7.35　各种平托盘形状构造

(2) 柱式托盘。柱式托盘的基本结构是托盘的四个角有固定式或可卸式的柱子，这种托盘的进一步发展又可从对角的柱子上端用横梁连接，使柱子成门框型，如图 7.36(a)所示。

(3) 箱式托盘。箱式托盘是在平托盘基础上发展起来的，多用于散件或散状物料的集装，金属箱式托盘还用于热加工车间集装热料。一般下部可叉装，上部可吊装，并可进行码垛，如图 7.36(b)所示。

(4) 轮式托盘。基本结构是在柱式、箱式托盘的底部装上脚轮而成，既便于机械化搬运，又易于短距离的人力移动，适用于企业工序间的物流搬运，如图 7.36(c)所示。

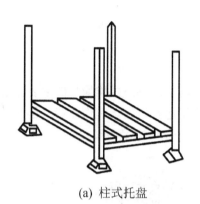  

(a) 柱式托盘　　　　　(b) 箱式托盘　　　　　(c) 轮式托盘

图 7.36　托盘的结构形式

3. 堆垛机

巷道式堆垛机是随着自动化仓库的出现而发展起来的专用起重机，是自动化仓库中最重要的存取作业机械。巷道式堆垛机的主要用途是在高层货架的巷道内来回穿梭运行，将位于巷道口的货物存入货格，或者相反，取出货格内的货物运送到巷道口。

常用的堆垛机按结构形式分为单立柱和双立柱堆垛机；按有无导轨一般分为有轨巷道式堆垛机和无轨巷道式堆垛机。目前，在自动化仓库中运用的主要作业设备有有轨堆垛机、无轨堆垛机和普通叉车，三种设备的主要性能比较见表 7-3。

表 7-3　各种设备的性能比较

设备名称	巷道宽度	作业高度	作业灵活性	自动化程度
普通叉车	最大	<5m	任意移动，非常灵活	一般为手动，自动化程度较低
无轨巷道式堆垛机	中	5m~12m	可服务于两个以上的巷道，并完成高架区以外的作业	可以进行手动、半自动、自动及远距离集中控制
有轨巷道式堆垛机	最小	>12m	只能在高层货架巷道内作业，必须配备出入库设备	可以进行手动、半自动、自动及远距离集中控制

1) 有轨巷道式堆垛机

有轨巷道式堆垛机沿着仓库内设置好的轨道水平运行，高度视立体仓库的高度而定。使用有轨堆垛机可大大提高仓库的面积和空间利用率。起重量一般在 2t 以下，有的可达 4～5t，高度一般为 10～25m，最高可达 40 多米。有轨巷道式堆垛机如图 7.37(a)所示，其具有以下特点：

(1) 整机结构高而窄。

(2) 结构的刚度和精度要求高。

(3) 取物装置复杂。

(4) 堆垛机的电力拖动系统要同时满足快速、平稳和准确三个方面的要求。

(5) 安全要求高。

2) 无轨巷道式堆垛机

无轨巷道式堆垛机又称三向堆垛叉车或高架叉车，它与有轨巷道式堆垛机的主要区别是它可以自由地沿着不同的路径水平运行，不需要设置水平运行轨道。其作业特点是可以从三个方向进行货物的存取操作——向前、向左及向右，如图 7.37(b)所示。

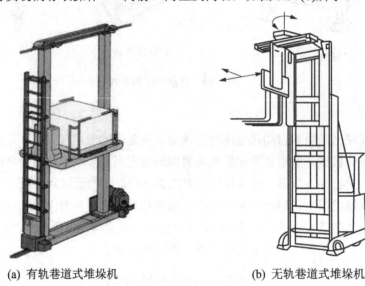

(a) 有轨巷道式堆垛机　　　　　　　　(b) 无轨巷道式堆垛机

图 7.37　堆垛机

3) 巷道式堆垛机的基本结构

图 7.38 所示是一种适用于中、小型工件的巷道式堆垛机。它由上横梁 2、双方柱 8、货叉 9、载货台 10、行走机构 6、液压站和位置反馈测试元件等组成。堆垛机通过行驶机构在轨道 7 上运行。双立柱顶端的横梁装有水平导轮，沿天轨 1 的矩形导轨移动。为了堆垛机运行的稳定性，在横梁顶部装有减振器 3。

巷道式堆垛机具有沿巷道方向的水平运动，沿货架层方向的垂直运动，货叉送、取货的伸缩运动，载货台的旋转运动和载货台为货叉送、取货的准确位置而进行的微量垂直运动。

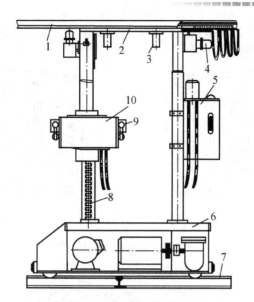

图 7.38 巷道堆垛机结构示意图

1—天轨；2—上横梁；3—减振器；4—编码器；5—集油器；
6—行走机构；7—轨道；8—双方柱；9—货叉；10—载货台

7.4.2 自动化仓库的分类

自动化仓库是一个复杂的综合自动化系统，作为一种特定的仓库形式，一般有以下几种分类方式：

(1) 按建筑形式可以分为整体式和分离式。

图 7.39(a)为整体式仓库，仓库的货架结构不但用于存放货物，同时又是仓库建筑物的柱子和仓库侧壁的支撑，即仓库建筑与货架结构成为一个不可分开的整体。整体式仓库具有技术水平高、投资大和建设周期长等问题，适用于大型企业和流通中心。图 7.37(b)为分离式仓库，仓库的货架独立存在，建在建筑物内部。它可以将现有的建筑物改造为自动化仓库，也可以将货架拆除，使建筑物用于其他目的。

(2) 按货物存取形式可以分为单元货架式、移动货架式和拣选货架式。

单元货架式是一种最常见的结构。货物先放在托盘或集装箱内，再装入单元货架式仓库货架的货格中。

移动货架由电动机货架组成。货架可以在轨道上行走，由控制装置控制货架的合拢和分离。作业时货架分开，在巷道中可进行作业。不作业时可将货架合拢，只留一条作业巷道，从而节省仓库面积，提高空间的利用率。

拣选货架式仓库的分拣机构是这种仓库的核心组成部分。它有巷道内分拣和巷道外分拣两种方式。两种分拣方式又分人工分拣和自动分拣。

(3) 按货架构造形式可分为单元货格式、贯通式、水平循环式和垂直循环式仓库。

① 单元货格式仓库。单元货格式仓库应用最为广泛，也称巷道式立体仓库(图 7.40)。它适用于存放多品种少批量货物。巷道两边是多层货架，在巷道之间有堆垛机，沿巷道中的轨道移动。用堆垛机上的装卸托盘可到多层货架的每一个货格存取货物。巷道的一端为

出入库装卸站。这类仓库的巷道占去了 1/3 左右的面积，为了提高仓库面积利用率，可以将货架合并形成贯通式仓库。

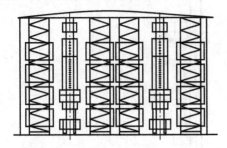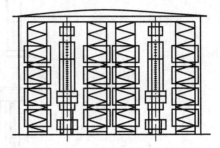

(a) 整体式仓库　　　　　　　　　　　　(b) 分离式仓库

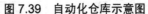

图 7.39　自动化仓库示意图

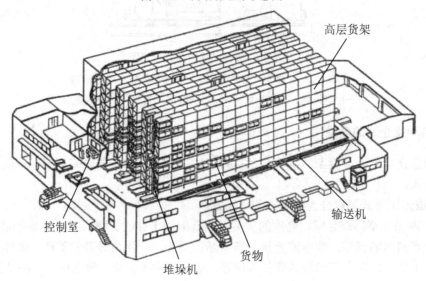

图 7.40　单元货格式仓库示意图

② 贯通式仓库。根据货物在仓库中移动方式的不同，贯通式仓库又分为重力式货架仓库和梭式小车货架仓库。

(a) 重力式货架仓库。重力式货架仓库如图 7.41 所示，依靠存货通道的坡度，货物单元在其重力的作用下从入库端自动向出库端移动，直到碰上已有的货物单元停止为止。当出库端的货物单元取走后，后面的货物单元在重力作用下依次向出库端移动。重力式货架适用于存储品种不太多而数量又相对较大的货物。

(b) 梭式小车货架仓库。由梭式小车在存货通道内往返穿梭搬运货物。要入库的货物由起重机送到存货通道的入库端，然后由位于这个通道内的梭式小车将货物送到出库端或者依次排在已有货物单元的后面。出库时，由出库起重机从存货通道的出库端又取货物。通道内的梭式小车则不断地将通道内的货物单元依顺序一一搬到通道口的出库端上，给起重机送料。这种货架结构比重力式货架要简单得多。梭式小车可以由起重机从一个存货通道搬运到另一通道。必要时，这种小车可以自备电源，工作比较灵活，其数量可根据仓库作业的频繁程度进行确定。

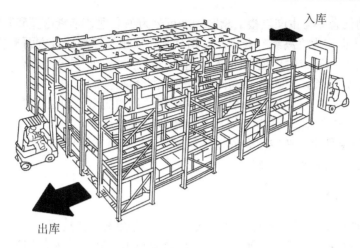

入库

出库

图 7.41　重力式货架仓库示意图

③ 水平循环式仓库。图 7.42(a)为水平循环式仓库，这种仓库的货架本身可以在水平面内沿环形路线来回运行。每组货架由数十个独立的货柜构成。用一台链式输送机将这些货柜串联起来。每个货柜下方有支承滚轮，上部有导向滚轮。输送机运转时，货柜便相应地运动。需要提取某种货物时，操作人员只需在操作台上给出指令，相应的一组货架便开始运转。当装有该货物的货柜来到拣选口时，货架便停止运转。操作人员可从中拣选货物，货柜的结构形式根据所存货物的不同而变更。

④ 垂直循环式仓库。垂直循环式仓库[图 7.42(b)]与水平循环式仓库相似，只是把水平面内的环形旋转改为垂直面内的旋转。这种仓库的货架本身是一台垂直提升机，提升机的两个分支上都悬挂有货格。提升机根据操作命令可以正转或反转，使需要提取的货物降落到最下面的取货位置上。

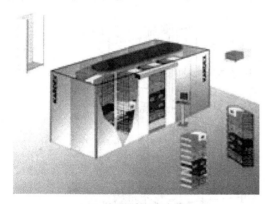

(a) 水平循环式仓库

(b) 垂直循环式仓库

图 7.42　循环式仓库示意图

(4) 按所起的作用可分为生产性仓库和流通性仓库。

生产性仓库是指工厂内部为了协调工序和工序、车间和车间、外购件和自制件间物流的不平衡而建立的仓库，它能保证各生产工序间进行有节奏的生产。

流通性仓库是一种服务性仓库，它是企业为了调节生产厂和用户间的供需平衡而建立的仓库。这种仓库进出货物比较频繁，吞吐量较大，一般都和销售部门有直接联系。

(5) 按自动化仓库与生产连接的紧密程度可分为独立型、半紧密型和紧密型仓库。

独立型仓库也称为"离线"仓库，是指从操作流程及经济性等方面来说都相对独立的自动化仓库。这种仓库一般规模都比较大，存储量较大，仓库系统具有自己的计算机管理、监控、调度和控制系统，又可分为存储型和中转型仓库。

半紧密型仓库是指它的操作流程、仓库的管理、货物的出入和经济性与其他厂(或部门、或上级单位)有一定关系，而又未与其他生产系统直接相连。

紧密型仓库也称为"在线"仓库，是那些与工厂内其他部门或生产系统直接相连的自动化仓库，两者间的关系比较紧密。

7.4.3 自动化仓库的工作过程

以图 7.43 所示的四层货架的自动化仓库为例，介绍其工作过程。

(1) 堆垛机停在巷道起始位置，待入库的货物已放置在出入库装卸站上，由堆垛机的货叉将其取到装卸托盘上，如图 7.43(a)所示。将该货物存入的仓位号及调出货物的仓位号一并从控制台输入计算机。

(2) 计算机控制堆垛机在巷道行走，装卸托盘沿堆垛机铅直导轨升降，自动寻址向存入仓位行进，如图 7.43(b)所示。

(3) 装卸托盘到达存入仓位前，即图中的第四列第四层，装卸托盘上的货叉将托盘上的货物送进存入仓位，如图 7.43(c)所示。

(4) 堆垛机行进到第五列第二层，到达调出仓位，货叉将该仓位中的货物取出，放在装卸托盘上，如图 7.43(d)所示。

(5) 堆垛机带着取出的货物返回起始位置，货叉将货物从装卸托盘送到出入库装卸站，如图 7.43(e)所示。

(6) 重复上述动作，直至暂无货物调入、调出的指令后，堆垛机就近停在某一位置待命。

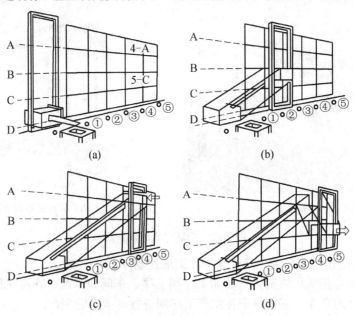

图 7.43　自动化仓库的工作原理

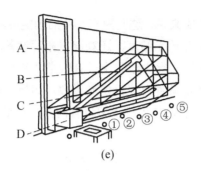

图 7.43 自动化仓库的工作原理(续)

7.4.4 仓库自动化系统的设计

仓库的自动化系统是一个分层分布式计算机控制系统，一般分为管理级、监控级、控制级和设备级。系统的主体是高层货架、巷道式堆垛机和计算机系统。

1. 系统设计过程

每个系统的设计都分几个主要阶段，各个阶段都有其要达到的目标。

1) 需求分析

在这一阶段里要提出问题，确定设计目标，并确定设计标准。通过调研搜集设计依据和数据，找出各限制条件并进行分析。另外，设计者还应认真研究工作的可行性、时间进度、组织措施，以及影响设计过程的其他因素。

2) 确定货物单元形式及规格

根据调查和统计结果列出所有可能的货物单元形式和规格，并进行合理选择。这一阶段不一定花费很多时间，但它的结果将对自动化仓库的成功起着至关重要的作用。

3) 确定自动化仓库的形式、作业方式和机械设备参数

在上述工作的基础上确定仓库形式，一般多采用单元货格式仓库。对于品种不多而批量较大的仓库，也可以采用重力式货架仓库或者其他形式的贯通式仓库。根据入出库的工艺要求(整单元或零散货入出库)决定是否需要拣选作业。如果需要拣选作业，则需确定拣选作业方式。

立体仓库的起重设备有很多种，它们各有特点。在设计时，要根据仓库的规格、货物形式、单元载荷和吞吐量等选译合适的设备，并确定它们的参数。对于起重设备，根据货物单元的质量选定起重量，根据出入库频率确定各机构的工作速度。对于输送设备，则根据货物单元的尺寸选择输送机的宽度，并恰当地确定输送速度。

4) 建立模型

所谓建立模型，主要是指根据单元货物规格确定货架整体尺寸和仓库内部布置。

(1) 确定货位尺寸和仓库总体尺寸。自动化仓库的货架由标准的部件构成，在正确地安装完成之后，它能满足所有负载、允许的偏差和其他工程要求。在立体仓库设计中，恰当地确定货位尺寸是一项极其重要的内容，它直接关系到仓库面积和空间利用率，也关系到仓库能否顺利地存取货物。货位尺寸取决于在货物单元四周需留出的净空尺寸和货架构

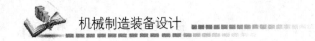

件的有关尺寸。对自动化仓库来说，这些净空尺寸的确定应考虑货架、起重设备运行轨道，以及仓库地坪的制造、安装和施工精度，还和起重搬运设备的停车精度有关。

(2) 确定仓库的整体布置。货位数取决于有效空间和系统需要量。一般情况下，每两排货架为一个巷道，根据场地条件可以确定巷道数。如果库存量为 N 个货物单元，巷道数为 A，货架高度方向可设 S 层，若每排货架设有同样的列数，则每排货架在水平方向应具有的列数 C 为

$$C=N/(2AS)$$

根据每排货架的列数 C 及货格横向尺寸确定货架总长度 L 之后，根据作业频率的要求确定堆垛机的数量和工作形式，多数情况下每巷道配备一台堆垛机。还要确定高层货架区和作业区的衔接方式，可以选择采用叉车、运输小车或者输送机等运输设备。按照仓库作业的特点选择出入口的位置。

5) 确定工艺流程并核算仓库工作能力

(1) 立体仓库的存取模式。在立体仓库中存取货物有两种基本模式：单作业模式和复合作业模式。单作业模式就是堆垛机从巷道口取一个货物单元送到选定的货位，然后返回巷道口(单入库)；或者从巷道口出发到某一个给定的货位取出一个货物单元送到巷道口(单出库)。复合作业模式就是堆垛机从巷道口取一个货物单元送到选定的货位 A，然后直接转移到另一个给定货位 B，取出其中的货物单元，送到巷道口出库。应尽量采用复合作业模式，以提高存取效率。

(2) 出、入库作业周期的核算。仓库总体尺寸确定之后便可核算货物出、入库平均作业周期，以检验是否满足系统要求。目前，国内外多采用计算机对每一货位的作业都进行核算，从而准确地找出平均作业周期。

6) 提出对土建及公用工程的设计要求

自动化仓库的工艺设计要根据工艺流程的需要提出对仓库的土建和公用工程的设计要求。其内容主要包括以下几方面：确定货架的工艺载荷，提出对货架的精度要求；提出对基础的均匀沉降要求；确定对采暖、通风、照明防火等方面的要求。

7) 选定控制方式和仓库管理方式

(1) 选定控制方式。根据作业形式和作业量的要求确定堆垛机的控制方式，一般可分为手动控制、半自动控制和全自动控制。出、入库频率比较高，规格比较大，特别是比较高的仓库，使用全自动控制方式可以提高堆垛机的作业速度，提高生产率和运行准确性。

(2) 选择管理方式。随着计算机功能不断强大，价格不断下降，大中型仓库越来越普遍地采用计算机进行管理，并在线调度堆垛机和各种运输设备的作业。计算机管理是效果比较高、效率比较好的管理方式。

8) 提出自动化设备的技术参数和配置

根据设计确定自动化设备的配置和参数。例如，确定选择什么样的计算机(主频速度、内存容量、硬盘容量、系统软件和接口能力等)，堆垛机的速度、高度、电机功率和调速方式等。

2. 系统功能

自动化仓库的功能一般包括收货、存货、取货和发货等。

1) 收货

收货指仓库从原材料供应方或生产车间接收各种材料或半成品，供工厂生产或加工装配之用。收货时需要站台或场地供运输车辆停靠，需要升降平台作为站台和载货车辆之间的过桥，需要装卸机械完成装卸作业。卸货后需要检查货物的品名和数量，以及货物的完成状态。确定完好后方能入库存放。

2) 存货

存货是将卸下的货物存放到自动化系统规定的位置，一般是存放到高层货架上。存货之前首先要确认存货的位置。某些情况下可以采取分区固定存放的原则，即按货物的种类、大小和包装形式等实行分区分位存放。随着移动货架和自动识别技术的发展，已经可以做到随意存放。这样既能提高仓库的利用率，又可以节约存取时间。存货作业一般通过各种装卸机械完成。系统对保存的货物还可以定期盘查，控制保管环境，减少货物受到的损伤。

3) 取货

取货指根据需求情况从库房取出所需的货物，可以有不同的取货原则，通常采用的是先入先出方式，即在出库时，先存入的货物先被取出。对某些自动化仓库来说，必须能够随时存取任意货位的货物，这种存取要求搬运设备和地点能频繁更换。这就需要有一套科学和规范的作业方式。

4) 发货

发货是将取出的货物按照严格的要求发往用户。根据服务对象不同，有的仓库只向单一用户发货，有的则需要向多个用户发货。发货时需要配货，即根据使用要求对货物进行配套供应。

5) 信息查询

信息查询指能随时查询仓库的有关信息，可以查询库存信息、作业信息以及其他相关信息。这种查询可以在仓库范围内进行，有的可以在其他部门或分厂进行。

3. 几种典型的自动化系统结构

在自动化仓库的运行过程中，一般有几种控制方式，以便于操作和调试人员根据需要对仓库中各种情况进行灵活的处理。控制方式可分为手动控制、半自动控制、遥控和全自动控制。

手动控制指货物的搬运和储存作业由人工完成或人工操作简单机械完成。这种方式多在调试或事故处理状态下使用。半自动控制指货物的搬运和储存作业一部分由人工完成，整个仓库作业活动可以通过可编程序控制器或微型计算机控制。遥控是将仓库内的全部作业机械的控制全部集中到一个控制室内，控制室的操作人员通过电子计算机进行仓库作业活动的远距离控制。全自动控制指装运机械和存放作业都通过各种控制装置的控制器自动进行操作，电子计算机对整个仓库的作业活动进行控制。这是正常运行方式下使用的控制方式。

近年来，计算机和微处理器飞速发展，功能不断增强，效率不断提高，容量不断增大，体积不断缩小，可靠性不断提高，价格不断降低，为自动化系统的实现开辟了越来越广阔的前景。

1) 集中控制方式

对于比较小的系统，由于其数据量少，功能要求低，实时控制易于实现，因此可采用这种方式。主计算机通过在系统结构中心控制室的监控系统，执行仓库管理事务，如发出存货控制、货物入库及载运指令，同时执行仓库设备和储存货物的管理(图 7.44)。该方式使用的设备较少，物理上容易实现，但对设备的可靠性要求高，因为一旦设备发生故障，将影响整个系统的运行。

为了提高系统的可靠性，可以采取几种措施，一种是硬件冗余措施，另一种是采用功能强、可靠性高的 PLC，同时，在软件设计上也采取多种提高可靠性的措施。

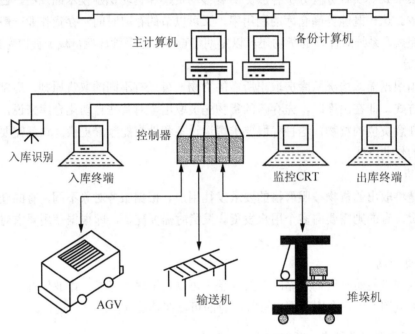

图 7.44　集中控制系统示意图

2) 分层分布控制方式

分层分布控制系统中主计算机通过控制器分别控制着输送机控制器、堆垛机控制器、AGV 控制器；各控制器分别管理着设备(输送机、堆垛机、AGV 等)，如图 7.45 所示。其优点就是全部系统功能不集中在一台或几台设备上。因此，即使某台或几台设备发生故障，对其他设备也不会产生影响或影响很小，而且控制方式也是分层次的。系统既可在高层次上运行，也可在低层次下运行。正因为如此，这种控制系统的结构目前在国内外使用较多，它适合应用于大规模控制的场合。另外，对系统中的主要设备可采取多种备份措施，如热备份、及时备份和冷备份等。

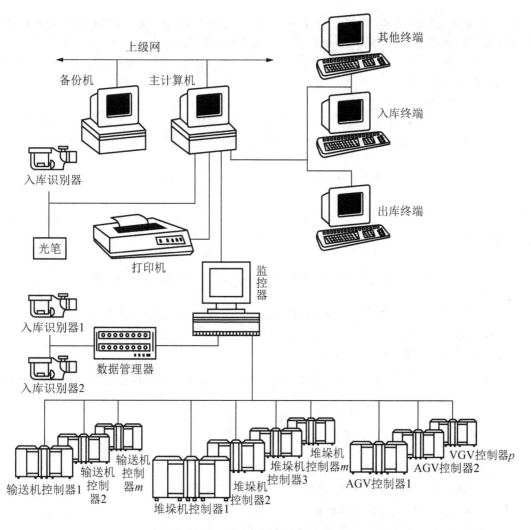

图 7.45　分布式控制系统示意图

📖 **阅读材料 7-2**

某汽车厂自动化仓库建设缺陷分析

一、背景

20 世纪 70 年代，北京某汽车制造厂建造了一座高层货架仓库(即自动化仓库)作为中间仓库，存放装配汽车所需的各种零配件。此厂所需的零配件大多数由其协作单位生产，然后运至自动化仓库。该厂是我国第一批发展自动化仓库的企业之一。

该仓库结构分高库和整理室两部分，高库采用固定式高层货架与巷道堆垛机结构，从整理室到高库之间设有辊式输送机。当入库的货物包装规格不符合托盘或标准货箱时，则还需要对货物的包装进行重新整理，这项工作就是在整理室进行。由于当时各种物品的包装没有标准化，因此，整理工作的工作量相当大。

货物的出入库是运用计算机控制与人工操作相结合的人机系统。这套设备在当时来讲是相当先进的。该库建在该厂的东南角，距离装配车间较远，因此，在仓库与装配车间之间需要进行二次运输，即将所需的零配件先出库，装车运输到装配车间，然后才能进行组装。

自动化仓库建成后，这个先进设施在企业的生产经营中所起的作用并不理想。因此其利用率也逐年下降，最后不得不拆除。

二、原因分析

(1) 由于当时各种物品的包装没有统一的标准，入库的货物包装不规范，不符合托盘或标准货箱，造成在入库之前要对物品进行重新管理，造成资源的浪费，而这个作业又回到了人力操作，因此不能很好地节约人力。

(2) 该企业所需的零配件大多数由其协作单位生产，再运至自动化仓库，造成入库时不准时，不能很好地协调各方面的工作。

(3) 该仓库距离装配车间较远，在将零部件运往装配车间时需进行二次运输，可能造成数据查询、处理出现错误，且在这过程中需要大量的人力、物力，导致效率低下，企业利润减少。

三、启示

(1) 对要入库自动化仓库的货物实行标准化，进行统一的标准包装，以节省入库时所需的人力、物力等资源。

(2) 充分运用现代物流信息，对货物实行信息跟踪处理，实现计算机控制与人机操作相结合的人机系统。

(3) 在仓库布局方面，应充分考虑仓库与车间的位置关系，应做到仓库与车间衔接融洽，实现仓库与车间的自动化，以节省在生产过程中的时间。

资料来源：http://www.soo56.com/News/466652012-1-17_0.htm，2012.

习　　题

7-1 简述生产物流系统的定义及意义。

7-2 制造业生产物流系统的布置方式有哪些？各适用于什么场合？

7-3 料仓式上料装置的基本组成包括什么？

7-4 料仓式上料装置和料斗式上料装置的根本区别是什么？

7-5 常见的输送机有哪些？其特点是什么？

7-6 试述无轨式自动运输小车的基本构成及不同的导航方式。

7-7 分析随行夹具三种不同返回方式的应用场合。

7-8 自动化仓库包括哪些主要的机构设备？

7-9 自动化仓库的基本类型有哪些？其应用特点是什么？

7-10 试述仓库自动化系统的设计过程。

第 **8** 章

机械加工生产线总体设计

 本章教学要点

知识要点	掌握程度	相关知识
机械加工生产线设计	掌握机械加工生产线的基本组成及分类； 了解机械加工生产线的设计原则	机械加工生产线的不同分类； 机械加工生产线的设计原则及内容
生产线设备布局设计	了解生产线设备布局的任务及影响因素； 熟悉设备布局的原则和方法	分析生产线设备布局的影响因素； 三种车间布局的设计方法
柔性加工生产线、柔性 制造系统	了解柔性生产线的设计内容； 熟悉柔性制造系统的功能及组成	柔性生产线的初步和详细设计内容； 柔性制造系统的三个子系统
先进制造模式	了解各种先进制造模式	计算机集成制造系统、智能制造系 统、精益生产及敏捷制造

 机械制造装备设计

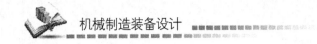 导入案例

浅谈机械加工生产线发展状况

从 20 世纪 20 年代开始，随着汽车、滚动轴承、小型电动机和缝纫机等工业发展，机械加工制造中开始出现自动线，最早出现的是组合机床自动线。机械加工制造业中有铸造、锻造、冲压、热处理、焊接、切削加工和机械装配等自动线，也有包括不同性质的工序，如毛坯制造、加工、装配、检验和包装等的综合自动线。

一、机械加工生产线的发展状况

在汽车、拖拉机、内燃机和压缩机等许多工业生产领域，组合机床生产线仍是大批量机械产品实现高效、高质量和经济性生产加工的关键装备，也是不可替代的主要加工设备。现针对组合机床生产线来说明一下国内机械加工生产线的发展情况。

(1) 节拍时间进一步缩短。早期的生产线要实现短的节拍，往往要采用并列的双工位或设置双线的办法。现在主要是通过缩短基本时间和辅助时间来实现的。

(2) 柔性化进展迅速。数控组合机床的出现，不仅完全改变了过去那种由继电器电路组成的组合机床的控制系统，而且也使组合机床机械结构乃至通用部件标准发生了或正在发生着巨大的变化。

(3) 加工精度日益提高。为了满足用户对工件加工精度的高要求，除了进一步提高主轴部件、镗杆、夹具的精度，采用新的专用刀具，优化切削工艺过程，采用刀具尺寸测量控制系统和控制机床及工件的热变形等一系列措施外，目前，空心工具锥柄(HSK)和过程统计质量控制(SPC)的应用已成为自动线提高和监控加工精度的新的重要技术手段。

(4) 可靠性和利用率不断改善和提高。为提高加工过程的可靠性、利用率和工件的加工质量，采用过程监控，对其各组成设备的功能、加工过程和工件加工质量进行监控，以便快速识别故障、快速进行故障诊断和早期预报加工偏差，使操作人员和维修人员能及时地进行干预，以缩短设备调试周期、减少设备停机时间和避免加工质量偏差。

二、机械加工生产线的发展趋势

随着市场竞争的加剧和对产品需求的提高，高精度、高生产率、柔性化、多品种、短周期、数控组合机床及其自动线正在冲击着传统的组合机床生产线，因此，组合机床生产线的发展思路必须是以提高组合机床加工精度、组合机床柔性、组合机床工作可靠性和组合机床技术的成套性为主攻方向。

资料来源：丛大纲. 浅谈机械加工生产线发展状况.
中小企业管理与科技, 2008.(7)：191.

8.1 机械加工生产线概述

8.1.1 机械加工生产线及其基本组成

在机械产品生产过程中，对于一些加工工序较多的工件，为保证加工质量、提高生产率和降低成本，往往把加工装备按照一定的顺序依次排列，并用一些输送装置与辅助装置

将它们连接成一个整体，使之能够完成工件的指定加工过程。这类生产作业线称为机械加工生产线。

机械加工生产线由加工装置、工艺装置、输送装置、辅助装置和控制系统组成。由于不同工件的加工工艺复杂程序不同，机械加工生产线的结构及复杂程度也常常有很大差别。图8.1所示为加工箱体类工件的一条简单的机械加工生产线。

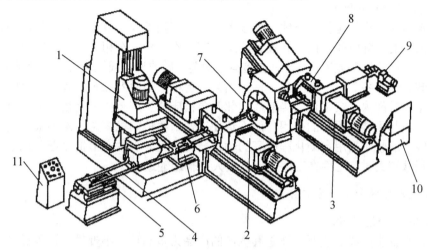

图 8.1 机械加工生产线

1、2、3—组合机床；4—工件输送带；5—传动装置；6—转位台；7—转位鼓轮；
8—夹具；9—切屑运输装置；10—液压站；11—操纵台

8.1.2 机械加工生产线的类型

机械加工生产线根据不同的特征，可有不同的分类方法。按照生产线所用加工装置、工作节拍特性、生产目的和生产方式的不同可做如下分类：

1. 按所用加工装置分类

(1) 通用机床生产线。这类生产线建线周期短、成本低，多用于加工盘类、轴、套、齿轮等中小旋转体工件。

(2) 组合机床生产线。这类生产线由组合机床联机构成，主要适用于加工箱体及杂类工件的大批量生产。

(3) 专用机床生产线。主要由专用机床构成，设计制造周期长、投资周期长、投资较大，适用于加工结构特殊、复杂的工件或产品结构稳定的大量生产类型。

2. 按生产线工件节拍特性分类

1) 固定节拍生产线

固定节拍是指生产线中所有设备的工件节拍等于或成倍于生产线的生产节拍。工件节拍成倍于生产线生产节拍的设备需配置多台并行工作，以满足每个生产节拍完成一个工件的生产任务。这类生产线没有储料装置，加工设备按照工件工艺顺序依次排列，由自动化输送装置严格地按生产线的生产节拍，强制性地沿固定路线从一个工位移到下一个工位，直到加工完毕。

固定节拍生产线所有加工装备由输送设备和控制系统联成整体，工件的加工和输送过程具有严格的节奏性。当某一台机床发生故障而停歇时，将导致整条生产线的瘫痪。生产线中加工装置和辅助设备的数量愈多，生产线愈长，因故障而停歇的时间损失影响就愈大。为了保证生产线的生产率，采用的所有设备都应具有较好的稳定性和可靠性，并避免采用过于复杂和易出故障的机构。

2) 非固定节拍生产线

非固定节拍生产线是指生产线中各设备的工作节拍不同，各设备的工作周期是其完成各自工序需要的实际时间。由于各设备的工作节拍不一样，在相邻设备之间或在相隔若干台设备之间需设置储料装置。这样，在储料装置前、后的设备或工段就可彼此独立地工作。由于储料装置中储备着一定数量的工件，当某一台机床因故停歇时，其余的机床或工段仍可以在一定的时间内继续工作。当前后相邻两台机床的生产节拍相差较大时，储料装置可在一定时间内起到调剂平衡的作用，而不致使工作节拍短的机床总要停下来等候。非固定节拍生产线一般较难采用自动化程度高的输送装置。尤其当生产节拍较慢，批量较小，工件质量和尺寸较大时，工件在工序间也可由人工辅助输送。

3. 按生产目的和生产方式分类

1) 单件、小批生产线

单件、小批生产线的主要特征是其生产的产品为多品种、小批量。这种类型生产线大多采用将同样功能的设备放在一起，被加工工件需根据其工艺路线在不同的设备区里完成其加工过程，如图 8.2 所示。该类型生产线主要是面向产品类型变化而设计，因此对于品种和批量频繁变化的市场环境是非常适合的。

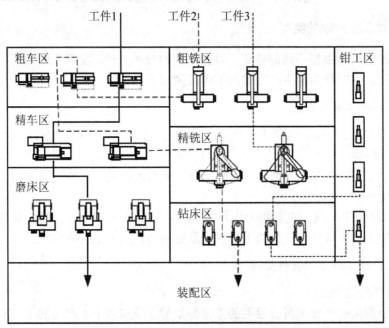

图 8.2　单件、小批生产线示意图

2) 中批量生产线

中批量生产线主要是为产品品种变化多，且每种产品都有一定批量的状况而设计的。

在实际生产时每道工序完成一批工件的加工，完成后则转移至下道工序，这样可减少生产准备时间，但却增加了工件无谓的等待时间，使得产品生产周期较长，成本也较高。

中批量生产线实际上是为了兼顾柔性与成本的折中方案，它适于对工艺成熟的产品进行批量生产，其缺点是在生产过程中产品批量一旦确定就不易改变，这使得它不太适合动态变化的市场环境。

3) 大批量生产线

大批量生产线是通过单一产品的大批量生产来最大限度地降低产品成本。为了减少加工准备时间和工件的等待时间，该类型生产线多采用专用机床并串联成流水线的形式。该类型生产线的目的是尽量减少工件的无谓等待时间和制造成本，工件不停顿地完成从毛坯到成品的制造过程，因此，大批量类型生产线的生产效率是所有生产线里最高的，但由于它一般是针对单一产品而设计的，其柔性较差。

4) 单元生产线

单元生产线是在成组技术的基础上发展起来的，其基本思想是依据工件工艺的相似性对产品分族并将可加工同族产品的设备布置在一起，成为一个加工单元，对于简单的工件可在一个单元内完成加工，而复杂的工件则需几个单元组合完成加工，如图 8.3 所示。单元内采用通用设备和成组夹具，这样只需一次工艺准备就可进行同族的多种工件的混流加工，因此单元生产线同时具有较高的生产效率和较好的柔性。

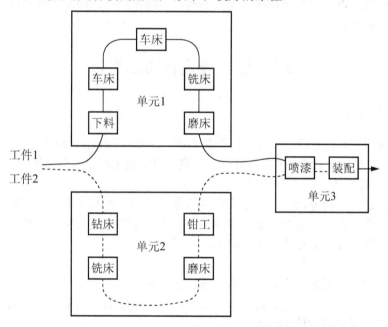

图 8.3 单元生产线示意图

8.1.3 机械加工生产线设计原则

机械加工生产线设计应遵循的原则：

(1) 保证在生产线设计寿命内稳定地满足工件的加工精度和表面质量要求。

(2) 满足生产纲领的要求，并留有一定的生产潜力。

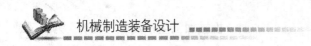

(3) 保证足够高的可靠性。

(4) 根据产品的批量和可持续生产的时间，应考虑生产线具有一定的可调整性。

(5) 生产线布局应减小占地面积，还要便于操作者的操作、观察和维修，提供一个安全宜人的工作环境。

(6) 降低生产线的投资费用。

(7) 有利于资源和环境保护，实现洁净化生产。

8.1.4 机械加工生产线设计的内容及步骤

机械加工生产线的设计一般可分为准备工作阶段、总体方案设计阶段和结构设计阶段。

(1) 制订生产线工艺方案，绘制工序图和加工示意图。

(2) 拟定全线的自动化控制方案。

(3) 确定生产线的总体布局，绘制生产线的总联系尺寸图。

(4) 绘制生产线的工作循环周期表。

(5) 生产线通用加工装备的选型和专用机床、组合机床的设计。

(6) 生产线输送装置、辅助装置的选型及设计。

(7) 液压、电气等控制系统的设计。

(8) 编制生产线的使用说明书及维修注意事项等。

由于总体方案设计和结构设计是相互影响、相辅相成的，因此上述各设计步骤有时需要平行或交错进行。

8.2　生产线设备布局设计

8.2.1　设备布局的任务

设备布局的主要任务就是根据产品和生产纲领要求，在指定的车间有效空间内，将设备及生产相关的设施进行合理的布置、优化、仿真，以满足生产出合格产品的车间布局结构。

1) 分析产品工艺

对新产品进行结构分析，确定组成产品的零件种类、体积和质量，需要进行的加工操作，然后提出车间在生产能力、生产零件种类、生产零件的加工精度与质量、产品多样化的可能性及投资回收率等相关方面的需求。

2) 确定车间生产模式

根据车间功能的需求及企业的战略决策，最终确定车间的生产模式，主要是确定车间内主要的加工设备、刀具、夹具的类型及数量，车间设备的布局采用的原则及生产车间的类型。然后建立新车间的功能模型。

3) 进行方案设计

根据新车间提出的功能模型，提出多个候选方案。方案的内容主要包括新车间布局的结构形式、自动化程度、主要零件的加工方法，以及需要的工作人员数量、主要设备的类型和数量。

4) 方案的筛选

根据客户的要求对候选方案进行评估，从中筛选出能够满足设计要求、生产性能、费用及进度要求的那些方案。然后对这些方案进行比较，选择出最合适的方案。

5) 方案的优化

确定方案之后，车间布局设计的任务还没有完成，方案还不能最终应用于生产实际，还需要对新的方案进行计算机仿真、模拟以找出设计中存在的问题，对车间布局进行优化设计。

6) 布局方案的实施

对方案进行优化设计之后，就要对方案进行现场实施，并在实施过程中，对碰到的问题进行重新设计调整，直到方案顺利实施。

8.2.2 设备布局的影响因素

车间的产品设计、工艺流程设计、生产组织和物料搬运等条件的变化，都会影响车间设备布局的结果。

1) 产品因素

影响车间布局的产品因素主要有产品的性能、规格及质量要求，即产品的体积、质量、几何形状、加工处理上的特殊性、完成加工后的规格及质量要求等；产品的生产批量和种类，即产品品种的多少、批量的大小及产量的变更程度等；产品的生产工艺，即产品工艺流程、工序的确定、零件及物料的标准化程度等。

2) 设备因素

影响车间布局的设备因素主要有设备的特性，即设备的型号、体积大小、质量、工作性能、噪声、振动等因素；生产系统特性，即生产作业方式、自动化及柔性程度；工装夹具的特性，即夹具的选择、夹具的数量和装卡形式等；辅助设施是否齐全，如是否具有供气排气装置、调节装置、远距离控制装置等；生产线及设备利用率的均衡问题。

3) 车间物流因素

影响车间物流的因素主要有运输设备的性能，即运输设备的机动性、自动化程度、承载或起重能力等(运输设备的机动性能和自动化程度越高，车间中的物料运输越方便快捷，但是在运输设备方面的投资也越大)；物料流通形式，即从原材料进入车间到成品流出车间的过程中，人员及物料的活动方式；运输所需要的空间，即运输设备与空间的关系、运输路线的选择和确定，如过道的宽度是否合理、吊车是否有足够的起吊高度等；运输与其他工艺过程的组合，如在运输的过程中是否可以穿插一些检查、校验的工序等。

4) 物料存储因素

影响车间布局的物料存储因素主要包括存储地的选择，即存放于流通路线的旁边，还是另外设置存放场地；物料存储方式，即采用哪种存储形式，如容器、流动储存传送带、架子、自动仓库、托盘等；存放地的面积，即根据存储量及存储方法决定存放地的面积大小。

5) 厂房结构因素

厂房结构因素即厂房的有效空间及车间的物理结构，是普通建筑还是专用建筑，单层还是多层，厂房形状和走向，窗户、地面、屋顶高度、中列柱和边列柱的柱距、柱顶高度、柱顶到屋顶的高度等。

6) 人的因素

影响车间布局的人的因素主要指职工的作业效率，即每个职工的单位工作效率及职工的平均作业效率，以协调各工序的工作量，使作业时间及作业量保持均衡；其他因素，如是否符合劳动法规、是否符合生产安全性要求、职工的心理因素、管理是否方便等。

7）与布局调整有关的因素

随着科学技术的发展及产品的更新换代，调整工厂及车间布局的频率和速度越来越快。新产品的上市、新技术的推出、生产规模的扩大及产品批量的变化等都会引起车间布局的调整，因此，在进行车间布局规划时就应该预先考虑到将来可能的变更，使布局具有灵活性。

8）其他因素

分析车间设备布局问题时，要把车间生产经营目标作为核心问题，为此，产品的品种、规格、数量，以及车间生产能力、经济预算、生产任务完成日期、预期效果、变更的可能性等问题，是要充分考虑的。

8.2.3　设备布局的设计原则

在进行车间布局设计时，应该采用合理的车间布局原则，以保证车间布局的合理性。车间布局设计中常用的主要原则如下：

1）工艺性原则

工艺性是产品生产制造过程合理、连续及生产各环节加工能力相匹配的有力保证。工艺的合理不仅可以减少生产过程中的中断、等待和停顿，还可以避免系统配置的不平衡，减少生产能力的冗余，保证零件的加工要求。

2）物流简化原则

在物料搬运过程中应该尽量保证物料移动距离最短、搬运环节最少，以及搬运作业最简。在保证加工任务顺利完成的情况下，应该尽可能减少物料和人员的流动距离，避免物流交叉，尽量采用直线前进的原则，以节省时间、降低费用、减少混乱。同时，尽量简化搬运作业，减少搬运环节，提高系统物流的可靠性。

3）可持续性原则

可持续性是对车间系统更新和升级能力的要求。一方面通过重组或变更串接的设备，就能方便地组成适应形状和工艺变动较大的零件加工的新设备布局；另一方面通过扩展或减少并联的设备，就可在不影响已有设备运行的前提下，根据市场的动向迅速无缝地调整产品的产量。

4）经济性原则

经济性是在车间布局时应该考虑的一个重要原则，要用尽可能少的资金，达到满意的车间布局，提高企业的经济效益。另外，车间布局进行重组时，经济性也是必须考虑的重要因素之一。若设备重组的成本过高，必然会提高产品的生产成本，导致产品不为顾客接受，难以满足市场的要求，因此，在进行设备重组之前，也必须先对重组成本的经济性进行综合评估，以保证企业的效益。

5）柔性化可重构原则

考虑到产品结构、生产规模、技术进步和工艺条件的变化及管理结构的变革等，都会引起车间布局结构的变化，因此，在车间布局设计时，应该尽可能根据企业的战略，将产品未来的变化考虑进来，采用柔性生产线及可重构的车间布局形式，便于将来产品的变更。

6）充分利用空间和场地原则

根据产品的生产工艺，合理安排机器、物料的摆放位置及人员的工位，在保证加工任务顺利完成的同时节约场地。另外，在搬运过程中，尽量使用符合集装单元和标准化原则的各种托盘、料箱、料架等工位器具，以有利于提高搬运效率、物料活性系数、系统机械化和自动化水平，节约空间。

7) 生产均衡原则

维持各种设备和工位生产的均匀进行，必要时设置缓冲区以协调各个工位。

8) 安全性原则

安全是生产的前提和保证。设备布置要严格遵循"安全第一"的原则，切实保证工人操作的安全。

8.2.4　设备布局的设计方法

随着科学技术的发展，车间平面布局的方法得到不断发展，目前车间布局的方法主要有系统布置设计方法、布局集成设计方法及计算机辅助设施布置设计方法等。

1. 系统布置设计方法

系统布置设计方法是一种条理性很强、物流分析与作业单位关系密切程度分析相结合，以求得合理布置的技术，因此在布置设计领域获得极其广泛的运用。这种方法在设施设计人员与生产管理人员中得到广泛应用并获得满意的结果。

设施系统布置设计的起点是对企业生产的产品和产量进行分析和综合，通常这些数据来自设计部门和市场调研机构的预测分析。所以设施系统布置首先是调查研究、收集资料，其次是分析有关资料的相互关系，在综合调研的基础上设计方案，最后对若干方案进行选择并组织实施。具体的程序如图8.4所示。

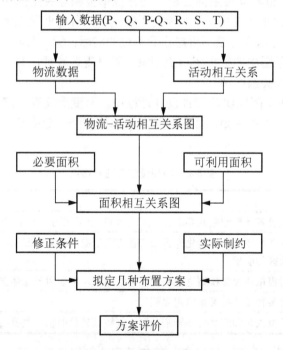

图8.4　系统布置设计基本流程

(1) 原始数据准备。P，Q，R，S，T 是布局设计中大多数计算的基础，是解决布置问题的基本要素。因此，布置设计必须首先收集这方面的原始资料。P (Product)：产品的品种或种类。Q (Quantity)：每种产品的产量。R (Routing)：生产路线或工艺过程。S (Services)：辅助服务部门。T (Time)：时间(劳动量定额)。

(2) 物流分析。物流分析包括确定物流在生产过程中每个必要的工序间移动的最有效的顺序，以及这些移动的强度或数量值。一个有效的物流流程应该没有过多的迂回或倒流。物流应该根据 P-Q 分析对不同的生产方式画出"工艺过程图"、"多种产品工艺过程图"或"从至图"。

(3) 作业单位相互关系分析。所谓作业单位，对于一个生产车间来说，可以是一台机床、一个装配台、一个检查设施等。作业单位相互关系的分析是对各单位或作业活动之间关系的密切程度进行评价。将 P，Q 和 S 结合起来研究辅助部门与作业单位的相互关系，考虑到诸如避免干扰、人员来往频繁程度、是否使用同一设备等非物流关系，将各作业单位之间的相互关系分为绝对重要、特别重要、重要、一般、不重要和不希望靠近等不同等级，分别以大写字母 A，E，I，O，U，X 来表示并给予一个系数值，见表 8-1。

表 8-1　作业单位相互关系等级

符号	含义	比例/(%)	符号	含义	比例/(%)
A	绝对重要	1～3	O	一般	5～15
E	特别重要	2～5	U	不重要	20～85
I	重要	3～8	X	不希望靠近	0～10

(4) 物流与作业单位相互关系的分析。在作业单位相互关系图完成以后，根据物流分析的结果，同时考虑到非物流相互关系就可以绘制表明各作业关系的"物流与作业单位相互关系图"。在绘制时可以考虑或不考虑作业单位的实际位置，也可以不考虑作业单位所需的面积。为把相互关系图中的数据资料更形象、更直观地表现出来，通常要将作业单位之间的关系绘制成"相互关系图解"。

(5) 面积设定。在实际的实施布置设计过程中，常受到现有厂房或可利用土地面积与形状等的限制，而不得不把需要的面积与可利用的面积结合起来权衡考虑，面积设定的方法及特点见表 8-2。

表 8-2　面积设定方法及特点

方法	特点
计算法	按照设备和作业空间要求计算所需面积，主要用于详细设计中确定制造区域的面积
转化法	把现在需要的面积转化为将来布置方案中提出的必要面积，一般用来确定辅助区和存储区的面积
概率布置法	应用模拟或设备模型进行布置并确定面积，主要用于总体布置
标准面积法	采用某种工业标准来确定面积
比例趋向预测法	以单位人员和产品为基础来预测、复核设施总面积，主要用于设施规划

(6) 面积相关图解。根据已经确定的物流及作业单位相互关系，以及确定的面积，就可以利用面积相关图进行图解，即把每个作业单位按面积用适当的形状和比例在图上进行

配置。同时，根据现有实际条件及运输方式、道路要求、存储设施、场地形状、环境需要、管理控制等因素进行修正。最后形成几个可供选择的方案。

(7) 布置设计的寻优。根据现有设施空间的实际制约和各种修正条件(如运输方式、存储设备、场地环境、人的要求、厂房特征、辅助设施及管理控制要求、安全防护等)，对各部门的位置、形状进行调整，最终形成几个可行和初步优化的布置方案。

(8) 布置的评价。对以上阶段初步筛选的各备选方案进行技术经济分析和综合评价，从定性和定量的结合，综合主观和客观两个方面，确定每个方案的"价值"，进行设施布置的评价和选择。费用-效果分析法、关联矩阵、模糊综合评判法、层次分析法，以及比较简易的实验工厂法、成本比较法、生产率评价法等均可用于方案评价。

(9) 详细布置。对选中的方案在其空间相互布置图的基础上予以改进，得到具体有可操作性的详细布置。

2. 布局集成设计方法

随着计算机虚拟技术的不断发展，将计算机虚拟技术与数学模型相结合来求解车间实体布局的方法，在当前有了较好的应用，这种方法称为布局集成设计方法。这种方法的具体做法是从设备实体布局中找出实体布局的特点，抽象出并且建立一个适合车间生产过程的统一的优化布局数学模型并要找到一个有效的求解算法对其进行求解计算，运用计算结果指导并完成设备实体的优化布局。

为了能有效而又不需要实体参与布局就可以进行与实际效果相同的布局，就需要运用虚拟现实技术来实现。还可以将此布局优化数学模型与算法约束求解模块集成于虚拟布局设计系统中，实现与现实实体布局十分接近的适时的动态布局，减少布局成本，以提高生产车间的空间利用率，提高生产的效率。

虚拟现实设计系统(图8.5)包含操作者、机器及人机接口三个基本要素，其中机器是指安装了适当的软件程序，用来生成用户能与之交互的虚拟环境的计算机，人机接口则是指将虚拟环境与操作者连接起来的传感与控制装置。和其他的计算机系统相比，VR系统可提供实时交互性操作、三维视觉空间和多通道(视、听、触、味等)的人机交互界面。

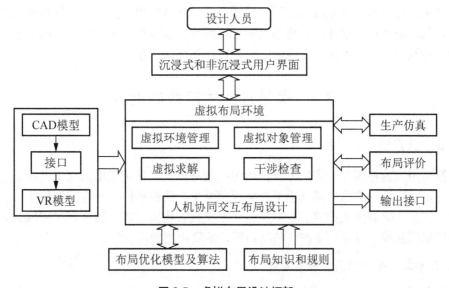

图8.5 虚拟布局设计框架

基于虚拟现实技术的人工交互布局是对纯计算数学模型布局不足的弥补，可以充分利用布局专家的人工经验，在计算机上模拟布局装配过程和调整过程，从而节省人工实际布局调整所需的大量的时间、物力、财力，提高布局效率和良好的布局效果。某些算法由于在求解过程中对于干涉约束条件进行松弛处理，使得最后求得的布局方案存在少量干涉现象和排他不合理现象，此时利用交互布局可以对此先进行调整改善。另外，各种启发式算法所采用的启发式规则还不能全面地反映布局的实际要求，布局方案会存在一些不妥之处，通过有限步的人工调整，可以使得布局方案更加可行。因此，交互布局提供了丰富的交互操作手段，不但可以实现人工布局所需的各种操作，同时也满足自动布局的使用要求。

3. 计算机辅助设施布置设计方法

设施布置考虑的因素日趋复杂，生产系统规模越来越大，多重技术与经济问题的交织使布置分析依赖于设计者经验的广泛整合与积淀，显然单个设计者的经验和能力是十分有限的。由于计算机系统的许多优良性能和新的分析方法的发展，近年来在系统布置规划的基础上应用计算机及其相关技术辅助进行设施布置设计已日渐普及。利用计算机辅助进行设施布置的设计不但能大大改善和加速布置设计的过程及其进程，而且因人-机交互和计算机绘图等的应用，可以迅速创成多种布置方案及其图案，以启发设计者的思路，且输出结果直观优美。计算机辅助设施布置程序为以下两种：

(1) 面向新建型系统布置程序。主要有 CORELAP(计算机辅助相关布置规划)和 ALDEP(自动化布置设计)程序。采用优先评价法，优点是把车间布置中重要的特性包括在内。另一方面，这些方法中应用的计分技术，要求以数量表示主观的优先选择，这本身是有风险的。

(2) 面向改进型的系统布置程序。主要有 CRAFT(计算机辅助确定设施布置相对位置技术)和 COFAD(计算机辅助设施设计)程序。CRAFT 是在原有布置方案上求得改进布置，得到一个以降低物料搬运成本的布置方案，而 COFAD 还考虑搬运设备及成本评价，是对 CRAFT 的改进。

近年来，伴随着生产系统的发展，设施规划较多地采用仿真技术来模拟物流运行的动态过程，从而求得最佳设计。需要强调的是，系统布置设计等理念与计算机辅助设施布置方法不是相互独立的两种技术，两者之间是相互补充、相互发展的关系。

8.3 柔性加工生产线的设计

8.3.1 柔性生产线的初步设计

柔性生产线的初步设计是从分析市场生产状态出发，认定采用柔性生产线要达到什么目标；进而从工厂的产品中筛选出适合采用柔性生产线的零件，对这些零件作工艺分析，并以此为依据，来设定生产线的基本设备、工夹具、物流方式、系统管理和控制方案；最后按照厂房的状况，设计出生产线的结构图，编写出相应的文档。

1. 分析工厂生产状态、确定零件谱

通过分析生产状态，从正在(或将要)制造的产品中，筛选出适合用柔性生产线制造的

关键零件，根据零件的形状、尺寸、材料、加工工艺上的相似性，用成组技术将它们分组，制订出生产线的零件谱。

分析生产状态、制订生产线的零件谱，应注意以下几点：

(1) 系列产品。这类产品结构相同，主要零件的形状相似，只是尺寸或某处细节不一样，因此将它们编成一组就是理想的零件谱。

(2) 制造方法类似的零件。它们常常被编成一组，例如材料相同的零件便于用同一种方法加工。

(3) 零件的批量和生产节拍。对于初选上的零件，要对其进行工艺分析，大致确定用什么设备制造、加工时间是多少、辅助时间(含刀具交换、夹具交换、工件装夹等)是多少。设加工时间为 T_m，辅助时间为 T_a，每天工作时间为 T，每年 250 个工作日，那么一个零件的年产量则为 $n = 250T/(T_m + T_a)$。如果年订货需要 N 个这种零件，根据 N 与 n 的关系，就可以基本确定初选上的零件能否成为零件谱中的一员。

2. 零件谱工艺分析

零件谱基本确定后，应该对谱中每个零件进行详细的工艺分析。分析时，要以正在设计的柔性生产线作为前提，确定零件的加工流程、切削用量、制造节拍、设备的型号规格、刀具的种类、夹具的结构。加工工艺和生产线的设备是相互制约的，在设计过程中要反复权衡利弊，协调好两者关系。

只有通过零件谱工艺分析，才能确定一组零件是否可以共享同一制造资源，即是否确实可以用一个制造系统"柔性"地完成其加工。

3. 初步规划系统结构

完成上述工作后，对期望的柔性生产线就有了轮廓的了解，即知道：引进生产线要达到什么目标，这种新生产线将加工什么零件，拟采用的设备和工具有什么特征，工件和工夹具在系统中存储和输送所采用的方式，结合厂房状况对新生产线如何布局，等等。初步设计完成时，应绘制出系统平面布局图，撰写出有关专题报告等。

8.3.2 柔性生产线的详细设计

1. 零件谱及其制造工艺的再分析

首先应该进一步分析柔性生产线的零件谱及其每个零件的制造工艺。柔性生产线虽能承包多种零件混流加工的任务，但这种"柔性"是用人力和财力的巨大投入换来的，所以应该权衡"柔性"与"投入"的关系，为此在详细设计阶段还应讨论零件谱，使所制造的零件种类有一定限制。零件种类增加对生产线的设计工作带来以下影响：

(1) 如果不限定零件的种类，就不能确定生产线制造设备的种类与规格，也不能确定它的自动化水平和规模。

(2) 零件种类增加导致制造刀具的增加，只有限定了零件的种类，才能有效地防止零件种类和刀具数量不匹配的现象出现。

(3) 零件种类还直接影响由工件装卸、输送、保管等设备组成的物流系统的设计。

(4) 零件种类被限定后，才能制定出负荷均衡的作业计划。

对零件谱的工艺分析，要从单个零件的工艺分析过渡到面向柔性生产线的工艺分析。面向生产线的工艺分析包括每个零件的装卸次数和时间，托盘和夹具数量，一个班次内零件的存储方式(如是进缓冲站，还是进入仓库，或者出线)，等等。

2. 选定制造设备和工具

完成零件谱的工艺分析后，可以开始选定柔性生产线的设备和刀具。选定设备，就是调查已有或将要添置的设备具有怎样的制造能力，并从中选出型号、规格、售价合适的设备。例如，对零件加工而言，轴类零件的加工应选取带尾座的数控车床，盘类零件加工应选取床身较短的数控车床；对于以铣、镗加工为主的棱体类零件，加工中心是其优选设备；对于大中批量生产而言，常常选用数控组合机床或可换主轴箱的专用数控机床来构筑生产线；为了提高工效，常用大铣刀盘，此时应采用专用数控铣床。

选定制造设备和刀具应与工序切换这个问题同步考虑，为此必须研究如下问题：

1) 柔性生产线的运行效率

柔性生产线需要高投入，只有高效率运行它才有生命力。提高生产线的运行效率，首先是提高每台制造设备的运行效率 η。设 r 为制造设备运行时间，t 为工序切换时间，w 为等待时间，s 为故障停机时间，则

$$\eta = \frac{r}{r+t+w+s} \times 100\% \tag{8-1}$$

或
$$\eta = \frac{1}{1+a+b+c} \times 100\% \tag{8-2}$$

其中，$a=t/r$，$b=w/r$，$c=s/r$。

如果生产线有自诊断和维护功能，可以设 $c=0$，因此设备运行效率 η 要达到 80%～90%，$a+b$ 就应维持在 0.25～0.11，对一个班 8h 而言，工序切换和等待时间便需在 96～48min。

对工序分散、每道工序只需较短加工时间的零件来说，缩短工序切换时间和工序等待时间具有重要意义。反之，如果零件送到机床上要连续加工很长时间(如 8h)，那么工序切换和工序等待时间对生产线的运行效率的影响就不很显著。

某道工序完成后，工件应从占用的设备中退出来，然后再送一个工件进设备，如果工件种类不同，切换工序要完成以下作业：

(1) 判别工件、交换工件。
(2) 变更制造设备的数控程序。
(3) 更换模具、夹具、刀具。
(4) 更换工业机器人的手爪及作业工具。

2) 工件自动交换

为了缩短工序切换时间，常常用工业机器人来交换工件，用于交换工件的机器人可以是制造设备的一个部件，也可以是一台独立的设备。

如果生产线的制造设备主要是加工中心，那么就应该用托盘交换器来交换工件。托盘交换器是一种能有效提高加工中心运行效率的辅助装置，一个工件加工完成后，托盘交换器上的工件送进加工中心。工件交换包括调度、识别、领取、输送、交换等作业，这些作

业不需要加工中心承担，因此可以与零件加工同步进行，所以装备托盘交换器可以极大地缩短工件交换时间，从而极大地提高生产线的运行效率。

3) 刀具自动交换

为了缩短工序切换时间，柔性生产线的刀具自动交换常常采用下述方式：

(1) 刀具自动交换器。

(2) 交换刀库。

(3) 交换带有若干刀具的多轴头。

(4) 移动式刀库与机械手组成的刀具交换装置。

(5) 模具自动交换装置。

图 8.6 是意大利 Mandelli 公司生产的卧式加工中心外观图，以及刀库、ATC、插刀器、龙门式换刀机器人的示意图，该机器人用于机床刀库与刀具室的刀具交换。

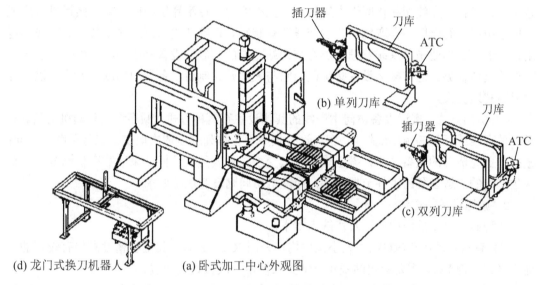

图 8.6　加工中心及其刀库

4) 夹具

合理使用夹具，是提高生产线运行效率的有效手段之一。设计夹具时，除了注意与刀具的碰撞、便于工件装卸外，还要使工序尽可能集中，以减少工序和工序切换次数。另外，夹具应有一定通用性，一个夹具能用于若干不同的零件；为了缩短工序切换时间，还应采用液压、气动这类高效夹紧装置。

3. 选定物流系统

选定物流系统涉及物料的搬运设备、存取方式、存储设备等问题。

1) 搬运设备

常用于柔性生产线的搬运设备有三类。

(1) 输送带：也称为传送带，包括滚子驱动式输送带、链式输送带，托盘链也可以归纳到输送带的范围。

(2) 小车：包括有轨自动小车(RGV)、自动导向小车(AGV)、牵引车、链式驱动车，堆垛机也可以归纳到小车的范畴。

(3) 机器人：包括固定式机器人和移动式机器人。

选定搬运设备应着重考虑如下问题：

① 物流通畅。柔性生产线是一种自动化程度很高的生产线，材料、工件、刀具的输送任务由搬运设备承担，为了保证生产线连续运行，搬运设备应保障物流通畅。为此，选定搬运设备，既要考虑它给每台设备输送物料的可能性和完成该任务需要的时间，还要综合考虑物流系统的其他环节，使各台设备都连续运行，使物料流通畅无阻。

② 性能。为了使物流通畅，应正确设定搬运设备的数量和搬运速度。搬运设备最好具有柔性，当生产线的布局需要调整时，就可不必更换搬运设备。

③ 界面。选定搬运设备，还应考虑该设备与其他设备的关系。为了提高生产线的运行效率，为了让生产线能在夜间无人运转，在生产线中往往配置了中间仓库，搬运设备应能方便地访问中间仓库并存取物料。生产线还有装卸站，毛坯进入系统的安装作业和成品退出系统的拆卸作业是由系统管理人员在装卸站完成的；制造设备是生产线的内核，承担着工件的制造任务。选定搬运设备必须确定它与装卸站、制造设备之间的联系方式，以保证物料顺利地交换。

④ 访问方式。搬运设备访问生产线的其他设备有两种方式：顺序访问和随机访问。让设备呈直线或环状等距离地排列，搬运设备按照设备排列顺序依次地交换工件是顺序访问；根据作业完成后的设备请求，搬运设备为其交换工件属随机访问。采取顺序访问方式，要求生产线的制造设备的工件节拍相等，而随机访问则没有这种要求。

2) 搬运设备的选定

几种搬运设备的应用范围及优缺点如下：

(1) 有轨自动小车(RGV)。大小工件均可采用 RGV 运送，其定位精度高，有较好的性能价格比，但 RGV 需要固定的铁轨，缺少柔性，一般做直线布置。

(2) 自动导向小车(AGV)。大小工件均可采用 AGV 运送。由于小车行走不需要固定的铁轨，其路径容易变更，因而具有很高"柔性"。AGV 的一次定位精度比较差，价格较高，要求对车间地面做相应的施工，其动力电池要定期充电。

(3) 输送带。大小工件均可采用输送带，可以对大工件实施连续输送，价格便宜。输送带的布局是固定的(无柔性)，占用面积大，与机械设备的接近性差。

(4) 机器人。其优点是能实现搬运和安装作业一体化。其缺点是价格贵、搬运质量轻，对被搬运物体有形状和尺寸的要求。

设计柔性生产线时，人们选定搬运设备常常参照下述惯例：

(1) 棱体类零件，多装夹在托盘上用小车来搬运。

(2) 回转体零件，常用机器人。

(3) 无人小车是柔性生产线中实现随机访问的必备设备。

(4) 工夹具的搬运采用输送带不失为一种好方法。

(5) 有轨自动小车是大型工件及其托盘系统搬运的首选设备。

4. 柔性生产线的方案设计

1) 设计准则

设计制造柔性生产线可以用工厂的已有设备。如果以通用机床为基础，首先应将通用机床改造成带有通信接口的数控机床，然后把它们连成柔性生产线；如果以加工中心等数控机床为基础，如果这些机床已经带有通信接口，则可以直接把它们连成线。以老设备为基础设计柔性生产线应注意以下几点：

(1) 保证新增的物流系统通畅。这不仅涉及搬运设备的选择和输送线的布局，还涉及工件交换和刀具交换的方式、结构尺寸、制造精度。

(2) 保证新构造的信息流通畅。这决定于生产线中若干规格、型号、功用不同的计算机系统之间的有效集成，从而实现对机械设备的统一管理和控制。

根据预定目标从零开始设计制造生产线，能够得到更加圆满的结果，但是方案设计阶段必须慎重。为了防止工作失误带来投资风险，设计制造生产线可以采取一次规划、分步实施的方法。

2) 绘制平面布局图

绘制生产线平面布局图是方案设计的一项基本工作，其步骤如下：

(1) 布局制造设备。零件谱工艺分析是制造设备布局的工作基础，设备布局应适合整个零件谱，应按照其工艺流程来排列。设备布局应与物料输送的设计交叉考虑，通常将设备布局成直线，但回转体零件如果用机器人来输送，则可沿圆周布局设备。

(2) 设计人行通道和物料输送通路。开展这项工作涉及安全问题，并与物料输送自动化的目标有关，即仅使工件输送自动化，还是使工件和工夹具的输送都实现自动化。实现后一个目标虽然可以采用同一套搬运设备，但是工件搬运和工夹具输送采用不同方式，有利于物料输送通路和物流管理软件的设计。

(3) 选定搬运设备。选定好了搬运设备，就可以在生产线布局图上画出物流入口、出口，以及工序之间物料交换装置。

(4) 确定辅助工作区。辅助工作区包括保管材料、毛坯、半成品、成品、外购件的自动仓库，在托盘上装夹(或拆卸)毛坯(或工件)的作业区，工夹具保管区，以及中央管理室等。

3) 方案确定

设计生产线应提出几个方案，通过对比选优。判别一个方案是否可取，可以参照以下条件：

(1) 物流是否简单。

(2) 是否便于操作人员工作。

(3) 系统是否易于操作和维护。

(4) 车间各作业点是否易于相互观察。

(5) 环境是否宜人。

(6) 各机器设备的工作负荷是否平衡。

(7) 系统是否便于扩充和改造。

(8) 是否符合预定目标。

(9) 运行费和维护费。

(10) 投资回收率。

8.4 柔性制造系统

8.4.1 柔性制造系统的定义及分类

1. 柔性制造系统的定义

柔性制造系统(Flexible Manufacturing System，FMS)是由若干台数控加工设备、自动化物料储运系统和计算机控制系统组成的具有很大柔性的自动化制造系统，能根据制造任务或生产环境的变化快速进行调整，适用于多品种及中小批量生产。

美国制造工程师协会的计算机辅助系统和应用协会把柔性制造系统定义为：使用计算机控制柔性工作站和集成物料运储装置来控制并完成工件族某一工序或一系列工序的一种集成制造系统。

还有一种更直观的定义是：柔性制造系统是至少由两台机床、一套物料运输系统(从装载到卸载都具有高度自动化)和一台计算机控制系统组成的制造系统，它采用简单地改变软件的方法便能够制造出某些部件中的任何工件。一个典型的柔性制造系统如图 8.7 所示。

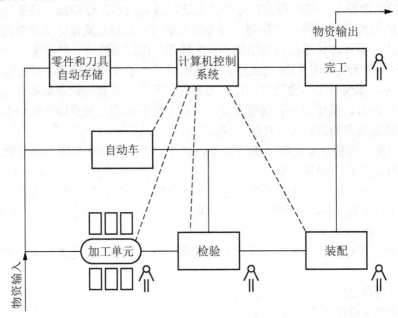

图 8.7 一个典型的柔性制造系统

2. 柔性制造系统的分类

柔性制造系统按系统的规模可分为以下几类：

1) 柔性制造单元

柔性制造单元(Flexible Manufacturing Cell，FMC)一般由 1 台或 2 台数控机床、加工中心、工业机器人及物料运输存储设备等组成。数控加工设备间由小规模的工件自动运输装置连接，并由计算机对它们进行生产控制和管理，具有适应加工多品种产品的灵活性，可将其视为一个规模最小的 FMS，系统对外设有接口，可与其他单元组成 FMS。它是 FMS

向廉价化小型化方向发展的一种产物。其特点是实现单机柔性自动化，迄今已进入普及应用程度。

2) 柔性制造系统

FMS 通常由 4 台或更多的数控加工设备(或 FMC)有机组合起来，使其成为独立的制造系统，并用计算机来控制整个系统的运行。FMS 的控制、管理功能也比 FMC 强，对数据管理与通信网络的要求更高。由集中的控制系统及物料系统连接起来，可在不停机的情况下实现多品种、中小批量的加工管理。FMS 是使用柔性制造技术最具代表性的制造自动化系统。

3) 柔性制造生产线

柔性制造生产线(Flexible Manufacturing Line，FML)是处于单一或少品种大批量非柔性自动线与中小批量多品种 FMS 之间的生产线。它以离散型生产中的 FMS 和连续性生产过程中的分散型控制系统为代表，其特点是实现生产线柔性化及自动化，但柔性较低，专用性较强、生产率较高、生产量较大，相当于数控化的自动生产线，一般用于少品种、中批量生产。

4) 柔性制造工厂

柔性制造工厂(Flexible Manufacturing Factory，FMF)以 FMS 为子系统构成，柔性制造由 FMS 扩大到全厂范围。配以自动化立体仓库，用计算机系统进行有机的联系，采用从订货、设计、加工、装配、检验、运送至发货的完整 FMS。实现全厂范围内的生产管理过程、设计过程、制造过程和物料运储过程的全盘自动化，即实现自动化工厂的目标。

8.4.2　柔性制造系统的功能及特点

1. 柔性制造系统的功能

(1) 能自动控制和管理零件的加工过程，包括制造质量的自动控制、故障的自动诊断和处理、制造信息的自动采集和处理。

(2) 通过简单的软件系统变更，便能制造出某一零件族的多种零件。

(3) 自动控制和管理物料(包括工件与刀具)的运输和存储过程。

(4) 能解决多机床上零件的混流加工，且无须增加额外费用。

(5) 具有优化的调度管理功能，无须过多的人工介入，能做到无人加工。

2. 柔性制造系统的特点

采用柔性制造系统有许多优点，主要有以下几个方面：

(1) 设备利用率高。一组机床编入柔性制造系统后的产量，一般可达这组机床在单机作业时的三倍。柔性制造系统能获得高效率的原因，一是计算机把每个零件都安排了加工机床，一旦机床空闲，即刻将零件送上加工，同时将相应的数控加工程序输入这台机床，二是由于送上机床的零件早已装卡在托盘上(装卡工作在单独的装卸站进行)，因而机床不用等待零件的装卡。

(2) 减少设备投资。由于设备的利用率高，柔性制造系统能以较少的设备来完成同样的工作量。把车间采用的多台加工中心换成柔性制造系统，其投资一般可减少三分之二。

(3) 减少直接工时费用。由于机床是在计算机控制下进行工作的，不需工人去操纵。

唯一用人的工位是装卸站。这就减少了工时费用。

(4) 减少了工序中在制品量，缩短了生产准备时间。和一般加工相比，柔性制造系统在减少工序间零件库存数量上有良好效果，有的减少了80%。这主要是因为缩短了等待加工时间。

(5) 改进生产要求有快速应变能力。柔性制造系统有其内在的灵活性，能适应由于市场需求变化和工程设计变更所出现的变动，进行多品种生产，而且还能在不明显打乱正常生产计划的情况下，插入备件和急件制造任务。

(6) 维持生产的能力。许多柔性制造系统设计成具有当一台或几台机床发生故障时仍能降级运转的能力，即采用了加工能力有冗余度的设计，并使物料传送系统有自行绕过故障机床的能力，系统仍能维持生产。

(7) 产品质量高。减少零件装卡次数，一个零件可以少上几种机床加工，设计更好的专用夹具，更加注意机床和零件的定位都有利于提高零件的质量。

(8) 运行的灵活性。运行的灵活性是提高生产率的另一个因素。有些柔性制造系统能够在无人照看的情况下进行第二和第三班的生产。

(9) 产量的灵活性。车间平面布局规划得合理，需要增加产量时，增加机床以满足扩大生产能力的需要。

8.4.3 柔性制造系统的加工系统

典型的柔性制造系统一般由三个子系统组成。它们是加工系统、物流系统和控制与管理系统，各子系统的构成框图及功能特征如图8.8所示。

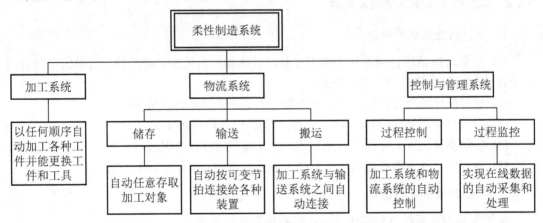

图8.8 柔性制造系统组成

三个子系统的有机结合，构成了一个制造系统的能量流(通过制造工艺改变工件的形状和尺寸)、物料流(主要指工件流和刀具流)和信息流(制造过程的信息和数据处理)。

加工系统在柔性制造系统中是实际完成改变物料任务的执行系统。加工系统主要由数控机床、加工中心等加工设备构成，系统中的加工设备在工件、刀具和控制三个方面都具有可与其他子系统相连接的标准接口。加工系统的性能直接影响着柔性制造系统的性能，且加工系统在柔性制造系统中又是耗资最多的部分，因此恰当地选用加工系统是柔性制造系统成功与否的关键。

目前金属切削柔性制造系统的加工对象主要有两类工件：棱柱体类(包括箱体形、平板形)和回转体类(长轴形、盘套形)。对加工系统而言，通常用于加工棱柱体类工件的柔性制造系统由立、卧式加工中心，数控组合机床(数控专用机床、可换主轴箱机床、模块化多动力头数控机床等)和托盘交换器等构成；用于加工回转体类工件的柔性制造系统由数控车床、车削中心、数控组合机床和上下料机械手或机器人及棒料输送装置等构成。小型柔性制造系统的加工系统多由4～6台机床构成，这些数控加工设备在柔性制造系统中的配置有互替形式(并联)、互补形式(串联)和混合形式(并串联)三种，见表8-3。

表8-3 机床配置形式与特征比较

特征	互替形式	互补形式	混合形式
简图			
生产柔性	低	中	高
生产率	低	高	中
技术利用率	低	中	高
系统可靠性	高	低	中
投资强度比	高	低	中

柔性制造系统的加工系统原则上应是可靠的、自动化的、高效的、易控制的，其实用性、匹配性和工艺性好，能满足加工对象的尺寸范围、精度、材质等要求。因此在选用时应考虑以下几点：

(1) 工序集中，如选用多功能机床、加工中心等，以减少工位数和减轻物流负担，保证加工质量。

(2) 控制功能强、扩展性好，如选用模块化结构，外部通信功能和内部管理功能强，有内装可编程序控制器，有用户宏程序的数控系统，以易于与上下料、检测等辅助装置连接和增加各种辅助功能，方便系统调整与扩展，以及减轻通信网络和上级控制器的负载。

(3) 高刚度、高精度、高速度，选用切削功能强、加工质量稳定、生产效率高的机床。

(4) 使用经济性好，如导轨油可回收，断、排屑处理快速、彻底等，以延长刀具使用寿命。节省系统运行费用，保证系统能安全、稳定、长时间无人值守而自动运行。

(5) 操作性、可靠性、维修性好，机床的操作、保养与维修方便，使用寿命长。

(6) 自保护性、自维护性好。例如，设有切削力过载保护、功率过载保护、行程与工作区域限制等。导轨和各相对运动件等无须润滑或能自动润滑，有故障诊断和预警功能。

(7) 对环境的适应性与保护性好，对工作环境的温度、湿度、噪声、粉尘等要求不高，各种密封件性能可靠、无渗漏，切削液不外溅，能及时排除烟雾、异味，噪声、震动小，能保持良好的生产环境。

(8) 其他，如技术资料齐全，机床上的各种显示、标记等清楚，机床外形、颜色美观且与系统协调。

8.4.4 柔性制造系统的物流系统

物流是柔性制造系统中物料流动的总称。在柔性制造系统中流动的物料主要有工件、刀具、夹具、切屑及切削液。物流系统是从柔性制造系统的进口到出口，实现对这些物料自动识别、存储、分配、输送、交换和管理功能的系统。因为工件和刀具的流动问题最为突出，通常认为柔性制造系统的物流系统由工件流系统和刀具流系统两大部分组成。另外，因为很多柔性制造系统的刀具是通过手工介入，只在加工设备或加工单元内部流动，在系统内没有形成完整的刀具流系统，所以有时物流系统也狭义地指工件流系统。刀具流系统和工件流系统的很多技术和设备在其原理和功能上基本相似。物流系统主要由输送装置、交换装置、缓冲装置和存储装置等组成。

1. **物流系统的输送装置**

(1) 物流系统对输送装置的要求有以下几点：

① 通用性。能适合一定范围内不同输送对象的要求，与物料存储装置、缓冲站和加工设备等的关联性好，物料交接的可控制性和匹配性(如形状、尺寸、质量和姿势等)好。

② 变更性。能快速地、经济地变更运行轨迹，尽量增大系统的柔性。

③ 扩展性。能方便地根据系统规模扩大输送范围和输送量。

④ 灵活性。能接受系统的指令，根据实际加工情况完成不同路径、不同节拍、不同数量的输送工作。

⑤ 可靠性。平均无故障时间长。

⑥ 安全性。定位精度高，定位速度快。

(2) 输送装置依照柔性制造系统控制与管理系统的指令，将柔性制造系统内的物料从某一指定点送往另一指定点。输送装置在柔性制造系统中的工作路径有三种常见方式，即直线运行、环线运行和网线运行，见表 8-4。

表 8-4　典型输送路线

直线运行	单向运行		主要依靠机床的数控功能实现柔性，输送装置多为输送带，主要用于 FML 或自动装配线
	双向运行		系统柔性低，容错性差，常需另设缓冲站，输送装置采用双向输送带、有轨小车或移动式机器人，主要用于小型柔性制造系统
环线运行	单向运行		利用直线单向运行的组合，形成封闭循环实现柔性，提高输送设备的利用率
	双向运行		利用直线双向运行的组合，形成封闭循环，提高柔性和设备利用率
网线运行	双向运行		全为双向运行，有很大柔性，输送设备的利用率和容错性高，但控制与调度复杂，主要采用无轨小车，用于较大规模的柔性制造系统

柔性制造系统常见的输送装置主要有输送带、自动小车以及机器人等。

2. 物流系统的物料装卸与交换装置

物流系统中的物料装卸与交换装置负责柔性制造系统中物料在不同设备之间或不同工位之间的交换或装卸。常见的装卸与交换装置有箱体类零件的托盘交换器、加工中心的换刀机械手、自动仓库的堆垛机、输送系统与工件装卸站的装卸设备等。有些交换装置已包含在相应的设备或装置之中，如托盘交换器已作为加工中心的一个辅件或辅助功能。

这里仅以自动小车为例介绍柔性制造系统中常见的物料交换方法。常见自动小车的装卸方式可分为被动装卸和主动装卸两种。被动装卸方式的小车自己不具有完整的装卸功能，而是采用助卸方式，即配合装卸站或接收物料方的装卸装置自动装卸。常见的助卸方式有滚柱式台面和升降式台面。这类小车成本较低，常用于装卸位置少的系统。主动装卸方式是指自动小车自己具有装卸功能。常见的主动装卸方式有单面推拉式、双面推拉式、叉车式、机器人式。主动装卸方式常用于车少、装卸工位多的系统。其中采用机器人式主动装卸方式的自动小车相当于一个有脚的机器人，也称为行走机器人。机器人式主动装卸方式常用于无轨小车或高架有轨小车中，由此构成的行走机器人灵活性好，适用范围广，被认为是一种很有发展前途的输送、交换复合装置。行走机器人目前在轻型工件、回转体工件和刀具的输送、交换方面应用较多。

3. 物流系统的物料存储装置

柔性制造系统对物料存储装置的要求如下：
(1) 其自动化机构与整个系统中的物料流动过程的可衔接性。
(2) 存放物料的尺寸、质量、数量和姿势与系统的匹配性。
(3) 物料的自动识别、检索方法和计算机控制方法与系统的兼容性。
(4) 放置方位，占地面积、高度与车间布局的协调性。

4. 物流系统的监控

物流系统的监控主要具备以下功能：
(1) 采集物流系统的状态数据，包括物流系统各设备控制器和各监测传感器传回的当前任务完成情况、当前运行状况等状态数据。
(2) 监视物流系统状态。对收到的数据进行分类、整理，在计算机屏幕上用图形显示物料流动状态和各设备工作状态。
(3) 处理异常情况。检查判别物流系统状态数据中的不正常信息，根据不同情况提出处理方案。
(4) 人机交互。供操作人员查询当前系统状态数据(毛坯数、产品数、在制品数、设备状态、生产状况等)，人工干预系统的运行，以处理异常情况。
(5) 接受上级控制与管理系统下发的计划和任务，并控制执行机构去完成。物流系统的监控与管理一般有集中式和分布式两种方案。集中式方案由一台主控计算机完成物流系统的监控与管理功能，存储所有物料信息及物流设备信息，并分别向物流系统的所有设备发送指令。集中式方案有结构简单、便于集成的优点，但不易扩展，且一旦局部发生故障将严重影响整体运行。分布式方案是将物流系统划分为若干功能单元或子系统，每一功能单元独立监控几台设备，单元之间相互平等和独立。每一单元都可以向另一单元申请服务，同时也可以接受其他单元的申请为之服务。分布式方案的优点是扩展性好，可方便地增加新的单元，当某一单元发生故障时，不会影响其他单元的正常运行；缺点是网络传输的数据量大，单元软件设计及相互协调比较复杂。

在柔性制造系统中，物流系统的运行受上级控制器的控制。上级管理系统下发计划、指令，物流系统接收这些计划和指令并上报执行情况和设备状态。这些下发和上报的信息和数据实时性要求很高，必须采用传输速度较快的网络报文形式，因此需要设计网络报文通信接口和规定大量的报文协议。物流系统与底层设备的控制器(或控制机)之间可以通过标准的通信接口进行通信。对不同的控制器(控制机)其通信操作方式及协议等都不相同，因此需要编制多种不同的通信接口程序满足各自的需要。

8.4.5 柔性制造系统的控制和管理系统

柔性制造系统的控制与管理系统实质上是实现柔性制造系统加工过程、物料流动过程的控制、协调、调度、监测和管理的信息流系统。其由计算机、工业控制机、可编程序控制器、通信网络、数据库和相应的控制与管理软件等组成，是柔性制造系统的神经中枢和命脉，也是各子系统之间的联系纽带。常见功能模块(也称功能子系统)见表 8-5。当然这些功能模块并非相互完全独立，而是相对独立相互关联的。

表 8-5 柔性制造系统控制与管理系统的功能子系统

名称	功能	工作内容	名称	功能	工作内容
生产管理子系统	生产调度作业优化运行仿真	制造日程计划 制造资源分配 生产作业管理 产值利润管理 设备运行程序仿真 物料交换过程仿真 物料(刀具、托盘等)需求仿真 动态调度仿真 生产日程仿真	运行控制子系统	物料流动控制与协调 设备运行控制与协调	系统启停控制 现在调度 设备运行程序的分配与传送 加工控制与协调 检测控制与协调 清洗控制与协调 装配控制与协调 物料存储控制与协调 物料输送控制与协调 物料交换控制与协调 故障维修与恢复
数据管理子系统	物料数据管理 基本数据管理 工艺数据管理 资源维护管理	毛坯在库管理 成品在库管理 在制品在位管理 设备运行程序管理 刀具预调与刀具补偿管理 工件坐标管理 设备与刀、夹、量、辅具基本参数管理 设备与刀、夹、量、辅具使用时间管理 设备与刀、夹、量、辅具精度管理 故障历程管理 设备日常保养管理 系统耗材管理	质量保证子系统	质量监控、物料识别、故障诊断、质量管理	系统运行状态监控 设备生产状态监控 系统运行环境监控 设备与工具使用时间监控 物料识别与跟踪 物料中转时间监控 故障诊断和处理监视 检验指标与检验程序 生产质量在线检验控制 检验结果判定 质量分析与统计

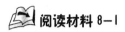
阅读材料 8—1

柔性制造系统在发动机生产中的应用

当前，车型的市场寿命周期越来越短，小批量、多品种生产成为各大汽车厂商的追求目标。与此相适应，发动机的生产制造模式也必须适应多品种、不同批量的市场需求。由于市场需求的多样性，产品更新换代的周期加快，促使许多发动机企业先后引进了以加工中心为主体的柔性生产线——柔性制造系统(FMS)。它能够根据制造任务和生产环境的变化迅速进行调整，适应多品种、中小批量的生产需求。

奇瑞公司的发动机二厂是根据汽车制造业多品种、柔性化生产的需求而建造的一个具有国际领先水平的现代化柔性工厂。该工厂在产品设计时就采用同步工程并充分预留后期产品的共用性，以便根据市场及产品需求，在生产线上共线生产多个品种。

奇瑞发动机二厂的轴类生产线也是由高精度加工中心、CNC 自动车床和全自动磨，以及抛光、清洗及检测等各个制造单元所组成的 FMS。

举例来说，凸轮轴生产线内的机床选用了 Siemens 840D、FANUC18i 这些目前顶尖的系统来实现 FMS 的自动控制；通过奇瑞的技术人员与机床、控制系统开发商的共同研究，在原有平台上新扩展和开发了多种控制功能和软件。例如端面加工单元，其控制系统为 Siemens 840D，为了配合多品种生产所需的大容量刀具存储单元及高速切削中的刀具寿命管理，Siemens 数控系统中增加了 ARTIS 刀具检测软件，在切削过程中检测主轴电机转矩的变化，通过仿真及对比来监控刀具状态，确保加工的可靠性及稳定性。同时，生产线的自动控制系统还扩展了主动检测功能，在切削过程中实时对加工尺寸进行检测，并将数据反馈至控制系统，随机修正切削参数，以保证加工精度。

运储技术直接关系到 FMS 的自动化程度及可靠性，影响生产线的物流、开通率及品种切换周期等。轴类生产线利用高速龙门式机械手及带工件识别功能的中转料仓组成了生产线的运储系统，机械手在 X 轴的运行速度可达 120m/min，同时能够根据各个加工单元发送的上料信号，在控制系统中通过高速、高精度的计算，在 0.01s 内确定出最优化路径的上料次序，保证生产线的加工节拍。凸轮轴生产线的运储系统还考虑到高湿环境及地区地基的特点，增加了温度的自动补偿及地基下沉补偿功能。系统能够周期性地检测外界环境的变化及自身精度的差异，通过系统中模块化软件的计算，进行自我诊断及补偿，减少定位偏差。

凸轮轴生产线能够共线加工多种型号的凸轮轴(图 8.9)，加工范围覆盖了长度范围 300～600mm 的三缸/四缸汽/柴油发动机用凸轮轴，可以说建立这样一条柔性生产线，相当于建立了七条以上的传统凸轮轴线，其意义已不仅是一个 FMS，而是一个凸轮轴制造集中厂。

图 8.9　凸轮轴生产线

资料来源：杨厚忠等. 柔性制造系统在发动机生产中的应用，汽车制造业，2008(19)：38，40，42-43.

8.5 先进制造模式

8.5.1 计算机集成制造系统

计算机集成制造系统(Computer Integrated Manufacturing System，CIMS)是随着计算机辅助设计与制造的发展而产生的，它是在信息技术自动化技术与制造的基础上，通过计算机技术把分散在产品设计制造过程中各种孤立的自动化子系统有机地集成起来，形成适用于多品种、小批量生产，实现整体效益的集成化和智能化的制造系统。

1. CIMS 分类

由于 CIMS 作为一种生产管理系统，不同的企业环境有不同的运作方式，市场上没有具体的、现成的产品，也没有严格的分类标准。为了分析问题的方便，人们人为地对其加以分类。从生产工艺方面分，CIMS 可大致分为以下几类：

(1) 离散型制造业 CIMS：这个行业的特点是加工生产过程不是连续的，而实现先加工单个零件，然后再将单个零件进行组装，装配成半成品或成品，如机床、汽车、电子设备的生产企业等。

(2) 连续性制造业 CIMS：这个行业的特点是原材料加工装置连续不断地进行规定的物理化学变化而最终得到符合需要的产品，如水泥生产、化学化工、石化行业等。

(3) 混合型制造业 CIMS：这个行业的特点是生产过程中既有离散型生产环节，又有连续性生产环节。例如，钢铁企业炼铁、炼钢厂的炼钢、轧钢厂轧钢等各个生产过程都属于连续性的过程，但各个厂的钢水、铁水、钢锭、钢板的加工又是离散型过程。故称这类行业为混合型制造业的 CIMS。

还有从 CIMS 体系结构来分，也可以分成集中性、分散性和混合型三种。一般不用这种方法。

2. CIMS 体系结构

CIMS 体系结构用来描述研究对象整个系统的各个部分和各个方面的相互关系和层次结构，从大系统理论角度研究，将整个研究对象分为几个子系统，各个子系统相对独立自治、分布存在、并发运行和驱动等，如图 8.10 所示。可以从功能结构和逻辑结构来认识 CIMS 体系结构。从功能层方面分析，CIMS 大致可以分为六层：生产/制造系统、硬事务处理系统、技术设计系统、软事务处理系统、信息服务系统及决策管理系统。

第一层，生产/制造系统：这一层面向生产过程，包括了柔性制造单元、装配设备、工业机器人及其他生产制造自动化技术，这一层以物流为中心，完成生产、加工、装配、包装等任务。

第二层，硬事务处理系统：这一层是生产/制造监控系统，通过计算机网络对第一层的设备进行综合控制与操作，实现对生产制造的监控。包含狭义的 CAM、CAQ 及 CAT 等。

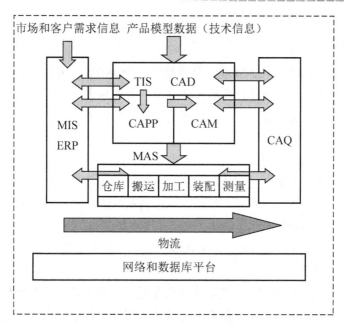

图 8.10　CIMS 系统的分系统关联

第三层，技术设计系统：这一层包含计算机辅助设计(CAD)、计算机辅助工艺(CAPP)，为生产制造系统产生信息。CAD 用于产品设计、开发，它提供的是如何做的信息，而 CAPP 是依据 CAD 提供的信息指导和合作。

第四层，软事务处理系统：这一层主要通过计算机网络实时地处理各种软事务。例如，财务、供销、售后服务等方面的管理，实现电子化记账。

第五层，信息服务系统：以狭义的信息管理(MIS)为主，主要对前面各层的信息进行收集、存储、加工、传输、使用、查询，为各级管理者与下层提供数据。

第六层，决策管理系统：这一层是企业经营管理规划的决策层，主要有制造资源计划(MRP-II)、企业资源计划(ERP)、决策支持系统(DSS)、专家系统(ES)、系统模拟系统等组成。它根据企业总体路线、企业内部条件、市场信息等因素，产生生产经营活动的计划与方案、各种资源的需求计划，包括人、物、资金的需求计划。

CIMS 逻辑结构不仅体现了信息的传递与交换，更能反映出人在 CIMS 系统中的重要作用。因此可以说人为因素是实施 CIMS 能否取得实际成效的关键。

3. CIMS 的主要关键技术

CIMS 是一个庞大的系统工程，需要相关技术支持其实施。有很多关键技术需要解决。整个集成系统包括管理信息系统(MIS)、技术信息系统(TIS)、制造自动化系统(MAS)和计算机辅助质量管理(CAQ)系统四个功能子系统，以及数据库和网络两个支持子系统。

1) 管理信息系统

MIS 包括经营管理、生产计划与控制，采购管理、财务管理等功能，它将制造企业生产经营过程中产、供、销、人、财、物等进行统一管理的应用计算机系统，用以处理生产任务方面的信息。在集成制造环境下，管理信息系统是一个大型软件系统，通常采用模块

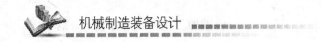

化的结构。

2) 技术信息系统

TIS 包括 CAD、CAPP、CAM 和产品数据管理(PDM)等，为企业的技术部门提供所需的技术信息，用来支持产品设计开发和工艺准备，在缩短生产周期、提高产品质量、降低生产成本等方面均有重要作用。TIS 的信息模型可分为产品信息、工装信息、模具信息三个部分。

3) 制造自动化系统

制造自动化系统是直接完成制造活动的基本环节。制造自动化系统由制造系统、控制系统、物流系统、监测系统和机器人组成。制造自动化系统反映了先进技术应用于企业底层的生产和物流活动，这些活动在集成制造中往往被划分为"单元"进行管理和调度。MAS 是 CIMS 中信息流与物流的结合点，是 CIMS 最终完成产品制造、创造效益的关键环节。

4) 计算机辅助质量管理系统

CAQ 系统具有制定质量管理计划，实施质量管理，处理质量管理的信息，支持质量保证等功能。负责采集、存储、评价和控制在设计和制造过程中产生的、与产品质量有关的数据形成一系列的控制环，从而有效地保证质量。系统通过工况监控进行质量分析评价，采用统计过程控制(SPC)和统计质量控制(SQC)等方法有效地实现全面质量管理。

5) 数据管理支持子系统

数据管理支持子系统用以管理整个 CIMS 的数据，实现数据的集成与共享。集成制造企业需要采集、传递、处理的数据，数量巨大，结构不同，还存在异构数据之间的接口问题。要使 CIMS 的各分系统有效地集成，实现数据共享，必须有集成的数据管理系统的支持。数据管理系统的核心是数据库系统。它支撑各分系统及覆盖企业全部信息的数据存储和管理，要能保证数据的完整性、一致性和安全性，实现全企业数据共享。

6) 网络支持子系统

网络支持子系统用以传递 CIMS 各分系统之间和分系统内部的信息，实现 CIMS 的数据传递和系统通信功能。计算机通信网络，是 CIMS 的支撑系统，是信息集成的关键。CIMS 的网络应具备开放通信网络的特点，它不仅适用于生产过程的计划和自动控制，还要适用于产品工程设计和计划，以及办公自动化和与公共通信系统的连接。

4. CIMS 实例

CIMS 将信息技术、现代管理技术和制造技术相结合，并应用于企业产品全生命周期的各个阶段，通过信息集成、过程优化及资源优化，实现物流、信息流、价值流的集成和优化，从而提高企业的市场应变能力的竞争能力。

日本的日立公司制作所规划的某 CIMS 的物理布局如图 8.11 所示，其力图把公司内有代表性的 10 个车间、12 个系统集成起来，完成机械加工、钣金加工、机电产品装配、机械产品装配等制造任务。

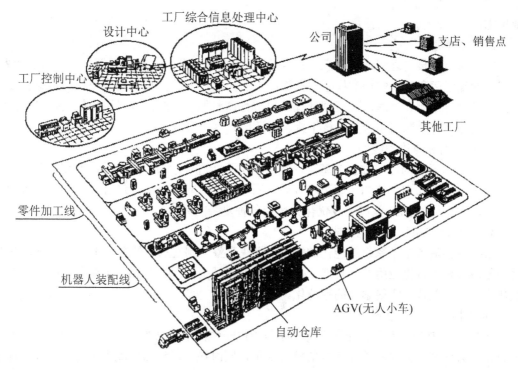

图 8.11　CIMS 的一种物理布局

8.5.2　智能制造系统

1. 智能制造的概念

智能制造(Intelligent Manufacturing，IM)应当包含智能制造技术(IMT)和智能制造系统(IMS)。IMS 是智能技术集成应用的环境，也是智能制造模式展现的载体。

IMT 是指利用计算机模拟制造专家的分析、判断、推理、构思和决策等智能活动，并将这些智能活动与智能机器有机地融合起来，将其贯穿应用于整个制造企业的各个子系统，以实现整个制造企业经营动作的高度柔性化和集成化，从而取代或延伸制造环境中专家的部分脑力劳动，并对制造业专家的智能信息进行收集、存储、共享、继承和发展的一种极大地提高生产效率的先进制造技术。

IMS 是指基于 IMT，利用计算机综合应用人工智能技术、智能制造机器、代理技术、材料技术、现代管理技术、制造技术、信息技术、自动化技术、并行工程、生命科学和系统工程理论与方法，在国际标准化和互换性的基础上，使整个企业制造系统中的各个子系统分别智能化，并使制造系统形成由网络集成的、高度自动化的一种制造系统。

2. 智能制造系统的特点

和传统的制造系统相比，IMS 具有以下几个特征：

1) 自组织能力

IMS 中的各种组成单元能够根据工作任务的需要，自行集结成一种超柔性最佳结构，并按照最优的方式运行。其柔性不仅表现在运行方式上，还表现在结构形式上。完成任务后，该结构自行解散，以备在下一个任务中集结成新的结构。自组织能力是 IMS 的一个重

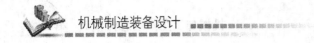

要标志。

2) 自律能力

IMS 具有搜集与理解环境信息及自身的信息,并进行分析判断和规划自身行为的能力。强有力的知识库和基于知识的模型是自律能力的基础。IMS 能根据周围环境和自身作业状况的信息进行监测和处理,并根据处理结果自行调整控制策略,以采用最佳运行方案。这种自律能力使整个制造系统具备抗干扰、自适应和容错等能力。

3) 自学习和自维护能力

IMS 能以原有的专家知识为基础,在实践中不断进行学习,完善系统的知识库,并删除库中不适用的知识,使知识库更趋合理;同时,还能对系统故障进行自我诊断、排除及修复。这种特征使 IMS 能够自我优化并适应各种复杂的环境。

4) 整个制造系统的智能集成

IMS 在强调各个子系统智能化的同时,更注重整个制造系统的智能集成。这是 IMS 与面向制造过程中特定应用的"智能化孤岛"的根本区别。IMS 包括了各个子系统,并把它们集成为一个整体,实现整体的智能化。

5) 人机一体化智能系统

IMS 不单纯是"人工智能"系统,而是人机一体化智能系统,是一种混合智能。人机一体化一方面突出人在制造系统中的核心地位,同时在智能机器的配合下,更好地发挥了人的潜能,使人机之间表现出一种平等共事、相互"理解"、相互协作的关系,使两者在不同的层次上各显其能,相辅相成。因此,在 IMS 中,高素质、高智能的人将发挥更好的作用,机器智能和人的智能将真正地集成在一起。

6) 虚拟现实

虚拟现实是实现虚拟制造的支持技术,也是实现高水平人机一体化的关键技术之一。人机结合的新一代智能界面,使得可用虚拟手段智能地表现现实,它是智能制造的一个显著特征。

综上所述,可以看出 IMS 作为一种模式,它是集自动化、柔性化、集成化和智能化于一身,并不断向纵深发展的先进制造系统。

3. 智能制造系统的体系结构

IMS 结构的主要类型有:以提高制造系统智能为目标,智能机器人、智能体等为手段的 IMS;通过互联网把企业的建模、加工、测量、机器人的操作一体化的 IMS;采用生物问题求解方法的生物 IMS 等。目前,较多采用的是基于 Agent 的分布式网络化 IMS 的模型,如图 8.12 所示。一方面通过 Agent 赋予各制造单元以自主权,使其成为功能完善自治独立的实体;另一方面,通过 Agent 之间的协同与合作,赋予系统自组织能力。

4. 智能制造系统和 CIMS

CIMS 发展的道路不是一帆风顺的。现在 CIMS 的发展遇到了不可逾越的障碍,可能是刚开始时就对 CIMS 提出了过高的要求,也可能是 CIMS 本身就存在某种与生俱来的缺陷,目前的 CIMS 在国际上已不像几年前那样受到极大的关注与广泛地研究。从 CIMS 的发展来看,众多研究者把重点放在计算机集成上,从科学技术的现状看,要完成这样一个集成系统是很困难的。

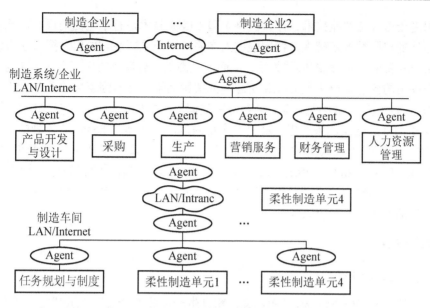

图 8.12　网络化模型框图

CIMS 作为一种连接生产线中的单个自动化子系统的策略，是一种提高制造效率的技术。它的技术基础具有集中式结构的递阶信息网络。尽管在这个递阶体系中有多个执行层次，但主要控制设施仍然是中心计算机。CIMS 存在的一个主要问题是用于异种环境必须互联时的复杂性。在 CIMS 概念下，手工操作要与高度自动化或半自动化操作集成起来是非常困难和昂贵的。

在 CIMS 深入发展和推广应用的今天，人们已经逐渐认识到，要想让 CIMS 真正发挥效益和大面积推广应用，有两大问题需要解决：①人在系统中的作用和地位；②在不作很大投资，对现有设施进行技术改造的情况下，亦能应用 CIMS。现有的 CIMS 概念是解决不了这两个难题的。现在人力和自动化是一对技术矛盾，不能集成在一起，所能做的选择或是昂贵的全自动化生产线或是手工操作，而缺乏的是人力和制造设备之间的相容性，人机工程只是一个方面的考虑，更重要的相容性考虑要体现在竞争、技能和决策能力上。人在制造中的作用需要被重新定义和加以重视。

事实上，在 20 世纪 70 年代末和 80 年代初，人们已开始认识到人的因素在现代工业生产中的作用。英国出版公司于 1984 年就首次发起了第一届"制造中人的因素"研讨会，目的在于提高人们对制造环境中人的因素及其所起作用的认识。事实证明，人是 IMS 中制造智能的重要来源。值得指出的是，CIMS 和 IMS 都是面向制造过程自动化的系统，两者密切相关但又有区别。

CIMS 强调的是企业内部物料流的集成和信息流的集成，而 IMS 强调的则是更大范围内的整个制造过程的自组织能力。从某种意义上讲，后者难度更大，但比 CIMS 更实用、更实际。CIMS 中的众多研究内容是 IMS 的发展基础，而 IMS 也将对 CIMS 提出更高的要求。集成是智能的基础，而智能也将反过来推动更高水平的集成。IMT 和 IMS 的研究成果将不只是面向 21 世纪的制造业，不只是促进 CIMS 达到高度集成，而且对于 FMS、MS、CNC 以至一般的工业过程自动化或精密生产环境而言，均有潜在的应用价值。

有识之士对人工智能技术、计算机科学和 CIMS 技术进行了全面的反思。他们在认识机器智能化的局限性的基础上，特别强调人在系统中的重要性。如何发挥人在系统中的作用，建立一种新型的人-机的协同关系，从而产生高效、高性能的生产系统，这是当前众多学者都会提出的问题，也正是 CIMS 所忽视的关键因素，这一因素导致了 CIMS 发展中不可逾越的障碍。值得一提的是，有的学者特别强调"人件(Humanware)"在系统中的重要性，提出 CIMS 的开放结构体系思想。最引人注目的是，欧共体的 ESPRIT 计划中单独列出的一个研究子项，即"以人为中心的 CIMS"。甚至有人索性称以人为中心的 CIMS 为 HIMS(Human Integrated Manufacturing System)，指出集成制造系统首先是"人的集成"。耐人寻味的是，目前研究的"精益生产"与"敏捷制造"等新型制造系统的主要出发点也是强调"人"的作用，即"以人为中心"。

8.5.3 精益生产

1. 精益生产的概念

精益生产(Lean Production，LP)，又称精良生产，其中"精"表示精良、精确、精美；"益"表示利益、效益等。精益生产就是以企业利润最大化为目标，及时制造，消除原料采购、储运、生产、包装等生产环节中的一切浪费。

精益生产的概念是美国麻省理工学院在一项名为"国际汽车计划(IMVP)"的研究项目中提出来的。欧美学者在做了大量的调查和对比后，认为日本丰田汽车公司的成功是因为该公司采取了一种新的生产组织管理方式，它致力于消除生产中的浪费现象，消除一切非增值的环节，从而使企业兼顾了大批量生产的经济性和多品种生产的灵活性。与过于臃肿的生产方式相比，这种新的生产方式便被命名为精益生产。

2. 精益生产的实施

1) 传统生产方式的弊病

传统生产方式存在种种弊病。例如，从订货到交货需要较长的时间，所以需要进行预测，但通常的生产需求的预测精度低；于是生产计划经常面临进度管理和计划变更的尴尬，实施很困难；即便实施，也是混乱和低效率的。传统生产与精益生产相比，可以由下面的表 8-6 中的 12 个关键指标看出两者的明显区别。

表 8-6　传统生产和精益生产的比较

比较内容	传统生产方式	精益生产方式
安排生产进度的依据	预测	顾客的订单(看板拉动计划)
产成品的流向	入库，等顾客来了再卖	及时满足顾客的需要
生产周期	以周或月计算	以小时或天计算
批量生产规模	批量生产	单件产品生产
生产布局	按照工艺对象专业来确定	按照生产流程来确定
设备的布局	不注意规划	安排紧凑，节省空间和运输
质量保证措施	通过大量的抽样检验	质量贯穿在生产中
员工责任心	责任心低	富有高度的责任心

续表

比较内容	传统生产方式	精益生产方式
员工权利	无权	有权自主处理异常问题
存货水平	高。产成品积压	低。仅存在于工序之中
存货周转率	低。每年 6~9 次	高。每年超过 20 次
制造成本	成本增加且难以控制	稳定，或者降低，易控制

上述 12 个指标分别从不同侧面反映了传统的批量生产和精益生产的特征差异。与传统生产方式相比，精益生产在生产上保证了灵活性；在满足顾客的需求和保持生产线流动的同时，做到了生产成品库存和在制品库存最低；在质量管理上贯彻六个西格玛的质量管理原则，不是依靠事后的检查，而是从产品的设计开始就把质量问题考虑进去，确保每一个产品只能严格地按照唯一正确的方式生产和安装；在库存管理上，通过减少无效的过度生产而节约成本；在员工激励上，赋予员工极大的自主权，并且人事组织结构趋于扁平化，消除了上级与下级之间相互沟通的隔阂。所有这一切都体现了降低成本、提高产品竞争力的要求。

2) 精益生产的实施步骤

精益生产的研究者总结出精益生产实施成功的五个步骤：从样板线(Model Line)开始；画出价值流程图(Value Stream Mapping)；开展价值流程图指导下的持续改进研讨会；营造支持精益生产的企业文化；推广到整个公司。

下面就结合上面的五个步骤，阐述如何实施对传统生产方式的改造。

(1) 选择要改进的关键流程。精益生产方式不是一蹴而就的，它强调持续的改进。首先应该先选择关键的流程，力争把它建立成一条样板线。

(2) 画出价值流程图。价值流程图是一种用来描述物流和信息流的方法。在价值流程图中，方框代表各生产工艺，三角框代表各个工艺之间的在制品库存，各种图标表示不同的物流和信息流，连接信息系统和生产工艺之间的折线表示信息系统正在为该生产工艺进行排序等。

在绘制完目前状态的价值流程图后，可以描绘出一个精益远景图(Future Lean Vision，FLN)。在这个过程中，更多的图标用来表示连续的流程、各种类型的拉动系统，均衡生产及缩短工装更换时间，生产周期被细分为增值时间和非增值时间。

(3) 开展持续改进研讨会。精益远景图必须付诸实施，否则规划得再巧妙的图表也只是废纸一张。实施计划中包括什么(What)、什么时候(When)和谁来负责(Who)，并且在实施过程中设立评审节点。这样，全体员工都参与到全员生产性维护系统中。

在价值流程图、精益远景图的指导下，流程上的各个独立的改善项目被赋予了新的意义，使员工十分明确实施该项目的意义。

持续改进生产流程的方法主要有以下几种：

① 消除质量检测环节和返工现象。

如果产品质量从产品的设计方案开始，一直到整个产品从流水线上制造出来，其中每一个环节的质量都能做到百分百的保证，那么质量检测和返工的现象自然而然就成了多余之举。因此，必须把"出错保护(Poka-Yoke)"的思想贯穿到整个生产过程，也就是说，从产品的设计开始，质量问题就已经考虑进去，保证每一种产品只能严格地按照正确的方式加工和安装，从而避免生产流程中可能发生的错误。

消除返工现象主要是要减少废品产生。严密注视产生废品的各种现象(如设备、工作人员、物料和操作方法等)，找出根源，然后彻底解决。

② 消除零件不必要的移动。

生产布局不合理是造成零件往返搬动的根源。在按工艺专业化形式组织的车间里，零件往往需要在几个车间中搬来搬去，使得生产线路长，生产周期长，并且占用很多在制品库存，导致生产成本很高。通过改变这种不合理的布局，把生产产品所要求的设备按照加工顺序安排，并且做到尽可能的紧凑，这样有利于缩短运输路线，消除零件不必要的搬动及不合理的物料挪动，节约生产时间。

③ 消灭库存。

在精益企业里，库存被认为是最大的浪费，因为库存会掩盖许多生产中的问题，还会滋长工人的惰性，更糟糕的是要占用大量的资金，所以把库存当作解生产和销售之急的做法犹如饮鸩止渴。减少库存的有力措施是变"批量生产、排队供应"为"单件生产流程(one-piece-flow)"。在单件生产流程中，基本上只有一个生产件在各道工序之间流动，整个生产过程随单件生产流程的进行而永远保持流动。

理想的情况是，在相邻工序之间没有在制品库存。当然实际上是不可能的，在某些情况下，考虑到相邻两道工序的交接时间，还必须保留一定数量的在制品库存。精益生产中消灭库存的理念和方法与准时生产(JIT)的理念和方法类似。

④ 合理安排生产计划。

从生产管理的角度上讲，平衡的生产计划最能发挥生产系统的效能，要合理安排工作计划和工作人员，避免一道工序的工作载荷一会儿过高，一会儿又过低。

在不间断的连续生产流程里，还必须平衡生产单元内每一道工序，要求完成每一项操作花费大致相同的时间，使每项操作或一组操作与生产线的单件产品生产时间(Tact time)相匹配。单件产品生产时间是满足用户需求所需的生产时间，也可以认为是满足市场的节拍或韵律。在严格地按照 Tact time 组织生产的情况下，产成品的库存会降低到最低限度。

⑤ 减少生产准备时间。

减少生产准备时间一般的做法是，认真细致地做好开机前的一切准备活动，消除生产过程可能发生的各种隐患。它包括列举生产准备程序的每一项要素或步骤；辨别哪些因素是内在的(需要停机才能处理)，哪些是外在的因素(在生产过程中就能处理)；尽可能变内在因素为外在因素；利用工业工程方法来改进技术，精简所有影响生产准备的内在的、外在的因素，使效率提高。

⑥ 消除停机时间。

消除停机时间对维持连续生产意义重大，因为连续生产流程中，两道工序之间少有库存，若机器一旦发生故障，整个生产线就会瘫痪。消除停机时间最有力的措施是全面生产维修(Total Productive Maintenance，TPM)，包括例行维修、预测性维修、预防性维修和立即维修四种基本维修方式。

⑦ 提高劳动利用率。

提高劳动利用率包括两个方面，一是提高直接劳动利用率，二是提高间接劳动利用率。

提高直接劳动利用率的关键在于对操作工进行交叉培训，使一人能够负责多台机器的操作，使生产线上的操作工可以适应生产线上的任何工种。交叉培训赋予了工人极大的灵活性，便于协调处理生产过程中的异常问题。提高直接劳动利用率的另一种方法是在生产设备上安装自动检测的装置。生产过程自始至终处在自动检测装置严密监视下，一旦检测到生产过程中有任何异常情况发生，便发出警报或自动停机。这些自动检测的装置一定程度上取代了质量检测工人的活动，排除了产生质量问题的原因，返工现象也大大减少，劳动利用率自然提高。

间接劳动利用率主要是消除间接劳动。从产品价值链的观点来看，库存、检验、返工等环节所消耗的人力和物力并不能增加产品的价值，因而这些劳动通常被认为是间接劳动，若消除了产品价值链中不能增值的间接活动，那么由这些间接活动引发的间接成本便会显著降低，劳动利用率也相应得以提高。有利于提高直接劳动利用率的措施同样也能提高间接劳动率。

(4) 营造企业文化。虽然在车间现场发生的显著改进，能引发随后一系列企业文化变革，但是如果想当然地认为由于车间平面布置和生产操作方式上的改进，就能自动建立和推进积极的文化改变，这显然是不现实的。其实文化的变革要比生产现场的改进难上十倍，两者都是必须完成并且是相辅相成的。许多项目的实施经验证明，项目成功的关键是公司领导要身体力行地把生产方式的改善和企业文化的演变结合起来。公司副总裁级的管理层持之以恒地到生产现场聆听基层的声音，并对正在进行之中的改进活动加以鼓励，这无疑是很必要的。

传统企业向精益化生产方向转变，不是单纯地采用相应的"看板"工具及先进的生产管理技术就可以完成，而必须使全体员工的理念发生改变。精益化生产之所以产生于日本，而不是诞生在美国，其原因也正因为两国的企业文化有相当大的不同。

(5) 推广到整个公司。精益生产利用各种工业工程技术来消除浪费，着眼于整个生产流程，而不只是个别或几道工序。所以，样板线的成功要推广到整个公司，使操作工序缩短，推动式生产系统被以顾客为导向的拉动式生产系统所替代。传统企业的精益化之路可以形象地表示为图 8.13。

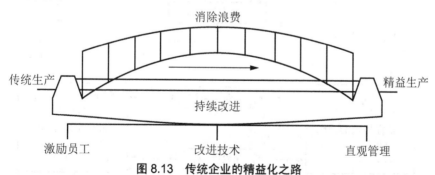

图 8.13　传统企业的精益化之路

总而言之，精益生产是一个永无止境的精益求精的过程，它致力于改进生产流程和流程中的每一道工序，尽最大可能消除价值链中一切不能增加价值的活动，提高劳动利用率，消灭浪费，按照顾客订单生产的同时也最大限度地降低库存。

8.5.4 敏捷制造

1. 敏捷制造的定义及内涵

敏捷制造(Agile Manufacturing，AM)是指制造业采用现代通信手段，通过快速配置各种资源，以有效、协调的方式响应用户的需求，实现制造的敏捷性。其核心是企业在不断变化、不可预测的经营环境中的快速重构能力，具体表现为多个企业的核心制造能力构成的动态组织。敏捷制造系统思想的出发点是基于对多元化和个性化市场发展趋势的分析，认为制造系统应尽可能具有高的柔性和快速反应能力，从而在变幻莫测、竞争激烈的市场中具有高的竞争力。因此，敏捷制造是制造系统为了实现快速反应和灵活多变的目标而采取的一种新的制造模式。

敏捷制造采用标准化和专业化的计算机网络的信息集成基础结构，以分布式结构连接各企业，构成虚拟制造环境。以竞争合作为原则，在虚拟制造环境中动态选择、择优录用成员，组成面向任务的虚拟企业，进行快速生产。下面通过从市场/用户、企业能力和合作伙伴三个方面来理解敏捷制造的内涵，如图 8.14 所示。

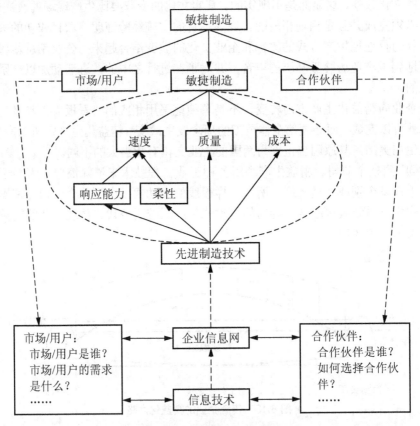

图 8.14　敏捷制造的内涵示意图

1) 敏捷制造的出发点是快速响应市场/用户的需求

由于市场/用户需求日益多样化和个性化，企业要想在全球化市场竞争中取胜，就需要能够快速响应市场/用户的需求，这就是敏捷制造思想的出发点。

2) 敏捷制造要求不断提高企业能力

为了对市场/用户的需求做出快速响应，企业必须不断提高能力。企业能力是企业在市场中生存的综合能力表现，对企业能力的衡量要综合考虑企业对市场/用户的响应速度及企业产品的质量和成本，为了提高企业能力，企业必须采用先进制造系统技术，并依靠信息技术建设企业信息网，在此基础上企业还要实现技术、管理和人员的全面集成。

3) 敏捷制造强调采用动态组织

为了能够以最少的投资、最快的反应速度对市场/用户的需求做出响应，敏捷制造要求改变过去以职能部门为基础的静态组织，采用灵活多变的动态组织。动态组织是为了以最少的投资、最快的反应速度对市场/用户的需求做出响应，由两个或两个以上的成员组成的一种有时限的相互依赖、信任和合作的组织。成员可以是来自企业内部的某些部门，也可以是企业外部的公司，这些成员为了共同的利益组织在一起，每个成员只做自己擅长的工作，一旦产品或者项目任务完成组织即自行解体，各成员可立即转入其他产品或项目。动态组织发展的最高阶段是虚拟组织或者虚拟企业，这是一种对市场/用户需求做出快速反应的企业组织形式。

2. 敏捷制造的关键技术

在敏捷制造中，人、组织和技术是三个最基本的要素。敏捷制造模式的构筑和实施需要多种技术支持，制造模式要和先进技术相匹配才能充分发挥其优势。因此要解决关键问题首先要有关键技术作为基础，敏捷制造中主要有如下关键技术：

1) 并行工程(CE)技术

强调工作流程的并行进行，并非常见的串行反馈循环工作方式；强调团队工作精神，要求与工作项目有关的各方面专家共同协调，解决问题，求得各方面都满意的最佳方案。产品的设计过程、生产准备过程甚至加工过程可以同步进行，不仅可缩短新产品的开发周期，还可以及早发现并修改设计方案存在的问题，从而有效降低成本，提高产品质量。

2) 虚拟制造(VM)技术

基本思想是将制造企业的一切活动，如设计过程、加工过程、装配过程、生产管理、企业管理等建立与现实系统完全相同的计算机模型，然后利用该模型模拟运行整个企业的一切活动并进行参数的调整，在求得最佳运行参数后再进行实际制造活动，以确保整个运行都在最佳状态。与快速原型制造技术(RPM)相比较，虚拟制造对提高产品质量、降低产品成本、缩短设计制造周期、改进设计运行状态都起着十分重要的作用。

3) 网络技术

实现敏捷制造，企业需要有通信连通性，按照企业网—全国网—全球网的步骤实施企业的网络技术。利用企业网实现企业内部工作小组之间的交流和并行工作，利用全国网、全球网共享资源，实现异地设计和异地制造，及时地、最优地建立动态链。基于网络的企业资源计划管理系统和商品供应链系统也为敏捷制造的实施提供必需的信息。

4) 模块化技术

模块化技术主要有组织机构的模块化、工艺系统的模块化、产品的模块化。组织机构的模块化通过多功能小组来实现。根据市场的需求的不同，企业能够动态的重构其组织结构，用多功能小组动态的、快速地重新组织设计队伍、生产队伍和管理机构，从而实现组

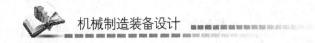

织机构的敏捷化。工艺系统的模块化是利用模块化部件构造企业的工艺装备，可以根据生产需求的变化重新使用这些模块化部件，将生产系统升级或重新配置加工机器。预先对产品进行模块化设计，用户就可以根据自己的喜好提出如色彩、造型和功能等方面的要求，而制造企业可以选用合适的模块迅速地组装产品并交付用户。

5) 系统集成技术

信息及其交换的标准化和开放式体系结构是实现系统整体集成的关键。敏捷制造的系统集成所要面对的是连续变化的动态系统，在系统集成运行的条件下，保证系统各部分功能的独立性，旨在不影响系统其他部分运行的情况下，独立进行系统的改进和升级。

6) 动态联盟

动态联盟是面向产品经营过程的一种动态组织结构和企业群体集成方式。作为实现敏捷制造的重要组织手段，其实质是综合社会各方面的优势，实现企业间的动态集成。它使企业新产品开发能力大大提高，能充分发挥出企业不同部门的最佳水平，减少资源的浪费。

7) PDM 技术

各种商业信息、制造信息、研究信息等要有相应的合适的数据库系统进行管理，使企业管理更完善、更符合全球化的发展和竞争机制。PDM 是一种从数据库基础上发展起来的信息集成技术，能管理所有与产品相关的信息和所有与产品相关的过程。从广义上讲，它可以覆盖整个企业从产品的市场需求、研究与开发、产品设计、工程制造、销售、服务与维护等各个领域、全生命周期中的产品信息。

3. 敏捷制造的发展趋势

1) 开发并完善敏捷制造参考模型

为了帮助企业认识敏捷制造哲理，给准备实施敏捷化工程的企业一个参考，敏捷化工程模型正逐步受到重视。这一模型包含了一个实施敏捷化工程的结构框架，其中每项活动都有一些简单的实例和文献索引，其目的在于指出那些尚未引起工业界足够重视，而又对企业的竞争能力有重要意义的问题。

2) 进一步开发支持实施敏捷制造的各种技术和工具

在参考敏捷化工程模型的基础上，还将进一步加强经营决策工具和实验性实施设计策略开发工作，以便能包含更丰富的信息和形成成熟的标准。美国的 ARPA 和 NSF 支持的敏捷制造项目安排了使能技术的开发和演示。敏捷制造使能技术指支持敏捷制造实施的必要技术和工具，包括决策支持系统、集成产品设计工具、先进的建模与仿真技术、集成制造计划和控制系统，以及敏捷车间控制系统、先进的智能闭环加工能力、制造和企业系统集成工具等。

3) 敏捷制造实际应用的探索

由于现有的大批量生产模式与变批量、多品种生产模式之间存在很大的差距，现有的生产过程又不具备足够的柔性等各种限制因素的存在，敏捷制造示范项目仍有待于探索和改进。企业一方面需要充分利用现有的制造能力和技术经验有效地改进生产过程配置，一方面需要建立企业信息网，完善各种数据库系统，同时开发先进的并行基础结构，提供协同工作中人员、工具和产品实现环境的三维集成，以促进企业集成的实现，这样才能尽快地完成从当前生产方式向敏捷生产方式的转变。深入研究敏捷的概念、内涵及实践，更好地应用于中小企业。由于敏捷制造具有资源、技术等集成优势，美国敏捷化协会的专家认为受资源限制的中小企业，将成为应用敏捷制造的重要力量。今后敏捷的概念、内涵及实践都将得到更深入的研究和进一步的发展，以便更好地应用于中小企业。

习　　题

8-1　机械加工生产线的主要组成类型及特点有哪些？

8-2　机械加工生产线设计应遵循的原则有哪些？

8-3　影响生产线设备布局的主要因素是什么？

8-4　简述车间布局的系统布置设计方法。

8-5　试述柔性生产线详细设计所包括的内容。

8-6　简述柔性制造系统的概念及分类。

8-7　柔性制造系统的物流系统主要由哪些装置组成？

8-8　简述计算机集成制造系统的体系结构。

8-9　智能制造系统的特点是什么？

8-10　传统生产和精益生产的根本区别是什么？

8-11　试述敏捷制造的定义和内涵。

参 考 文 献

[1] 关慧贞，冯辛安. 机械制造装备设计. 3 版. 北京：机械工业出版社，2010.

[2] 陈立德. 机械制造装备设计. 北京：高等教育出版社，2006.

[3] 郑金兴. 机械制造装备设计. 哈尔滨：哈尔滨工程大学出版社，2005.

[4] 隋秀凛，高安邦. 实用机床设计手册. 北京：机械工业出版社，2010.

[5] 许晓旸. 专用机床设备设计. 重庆：重庆大学出版社，2003.

[6] 王晓霞，桂兴春，张霞. 机床夹具设计. 哈尔滨：黑龙江科学技术出版社，2006.

[7] 吴拓. 简明机床夹具设计手册. 北京：化学工业出版社，2010.

[8] 陈云，杜齐明，董万福. 现代金属切削刀具实用技术. 北京：化学工业出版社，2008.

[9] 陈锡渠，彭晓南. 金属切削原理与刀具. 北京：中国林业出版社，2006.

[10] 韩建海. 工业机器人. 武汉：华中科技大学出版社，2009.

[11] 朱世强，王宜银. 机器人及其应用. 杭州：浙江大学出版社，2000.

[12] 王天然. 机器人. 北京：化学工业出版社，2002.

[13] 秦同瞬，杨承新. 物流机械技术. 北京：人民交通出版社，2001.

[14] 孙红. 物流设备与技术. 南京：东南大学出版社，2006.

[15] 罗振壁，朱耀祥，张书桥. 现代制造系统. 北京：机械工业出版社，2004.

[16] 刘延林. 柔性制造自动化概论. 2 版. 武汉：华中科技大学出版社，2010.

北京大学出版社教材书目

❖ 欢迎访问教学服务网站 www.pup6.com，免费查阅已出版教材的电子书(PDF 版)、电子课件和相关教学资源。

❖ 欢迎征订投稿。联系方式：010-62750667，童编辑，13426433315@163.com，pup_6@163.com，欢迎联系。

序号	书 名	标准书号	主 编	定价	出版日期
1	机械设计	978-7-5038-4448-5	郑 江，许 瑛	33	2007.8
2	机械设计	978-7-301-15699-5	吕 宏	32	2013.1
3	机械设计	978-7-301-17599-6	门艳忠	40	2010.8
4	机械设计	978-7-301-21139-7	王贤民，霍仕武	49	2014.1
5	机械设计	978-7-301-21742-9	师素娟，张秀花	48	2012.12
6	机械原理	978-7-301-11488-9	常治斌，张京辉	29	2008.6
7	机械原理	978-7-301-15425-0	王跃进	26	2013.9
8	机械原理	978-7-301-19088-3	郭宏亮，孙志宏	36	2011.6
9	机械原理	978-7-301-19429-4	杨松华	34	2011.8
10	机械设计基础	978-7-5038-4444-2	曲玉峰，关晓平	27	2008.1
11	机械设计基础	978-7-301-22011-5	苗淑杰，刘喜平	49	2013.6
12	机械设计基础	978-7-301-22957-6	朱 玉	38	2013.8
13	机械设计课程设计	978-7-301-12357-7	许 瑛	35	2012.7
14	机械设计课程设计	978-7-301-18894-1	王 慧，吕 宏	30	2014.1
15	机械设计辅导与习题解答	978-7-301-23291-0	王 慧，吕 宏	26	2013.12
16	机械原理、机械设计学习指导与综合强化	978-7-301-23195-1	张占国	63	2014.1
17	机电一体化课程设计指导书	978-7-301-19736-3	王金娥 罗生梅	35	2013.5
18	机械工程专业毕业设计指导书	978-7-301-18805-7	张黎骅，吕小荣	22	2012.5
19	机械创新设计	978-7-301-12403-1	丛晓霞	32	2012.8
20	机械系统设计	978-7-301-20847-2	孙月华	32	2012.7
21	机械设计基础实验及机构创新设计	978-7-301-20653-9	邹旻	28	2014.1
22	TRIZ 理论机械创新设计工程训练教程	978-7-301-18945-0	删苏苏，马履中	45	2011.6
23	TRIZ 理论及应用	978-7-301-19390-7	刘训涛，曹 贺 等	35	2013.7
24	创新的方法——TRIZ 理论概述	978-7-301-19453-9	沈萌红	28	2011.9
25	机械工程基础	978-7-301-21853-2	潘玉良，周建军	34	2013.2
26	机械 CAD 基础	978-7-301-20023-0	徐云杰	34	2012.2
27	AutoCAD 工程制图	978-7-5038-4446-9	杨巧绒，张克义	20	2011.4
28	AutoCAD 工程制图	978-7-301-21419-0	刘善淑，胡爱萍	38	2013.4
29	工程制图	978-7-5038-4442-6	戴立玲，杨世平	27	2012.2
30	工程制图	978-7-301-19428-7	孙晓娟，徐丽娟	30	2012.5
31	工程制图习题集	978-7-5038-4443-4	杨世平，戴立玲	20	2008.1
32	机械制图(机类)	978-7-301-12171-9	张绍群，孙晓娟	32	2009.1
33	机械制图习题集(机类)	978-7-301-12172-6	张绍群，王慧敏	29	2007.8
34	机械制图(第 2 版)	978-7-301-19332-7	孙晓娟，王慧敏	38	2014.1
35	机械制图	978-7-301-21480-0	李凤云，张 凯等	36	2013.1
36	机械制图习题集(第 2 版)	978-7-301-19370-7	孙晓娟，王慧敏	22	2011.8
37	机械制图	978-7-301-21138-0	张 艳，杨晨升	37	2012.8
38	机械制图习题集	978-7-301-21339-1	张 艳，杨晨升	24	2012.10
39	机械制图	978-7-301-22896-8	臧福伦，杨晓冬等	60	2013.8
40	机械制图与 AutoCAD 基础教程	978-7-301-13122-0	张爱梅	35	2013.1
41	机械制图与 AutoCAD 基础教程习题集	978-7-301-13120-6	鲁 杰，张爱梅	22	2013.1
42	AutoCAD 2008 工程绘图	978-7-301-14478-7	赵润平，宗荣珍	35	2009.1
43	AutoCAD 实例绘图教程	978-7-301-20764-2	李庆华，刘晓杰	32	2012.6
44	工程制图案例教程	978-7-301-15369-7	宗荣珍	28	2009.6
45	工程制图案例教程习题集	978-7-301-15285-0	宗荣珍	24	2009.6
46	理论力学（第 2 版）	978-7-301-23125-8	盛冬发，刘 军	38	2013.9
47	材料力学	978-7-301-14462-6	陈忠安，王 静	30	2013.4

序号	书 名	标准书号	主 编	定价	出版日期
48	工程力学(上册)	978-7-301-11487-2	毕勤胜，李纪刚	29	2008.6
49	工程力学(下册)	978-7-301-11565-7	毕勤胜，李纪刚	28	2008.6
50	液压传动（第2版）	978-7-301-19507-9	王守城，容一鸣	38	2013.7
51	液压与气压传动	978-7-301-13179-4	王守城，容一鸣	32	2013.7
52	液压与液力传动	978-7-301-17579-8	周长城等	34	2011.11
53	液压传动与控制实用技术	978-7-301-15647-6	刘 忠	36	2009.8
54	金工实习指导教程	978-7-301-21885-3	周哲波	30	2014.1
55	金工实习(第2版)	978-7-301-16558-4	郭永环，姜银方	30	2013.2
56	机械制造基础实习教程	978-7-301-15848-7	邱 兵，杨明金	34	2010.2
57	公差与测量技术	978-7-301-15455-7	孔晓玲	25	2012.9
58	互换性与测量技术基础(第2版)	978-7-301-17567-5	王长春	28	2014.1
59	互换性与技术测量	978-7-301-20848-9	周哲波	35	2012.6
60	机械制造技术基础	978-7-301-14474-9	张 鹏，孙有亮	28	2011.6
61	机械制造技术基础	978-7-301-16284-2	侯书林，张建国	32	2012.8
62	机械制造技术基础	978-7-301-22010-8	李菊丽，何绍华	42	2014.1
63	先进制造技术基础	978-7-301-15499-1	冯宪章	30	2011.11
64	先进制造技术	978-7-301-22283-6	朱 林，杨春杰	30	2013.4
65	先进制造技术	978-7-301-20914-1	刘 璇，冯 凭	28	2012.8
66	先进制造与工程仿真技术	978-7-301-22541-7	李 彬	35	2013.5
67	机械精度设计与测量技术	978-7-301-13580-8	于 峰	25	2013.7
68	机械制造工艺学	978-7-301-13758-1	郭艳玲，李彦蓉	30	2008.8
69	机械制造工艺学(第2版)	978-7-301-23726-7	陈红霞	45	2014.1
70	机械制造工艺学	978-7-301-19903-9	周哲波，姜志明	49	2012.8
71	机械制造基础(上)——工程材料及热加工工艺基础(第2版)	978-7-301-18474-5	侯书林，朱 海	40	2013.2
72	制造之用	978-7-301-23527-0	王中任	30	2013.12
73	机械制造基础(下)——机械加工工艺基础(第2版)	978-7-301-18638-1	侯书林，朱 海	32	2012.5
74	金属材料及工艺	978-7-301-19522-2	于文强	44	2013.2
75	金属工艺学	978-7-301-21082-6	侯书林，于文强	32	2012.8
76	工程材料及其成形技术基础（第2版）	978-7-301-22367-3	申荣华	58	2013.5
77	工程材料及其成形技术基础学习指导与习题详解	978-7-301-14972-0	申荣华	20	2013.1
78	机械工程材料及成形基础	978-7-301-15433-5	侯俊英，王兴源	30	2012.5
79	机械工程材料（第2版）	978-7-301-22552-3	戈晓岚，招玉春	36	2013.6
80	机械工程材料	978-7-301-18522-3	张铁军	36	2012.5
81	工程材料与机械制造基础	978-7-301-15899-9	苏子林	32	2011.5
82	控制工程基础	978-7-301-12169-6	杨振中，韩致信	29	2007.8
83	机械制造装备设计	978-7-301-23869-1	宋士刚，黄 华	49	2014.2
84	机械工程控制基础	978-7-301-12354-6	韩致信	25	2008.1
85	机电工程专业英语(第2版)	978-7-301-16518-8	朱 林	24	2013.7
86	机械制造专业英语	978-7-301-21319-3	王中任	28	2012.10
87	机械工程专业英语	978-7-301-23173-9	余兴波，姜 波等	30	2013.9
88	机床电气控制技术	978-7-5038-4433-7	张万奎	26	2007.9
89	机床数控技术(第2版)	978-7-301-16519-5	杜国臣，王士军	35	2014.1
90	自动化制造系统	978-7-301-21026-0	辛宗生，魏国丰	37	2014.1
91	数控机床与编程	978-7-301-15900-2	张洪江，侯书林	25	2012.10
92	数控铣床编程与操作	978-7-301-21347-6	王志斌	35	2012.10
93	数控技术	978-7-301-21144-1	吴瑞明	28	2012.9
94	数控技术	978-7-301-22073-3	唐友亮 佘 勃	45	2014.1
95	数控技术及应用	978-7-301-23262-0	刘 军	49	2013.10
96	数控加工技术	978-7-5038-4450-7	王 彪，张 兰	29	2011.7
97	数控加工与编程技术	978-7-301-18475-2	李体仁	34	2012.5
98	数控编程与加工实习教程	978-7-301-17387-9	张春雨，于 雷	37	2011.9
99	数控加工技术及实训	978-7-301-19508-6	姜永成，夏广岚	33	2011.9
100	数控编程与操作	978-7-301-20903-5	李英平	26	2012.8
101	现代数控机床调试及维护	978-7-301-18033-4	邓三鹏等	32	2010.11
102	金属切削原理与刀具	978-7-5038-4447-7	陈锡渠，彭晓南	29	2012.5
103	金属切削机床	978-7-301-13180-0	夏广岚，冯 凭	28	2012.7

序号	书　名	标准书号	主　编	定价	出版日期
104	典型零件工艺设计	978-7-301-21013-0	白海清	34	2012.8
105	工程机械检测与维修	978-7-301-21185-4	卢彦群	45	2012.9
106	特种加工	978-7-301-21447-3	刘志东	50	2014.1
107	精密与特种加工技术	978-7-301-12167-2	袁根福，祝锡晶	29	2011.12
108	逆向建模技术与产品创新设计	978-7-301-15670-4	张学昌	28	2013.1
109	CAD/CAM 技术基础	978-7-301-17742-6	刘 军	28	2012.5
110	CAD/CAM 技术案例教程	978-7-301-17732-7	汤修映	42	2010.9
111	Pro/ENGINEER Wildfire 2.0 实用教程	978-7-5038-4437-X	黄卫东，任国栋	32	2007.7
112	Pro/ENGINEER Wildfire 3.0 实例教程	978-7-301-12359-1	张选民	45	2008.2
113	Pro/ENGINEER Wildfire 3.0 曲面设计实例教程	978-7-301-13182-4	张选民	45	2008.2
114	Pro/ENGINEER Wildfire 5.0 实用教程	978-7-301-16841-7	黄卫东，郝用兴	43	2014.1
115	Pro/ENGINEER Wildfire 5.0 实例教程	978-7-301-20133-6	张选民，徐超辉	52	2012.2
116	SolidWorks 三维建模及实例教程	978-7-301-15149-5	上官林建	30	2012.8
117	UG NX6.0 计算机辅助设计与制造实用教程	978-7-301-14449-7	张黎骅，吕小荣	26	2011.11
118	CATIA 实例应用教程	978-7-301-23037-4	于志新	45	2013.8
119	Cimatron E9.0 产品设计与数控自动编程技术	978-7-301-17802-7	孙树峰	36	2010.9
120	Mastercam 数控加工案例教程	978-7-301-19315-0	刘 文，姜永梅	45	2011.8
121	应用创造学	978-7-301-17533-0	王成军，沈豫浙	26	2012.5
122	机电产品学	978-7-301-15579-0	张亮峰等	24	2013.5
123	品质工程学基础	978-7-301-16745-8	丁 燕	30	2011.5
124	设计心理学	978-7-301-11567-1	张成忠	48	2011.6
125	计算机辅助设计与制造	978-7-5038-4439-6	仲梁维，张国全	29	2007.9
126	产品造型计算机辅助设计	978-7-5038-4474-4	张慧姝，刘永翔	27	2006.8
127	产品设计原理	978-7-301-12355-3	刘美华	30	2008.2
128	产品设计表现技法	978-7-301-15434-2	张慧姝	42	2012.5
129	CorelDRAW X5 经典案例教程解析	978-7-301-21950-8	杜秋磊	40	2013.1
130	产品创意设计	978-7-301-17977-2	虞世鸣	38	2012.5
131	工业产品造型设计	978-7-301-18313-7	袁涛	39	2011.1
132	化工工艺学	978-7-301-15283-6	邓建强	42	2013.7
133	构成设计	978-7-301-21466-4	袁涛	58	2013.1
134	过程装备机械基础（第 2 版）	978-301-22627-8	于新奇	38	2013.7
135	过程装备测试技术	978-7-301-17290-2	王毅	45	2010.6
136	过程控制装置及系统设计	978-7-301-17635-1	张早校	30	2010.8
137	质量管理与工程	978-7-301-15643-8	陈宝江	34	2009.8
138	质量管理统计技术	978-7-301-16465-5	周友苏，杨 飒	30	2010.1
139	人因工程	978-7-301-19291-7	马如宏	39	2011.8
140	工程系统概论——系统论在工程技术中的应用	978-7-301-17142-4	黄志坚	32	2010.6
141	测试技术基础(第 2 版)	978-7-301-16530-0	江征风	30	2014.1
142	测试技术实验教程	978-7-301-13489-4	封士彩	22	2008.8
143	测试技术学习指导与习题详解	978-7-301-14457-2	封士彩	34	2009.3
144	可编程控制器原理与应用(第 2 版)	978-7-301-16922-3	赵 燕，周新建	33	2011.11
145	工程光学	978-7-301-15629-2	王红敏	28	2012.5
146	精密机械设计	978-7-301-16947-6	田 明，冯进良等	38	2011.9
147	传感器原理及应用	978-7-301-16503-4	赵 燕	35	2014.1
148	测控技术与仪器专业导论	978-7-301-17200-1	陈毅静	29	2013.6
149	现代测试技术	978-7-301-19316-7	陈科山，王燕	43	2011.8
150	风力发电原理	978-7-301-19631-1	吴双群，赵丹平	33	2011.10
151	风力机空气动力学	978-7-301-19555-0	吴双群	32	2011.10
152	风力机设计理论及方法	978-7-301-20006-3	赵丹平	32	2012.1
153	计算机辅助工程	978-7-301-22977-4	许承东	38	2013.8
154	现代船舶建造技术	978-7-301-23703-8	初冠南，孙清洁	33	2014.1

　　如您需要免费纸质样书用于教学，欢迎登陆第六事业部门户网(www.pup6.com)填表申请，并欢迎在线登记选题以到北京大学出版社来出版您的大作，也可下载相关表格填写后发到我们的邮箱，我们将及时与您取得联系并做好全方位的服务。